JN236344

よりカラフルで美しい色の組合せがすぐ見つかる

Web 配色事典

フルカラー編 | シーズ 著

技術評論社

© 2002 C.I.S.　All rights reserved.

■商標
　Apple、Macintosh、Power Macintosh、Mac、Mac OS、QuickTimeはApple Computer, Inc.の米国および各国における商標または登録商標です。
　Microsoft、Windows、Internet ExplorerはMicrosoft Corporationの米国および各国における商標または登録商標です。
　Netscape Navigator、Netscape CommunicatorはNetscape Communications Corporationの米国および各国における商標または登録商標です。
　そのほかすべてのブランド名と製品名、商標および登録商標は、それぞれの帰属者の所有物です。

■本書は、2002年5月現在のデータをもとに執筆・編集されたものです。それ以降の仕様の変更によっては、記事の内容と事実が異なる場面が生ずる可能性もあります。あらかじめご了承ください。

■本書に掲載する各Webサイトに関して、発行元または著者が、その内容を保証したり利用等を促すものではありません。またそれぞれの内容については、各制作者に著作権があります。著作権等に関するルールは、各サイトに記載された通りです。

はじめに

Webデザインは、どこまでカラフルになれるのだろう——。

Webデザイナーにとっての不文律、「Webセーフカラー」は、
表現力という点で厳しい「縛り」であると同時に、
色選択を合理的に行えるルールでもありました。

この枠組みをはずれて
フルカラーという自由な色選択（配色）に挑めるとしたら、
いったいどこから手をつければいいのでしょう。

本書では、この1,677万7,216色という膨大な選択肢の中から、
色を選ぶ目安を提示した、フルカラー用の配色見本帳です。
フルカラーのメリットを活かして、
できるだけ多様な色をシンプルなルールで使えるように、
「色系統」、「トーン」、「イメージ」の3つのアプローチを用意しました。

さて、WebデザインはWebセーフカラーの枠を超えて、
どこまでカラフルになれるのでしょうか。

そんな、Webデザインの可能性を広げる手がかりとなりますように。
本書は、こんな気持ちで制作してみました。

CiS
Cybermate information System
シース 著

本書の構成と使い方

本書は、RGBフルカラーをベースにした、
Webデザイン用の配色事典（配色チャート集）です。
いろいろな角度から「配色」できるように、
3つのアプローチを用意しています。

フルカラー
配色だと……

Ｗｅｂ配色事典〜フルカラー編

何を**手がかり**に「**配色**」すればいいんだろう？

こんな「色味」を使いたい

赤・青・黄……。メインの色を決めて、
これに合わせて配色を考えたい。

P. 19 〜 59

Section・1 ☀ 色系統別 配色チャートへ

赤・オレンジ・黄・黄緑・緑・青緑（シアン）・青・紫・ピンクの9つの色系統別にメインカラーを選択。その色に合った、サブカラー・バランスカラーを組み合わせた、色系統別配色チャートです。

カラフルな色味で
あらゆる色調で
さまざまなイメージで

いろいろ
表現できます

配色 ☀ 3つのアプローチ

こんな「調子」を表現したい

明るい感じ、ソフトな感じ……。
ページ全体で、色の調子を合わせた配色をしたい。

P. 61 〜 113

Section・2 ☀ トーン別 配色チャートへ

明るい・鮮やかな・強い・濃い・浅い・柔らかな・くすんだ・暗い・薄い・落ち着いた・濁った・重い。この12の「色の調子（トーン）」別の配色チャートです。同トーン配色をベースにアクセントカラーを加えています。

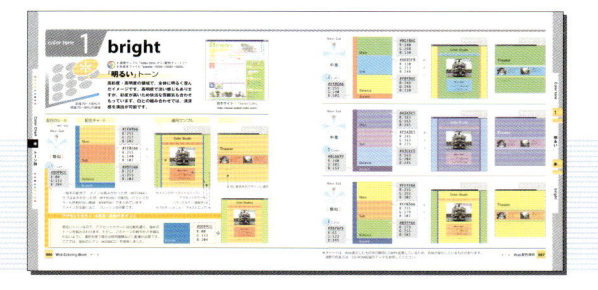

こんな「イメージ」を具現化したい

女性らしいイメージ、真面目な印象……。
それを演出できる配色を知りたい。

P. 115 〜 159

Section・3 ☀ イメージ別 配色チャートへ

さわやか・女らしい・楽しい・和風・エスニック・真面目な・のどかな・神秘的な・元気な・かわいい・都会的。この11のイメージ（印象）別に、それを演出する色の組み合わせを紹介した配色チャートです。

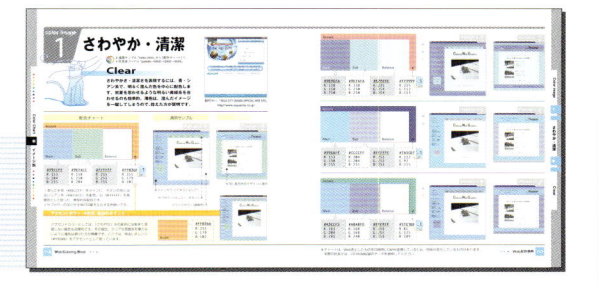

Contents　本書の構成と使い方　Preview

Web配色事典　005

本書の特徴① メイン・サブ・バランスの3色配色が基本

本書の配色チャートでは、メインカラー・サブカラー・バランスカラーの3色配色が基本。この色の組み合わせを、サンプルデザインに適用表示しています。

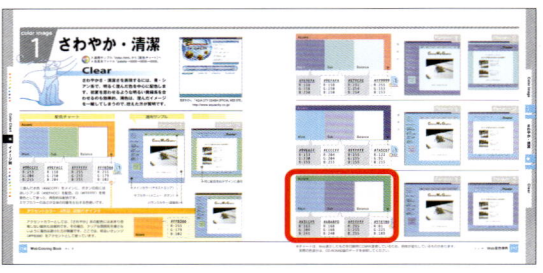

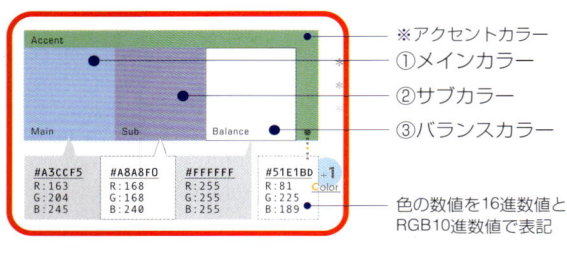

※アクセントカラー
①メインカラー
②サブカラー
③バランスカラー

#A3CCFF
R:163
G:204
B:245

#A8A8F0
R:168
G:168
B:240

#FFFFFF
R:255
G:255
B:255

#51E1BD
R:81
G:225
B:189

色の数値を16進数値とRGB10進数値で表記

※「トーン別」(P.61～)、「イメージ別」(P.115～)では、この3色配色にプラスするアクセントカラーも紹介しています

本書の特徴② さまざまなトーンをRGBで表現

Webセーフカラーでは表現しづらかった、さまざまな「色の調子（トーン）」をRGB表現するために、PCCS（P.164）の12種類のトーン（P.18）を簡易数値化。いろいろなトーン表現が可能です。

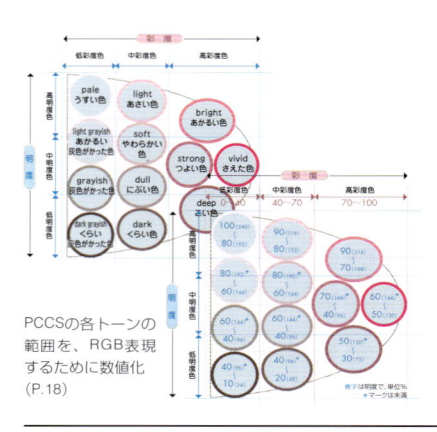

PCCSの各トーンの範囲を、RGB表現するために数値化（P.18）

トーン配色に使えるカラーを一覧しています

本書の特徴③ 配色の根拠として色彩調和論（配色のルール）を活用

本書では、センスに頼る配色だけでなく、きれいかつ効率的な配色をするために、既存の色彩調和論を配色のルールとして応用しています。色系統別配色チャート（P.19）、トーン別配色チャート（P.61）で、各配色のメインカラーとサブカラーの関係において、このルールを表示しました。

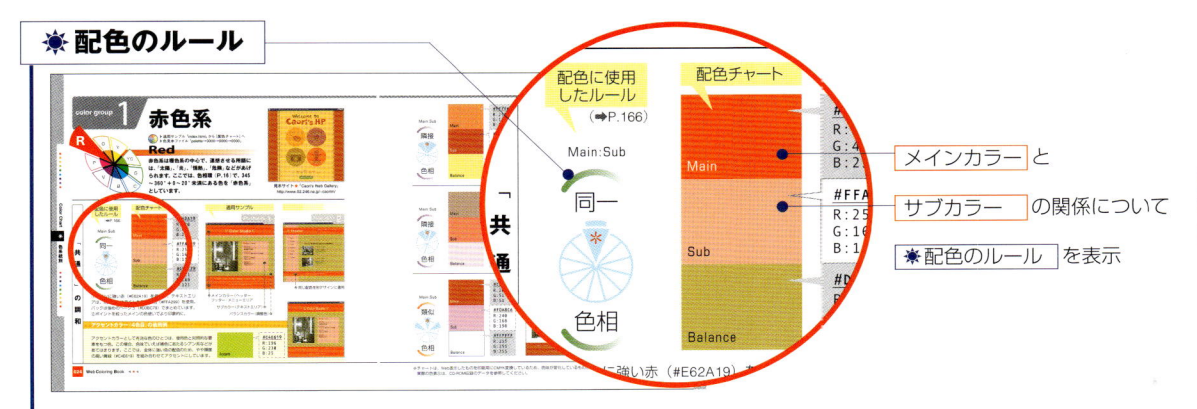

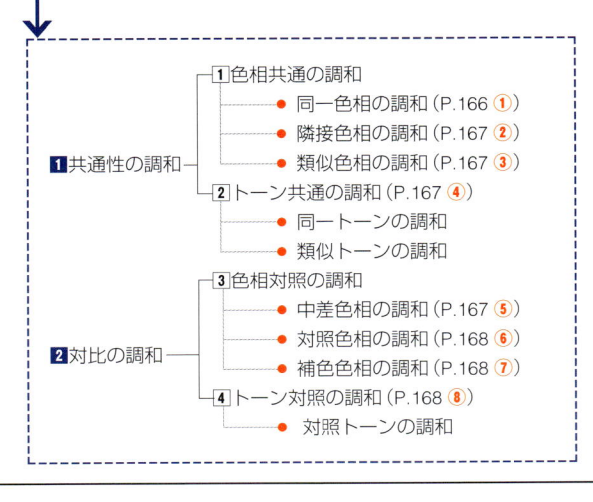

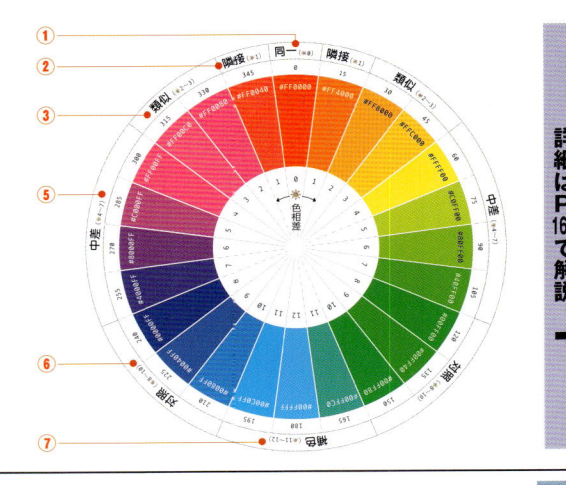

☀ 配色のルール

メインカラー と サブカラー の関係について ☀ 配色のルール を表示

- **1 共通性の調和**
  - **1 色相共通の調和**
    - 同一色相の調和（P.166 ①）
    - 隣接色相の調和（P.167 ②）
    - 類似色相の調和（P.167 ③）
  - **2 トーン共通の調和（P.167 ④）**
    - 同一トーンの調和
    - 類似トーンの調和
- **2 対比の調和**
  - **3 色相対照の調和**
    - 中差色相の調和（P.167 ⑤）
    - 対照色相の調和（P.168 ⑥）
    - 補色色相の調和（P.168 ⑦）
  - **4 トーン対照の調和（P.168 ⑧）**
    - 対照トーンの調和

詳細はP.164で解説 →

CD-ROMの使い方

付録CD-ROMには、以下のコンテンツが含まれています。
第一階層の「index.html」からご覧ください。

START!

WebColoringF_CD
- appendix
- chart
- coloring
- img
- palette
- index.html

ブラウザで表示

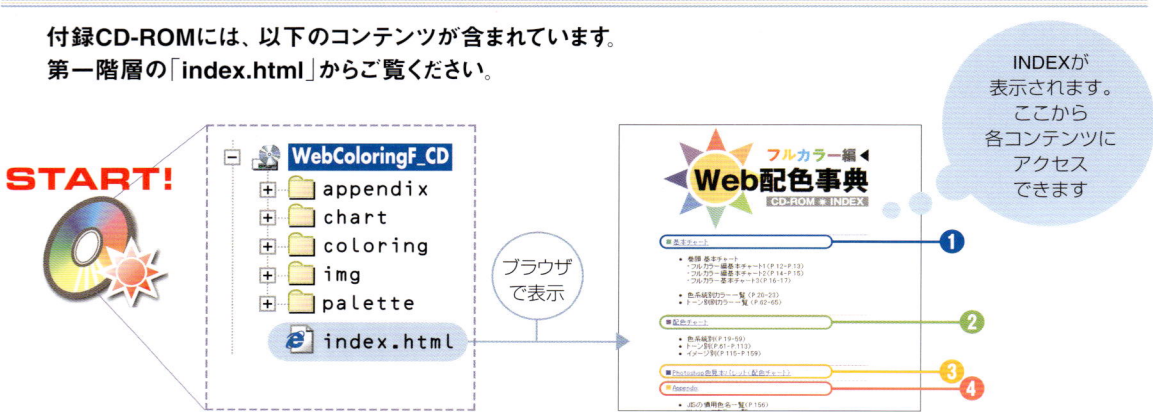

フルカラー編◀
Web配色事典
CD-ROM ● INDEX

INDEXが表示されます。ここから各コンテンツにアクセスできます

■基本チャート ①
- 巻頭 基本チャート
  - フルカラー編基本チャート①（P.12~P.13）
  - フルカラー編基本チャート②（P.14~P.15）
  - フルカラー基本チャート③（P.16~17）
- 色系統別カラー一覧（P.20~65）
- トーン別カラー一覧（P.62~65）

■配色チャート ②
- 色系統別（P.19~59）
- トーン別（P.61~113）
- イメージ別（P.115~P.159）

Photoshop色見本（レッド）配色チャート ③
Appendix ④

■ 巻末情報色見本一覧（P.156）

① 基本チャート

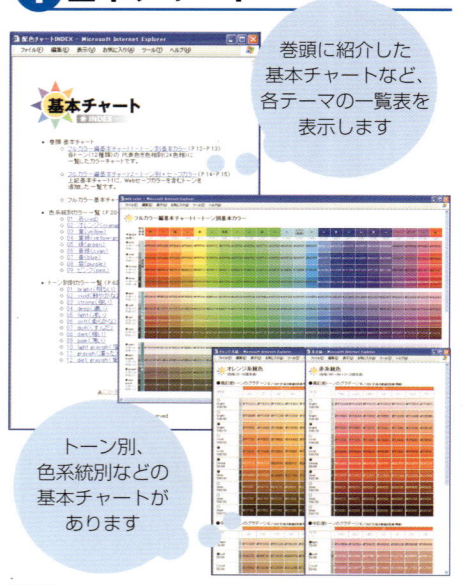

巻頭に紹介した基本チャートなど、各テーマの一覧表を表示します

トーン別、色系統別などの基本チャートがあります

② 配色チャート ……本書で紹介した適用サンプルです

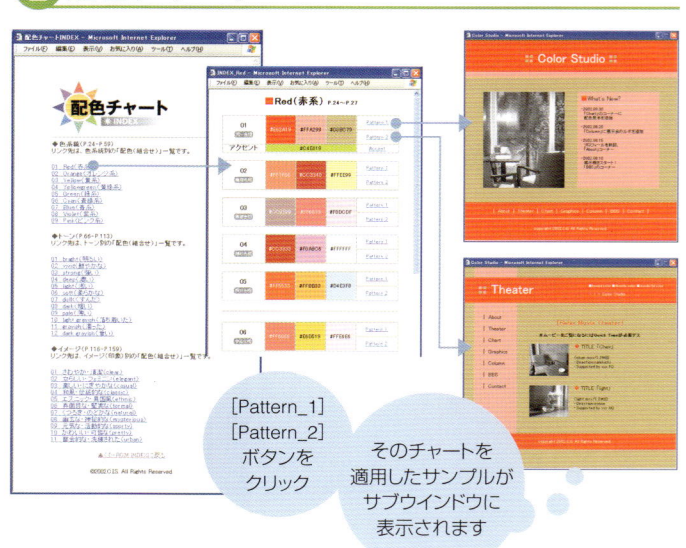

[Pattern_1]
[Pattern_2]
ボタンをクリック

そのチャートを適用したサンプルがサブウィンドウに表示されます

❸ Photoshop色見本ファイル……❷のチャートをPhotoshopの色見本ファイルにしました

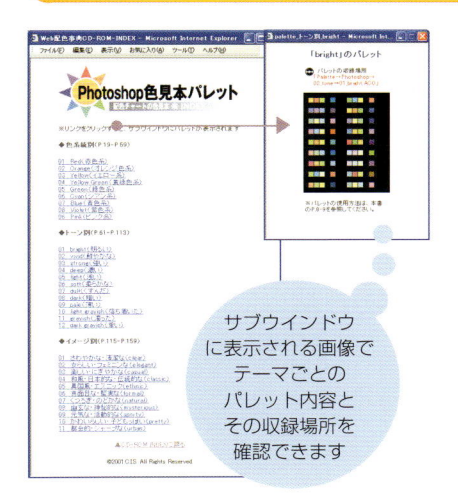

●色見本ファイルの使い方

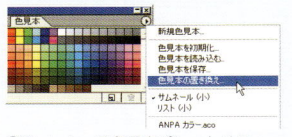

①Photoshopの色見本パレットメニューで、[色見本の置き換え]を選択（❶）

②使用する色見本ファイルを選択。ファイルは、[palette→Photoshop]の中に収録されています

③パレットに色見本が読み込まれます（❷）

サブウインドウに表示される画像でテーマごとのパレット内容とその収録場所を確認できます

❷Photoshopは6.0からパレットのリサイズが可能ですが、色見本ファイルを読み込んでパレットをリサイズすると上右図のように表示が崩れてしまいます。パレットは、最小幅にしてご覧ください。

❶[色見本の置き換え]を選択すると、前に表示されていた色見本が消去されてしまいます。必要に応じて、あらかじめ保存しておいてください。

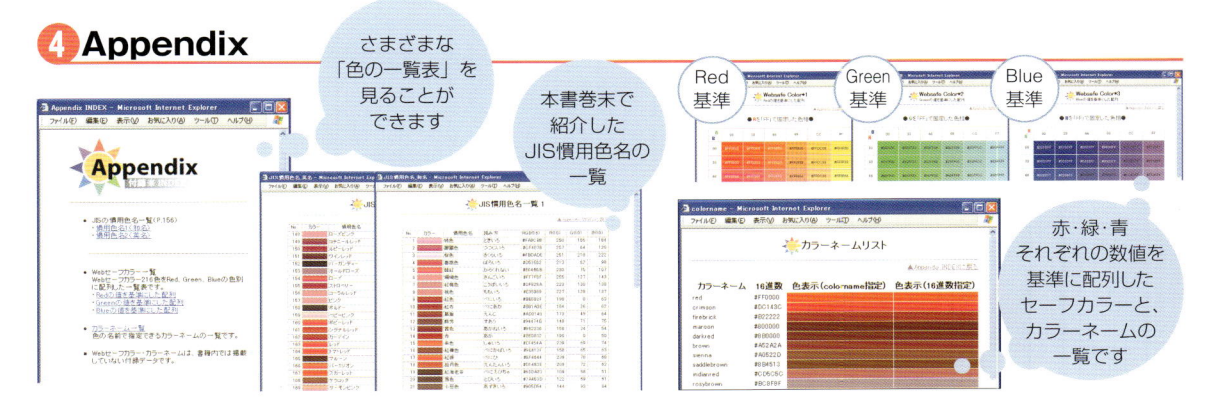

❹ Appendix

さまざまな「色の一覧表」を見ることができます

本書巻末で紹介したJIS慣用色名の一覧

Red基準　Green基準　Blue基準

赤・緑・青それぞれの数値を基準に配列したセーフカラーと、カラーネームの一覧です

■ご使用上の注意
CD-ROMの利用は、必ずお客様自身の責任と判断によって行ってください。CD-ROMを使用した結果生じたいかなる直接的・間接的損害も、技術評論社、著者、プログラムの開発者およびCD-ROMの制作に関わったすべての個人と企業は、一切の責任を負いません。
以上の注意事項をご承諾いただいた上で、本書をご利用願います。これらの注意事項をお読みいただかずに、お問い合わせいただいても、技術評論社および著者は対処しかねます。あらかじめ、ご承知おきください。
CD-ROMに収録されているソース類は、すべて無料でご利用いただけますが、本書に付属するCD-ROMに収録されている内容の著作権その他の権利は、その内容の作者に帰属します。

Web配色事典　009

CONTENTS | Web配色事典〜フルカラー編

はじめに	P.003
本書の構成と使い方	P.004
CD-ROMの使い方	P.008
フルカラー編基本チャート① トーン別代表色	P.012
フルカラー編基本チャート② トーン別代表色＋Webセーフカラー	P.014
フルカラー編基本チャート③ トーン別色相環（カラーダイヤル）	P.016
トーン区分と明度・彩度配分	P.018

Section・1

色系統別配色チャート〜「色味」から選ぶ配色 … P.019

◎色系統別カラー一覧		P.020
color group 1	赤色系	P.024
color group 2	オレンジ系	P.028
color group 3	黄色系	P.032
color group 4	黄緑系	P.036
color group 5	緑色系	P.040
color group 6	シアン系	P.044
color group 7	青色系	P.048
color group 8	紫色系	P.052
color group 9	ピンク系	P.056

Section・2

トーン別配色チャート〜「色調」から選ぶ配色 … P.061

◎トーン別カラー一覧		P.062
color tone 1	bright（明るい）	P.066
color tone 2	vivid（鮮やかな）	P.070
color tone 3	strong（強い）	P.074
color tone 4	deep（濃い）	P.078
color tone 5	light（浅い）	P.082
color tone 6	soft（柔らかな）	P.086

color tone 7	dull（くすんだ）	P.090
color tone 8	dark（暗い）	P.094
color tone 9	pale（薄い）	P.098
color tone 10	light grayish（落ち着いた）	P.102
color tone 11	grayish（濁った）	P.106
color tone 12	dark grayish（重い）	P.110

Section・3

イメージ別配色チャート〜「印象」から選ぶ配色　P.115

color image 1	さわやか・清潔	P.116
color image 2	女らしい・フェミニン	P.120
color image 3	楽しい・にぎやかな	P.124
color image 4	和風・伝統的な	P.128
color image 5	エスニック・異国風	P.132
color image 6	真面目・堅実な	P.136
color image 7	くつろぎ・のどかな	P.140
color image 8	幽玄・神秘的な	P.144
color image 9	元気な・活動的な	P.148
color image 10	かわいい・可憐な	P.152
color image 11	都会的な・洗練された	P.156

Appendix

Webのフルカラー配色　P.162

- フルカラー表示　P.162
- 色彩調和論の活用　P.164
- Webデザインで使う 配色のルール　P.166
- フルカラー配色の注意点　P.169

JISの慣用色名一覧　P.170

Column｜配色のヒント

- テキストと背景色のうまい関係　P.060
- リンクテキストカラーとアクセス済みリンクカラー　P.114
- 写真やイラストと配色の関係　P.160

INDEX　P.174

フルカラー編基本チャート ① | トーン別代表色

▶「index.html」から［基本チャート］へ

各トーンの色相別代表色

色系統 →		Red		Orange		Yellow		Yellow Green		Green	
色相(°) →		0°(240)	15°(10)	30°(20)	45°(30)	60°(40)	75°(50)	90°(60)	105°(70)	120°(80)	135°(90)
bright ○彩度:100%(240) ○明度:70%(168)	b	#FF6666	#FF8C66	#FFB366	#FFD966	#FFFF66	#D9FF66	#B3FF66	#8CFF66	#66FF66	#66FF8C
vivid ○彩度:100%(240) ○明度:50%(120)	v	#FF0000	#FF4000	#FF8000	#FFC000	#FFFF00	#C0FF00	#80FF00	#40FF00	#00FF00	#00FF40
strong ○彩度:80%(192) ○明度:50%(120)	s	#E61919	#E64C19	#E67F19	#E6B319	#E6E619	#B3E619	#80E619	#4CE619	#19E619	#19E64C
deep ○彩度:100%(240) ○明度:40%(96)	dp	#CC0000	#CC3300	#CC6600	#CC9900	#CCCC00	#99CC00	#66CC00	#33CC00	#00CC00	#00CC33
light ○彩度:70%(168) ○明度:80%(192)	l	#F0A8A8	#F0BAA8	#F0CCA8	#F0DEA8	#F0F0A8	#DEF0A8	#CCF0A8	#BAF0A8	#A8F0A8	#A8F0BA
soft ○彩度:50%(120) ○明度:65%(156)	sf	#D37979	#D38F79	#D3A679	#D3BC79	#D3D379	#BCD379	#A6D379	#8FD379	#79D379	#79D38F
dull ○彩度:50%(120) ○明度:50%(120)	d	#C04040	#C06040	#C08040	#C0A040	#C0C040	#A0C040	#80C040	#60C040	#40C040	#40C060
dark ○彩度:50%(120) ○明度:30%(72)	dk	#732626	#733926	#734C26	#736026	#737326	#607326	#4C7326	#397326	#267326	#267339
pale ○彩度:40%(96) ○明度:90%(216)	p	#F0DCDC	#F0E1DC	#F0E6DC	#F0EBDC	#F0F0DC	#EBF0DC	#E6F0DC	#E1F0DC	#DCF0DC	#DCF0E1
light grayish ○彩度:20%(48) ○明度:70%(168)	lg	#C2A3A3	#C2ABA3	#C2B3A3	#C2BAA3	#C2C2A3	#BAC2A3	#B3C2A3	#ABC2A3	#A3C2A3	#A3C2AB
grayish ○彩度:20%(48) ○明度:50%(120)	g	#996666	#997366	#997F66	#998C66	#999966	#8C9966	#809966	#739966	#669966	#669973
dark grayish ○彩度:20%(48) ○明度:30%(72)	dg	#5C3D3D	#5C453D	#5C4C3D	#5C543D	#5C5C3D	#545C3D	#4C5C3D	#455C3D	#3D5C3D	#3D5C45

高彩度色 / 中彩度色 / 低彩度色

※表左・上の( )の数値は、Windows標準のカラーピッカーで使用されている数値です。

PCCSで規定された各トーンについて、その代表色をRGB（16進数）で表したものです。代表色は表の左の数値を用いて示しています。各トーンを区分する数値、代表色の数値については、P.18を参照してください。

Green		Cyan		Blue			Violet			Pink			Red
150°(100)	165°(110)	180°(120)	195°(130)	210°(140)	225°(150)	240°(160)	255°(170)	270°(180)	285°(190)	300°(200)	315°(210)	330°(220)	345°(230)
#66FFB3	#66FFD9	#66FFFF	#66D9FF	#66B3FF	#668CFF	#6666FF	#8C66FF	#B366FF	#D966FF	#FF66FF	#FF66D9	#FF66B3	#FF668C
#00FF80	#00FFC0	#00FFFF	#00C0FF	#0080FF	#0040FF	#0000FF	#4000FF	#8000FF	#C000FF	#FF00FF	#FF00C0	#FF0080	#FF0040
#19E67F	#19E6B3	#19E6E6	#19B3E6	#1980E6	#194CE6	#1919E6	#4C19E6	#7F19E6	#B319E6	#E619E6	#E619B3	#E61980	#E6194C
#00CC66	#00CC99	#00CCCC	#0099CC	#0066CC	#0033CC	#0000CC	#3300CC	#6600CC	#9900CC	#CC00CC	#CC0099	#CC0066	#CC0033
#A8F0CC	#A8F0DE	#A8F0F0	#A8DEF0	#A8CCF0	#A8BAF0	#A8A8F0	#BAA8F0	#CCA8F0	#DEA8F0	#F0A8F0	#F0A8DE	#F0A8CC	#F0A8BA
#79D3A6	#79D3BC	#79D3D3	#79BCD3	#79A6D3	#798FD3	#7979D3	#8F79D3	#A679D3	#BC79D3	#D379D3	#D379BC	#D379A6	#D37990
#40C080	#40C0A0	#40C0C0	#40A0C0	#4080C0	#4060C0	#4040C0	#6040C0	#8040C0	#A040C0	#C040C0	#C040A0	#C04080	#C04060
#26734C	#267360	#267373	#266073	#264C73	#263973	#262673	#392673	#4C2673	#602673	#732673	#732660	#73264C	#732639
#DCF0E6	#DCF0EB	#DCF0F0	#DCEBF0	#DCE6F0	#DCE1F0	#DCDCF0	#E1DCF0	#E6DCF0	#EBDCF0	#F0DCF0	#F0DCEB	#F0DCE6	#F0DCE1
#A3C2B3	#A3C2BA	#A3C2C2	#A3BAC2	#A3B3C2	#A3ABC2	#A3A3C2	#ABA3C2	#B3A3C2	#BAA3C2	#C2A3C2	#C2A3BA	#C2A3B3	#C2A3AB
#66997F	#66998C	#669999	#668C99	#668099	#667399	#666699	#736699	#7F6699	#8C6699	#996699	#99668C	#996680	#996573
#3D5C4C	#3D5C54	#3D5C5C	#3D545C	#3D4C5C	#3D455C	#3D3D5C	#453D5C	#4C3D5C	#543D5C	#5C3D5C	#5C3D54	#5C3D4C	#5C3D45

※％↔16進数の数値変換では、誤差がでるものがあります。

Chart / 基本チャート① / tone

Web配色事典　013

フルカラー編基本チャート ② | トーン別代表色＋Webセーフカラー

「index.html」から［基本チャート］へ

各トーンの色相別代表色

色系統		Red		Orange		Yellow		Yellow Green		Green	
色相°		0°(240)	15°(10)	30°(20)	45°(30)	60°(40)	75°(50)	90°(60)	105°(70)	120°(80)	135°(90)
彩100%／明90%		#FFCCCC	#FFD9CC	#FFE6CC	#FFF3CC	#FFFFCC	#F3FFCC	#E6FFCC	#D9FFCC	#CCFFCC	#CCFFD9
彩100%／明80%	b	#FF9999	#FFB399	#FFCC99	#FFE699	#FFFF99	#E6FF99	#CCFF99	#B3FF99	#99FF99	#99FFB3
bright 彩100%(240)／明70%(168)		#FF6666	#FF8C66	#FFB366	#FFD966	#FFFF66	#D9FF66	#B3FF66	#8CFF66	#66FF66	#66FF8C
彩100%／明60%		#FF3333	#FF6633	#FF9933	#FFCC33	#FFFF33	#CCFF33	#99FF33	#66FF33	#33FF33	#33FF66
vivid 彩100%(240)／明50%(120)	v	#FF0000	#FF4000	#FF8000	#FFC000	#FFFF00	#C0FF00	#80FF00	#40FF00	#00FF00	#00FF40
strong 彩80%(192)／明50%(120)	s	#E61919	#E64C19	#E67F19	#E6B319	#E6E619	#B3E619	#80E619	#4CE619	#19E619	#19E64C
deep 彩100%(240)／明40%(96)		#CC0000	#CC3300	#CC6600	#CC9900	#CCCC00	#99CC00	#66CC00	#33CC00	#00CC00	#00CC33
彩100%／明30%	dp	#990000	#992600	#994C00	#997300	#999900	#739900	#4C9900	#269900	#009900	#009926
彩100%／明20%		#660000	#661900	#663300	#664C00	#666600	#4C6600	#336600	#196600	#006600	#006619
彩100%／明10%		#330000	#330C00	#331900	#332600	#333300	#263300	#193300	#0C3300	#003300	#00330C
light 彩70%(168)／明80%(192)	l	#F0A8A8	#F0BAA8	#F0CCA8	#F0DEA8	#F0F0A8	#DEF0A8	#CCF0A8	#BAF0A8	#A8F0A8	#A8F0BA
soft 彩50%(120)／明65%(156)	sf	#D37979	#D38F79	#D3A679	#D3BC79	#D3D379	#BCD379	#A6D379	#8FD379	#79D379	#79D38F
彩50%／明60%		#CC6666	#CC8066	#CC9966	#CCB366	#CCCC66	#B3CC66	#99CC66	#80CC66	#66CC66	#66CC80
彩60%／明50%		#CC3333	#CC5933	#CC7F33	#CCA633	#CCCC33	#A6CC33	#80CC33	#59CC33	#33CC33	#33CC59
dull 彩50%(120)／明50%(120)	dl	#C04040	#C06040	#C08040	#C0A040	#C0C040	#A0C040	#80C040	#60C040	#40C040	#40C060
彩50%／明40%		#993333	#994C33	#996633	#998033	#999933	#809933	#669933	#4C9933	#339933	#33994C
dark 彩50%(120)／明30%(72)	dk	#732626	#733926	#734C26	#736026	#737326	#607326	#4C7326	#397326	#267326	#267339
pale 彩40%(96)／明90%(216)	p	#F0DCDC	#F0E1DC	#F0E6DC	#F0EBDC	#F0F0DC	#EBF0DC	#E6F0DC	#E1F0DC	#DCF0DC	#DCF0E1
light grayish 彩20%(48)／明70%(168)	lg	#C2A3A3	#C2ABA3	#C2B3A3	#C2BAA3	#C2C2A3	#BAC2A3	#B3C2A3	#ABC2A3	#A3C2A3	#A3C2AB
彩33%／明70%		#CC9999	#CCA699	#CCB399	#CCBF99	#CCCC99	#BFCC99	#B3CC99	#A6CC99	#99CC99	#99CCA6
grayish 彩20%(48)／明50%(120)	g	#996666	#997366	#997F66	#998C66	#999966	#8C9966	#809966	#739966	#669966	#669973
彩33%／明30%		#663333	#664033	#664B33	#665933	#666633	#596633	#4C6633	#406633	#336633	#336640
dark grayish 彩20%(48)／明30%(72)	dg	#5C3D3D	#5C453D	#5C4C3D	#5C543D	#5C5C3D	#545C3D	#4C5C3D	#455C3D	#3D5C3D	#3D5C45

高彩度色 / 中彩度色 / 低彩度色

Web Coloring / prologue

014 Web Coloring Book

※表左の☀マークの行は、Webセーフカラーを含むトーンです。
※表左・上の( )の数値は、Windows標準のカラーピッカーで使用されている数値です。

トーン別の代表色（P.4-5）に、Webセーフカラーを含むトーン（表左の✹）を追加したものです（一部のWebセーフカラーは、トーン別代表色の中に含まれています）。Webセーフカラーがどのトーンに多く属しているかがわかります。

Green				Blue			Violet			Pink			Red
150°(100)	165°(110)	180°(120)	195°(130)	210°(140)	225°(150)	240°(160)	255°(170)	270°(180)	285°(190)	300°(200)	315°(210)	330°(220)	345°(230)
#CCFFE6	#CCFFF3	#CCFFFF	#CCF3FF	#CCE6FF	#CCD9FF	#CCCCFF	#D9CCFF	#E6CCFF	#F3CCFF	#FFCCFF	#FFCCF3	#FFCCE6	#FFCCD9
#99FFCC	#99FFE6	#99FFFF	#99E6FF	#99CCFF	#99B3FF	#9999FF	#B399FF	#CC99FF	#E699FF	#FF99FF	#FF99E6	#FF99CC	#FF99B3
#66FFB3	#66FFD9	#66FFFF	#66D9FF	#66B3FF	#668CFF	#6666FF	#8C66FF	#B366FF	#D966FF	#FF66FF	#FF66D9	#FF66B3	#FF668C
#33FF99	#33FFCC	#33FFFF	#33CCFF	#3399FF	#3366FF	#3333FF	#6633FF	#9933FF	#CC33FF	#FF33FF	#FF33CC	#FF3399	#FF3366
#00FF80	#00FFC0	#00FFFF	#00C0FF	#0080FF	#0040FF	#0000FF	#4000FF	#8000FF	#C000FF	#FF00FF	#FF00C0	#FF0080	#FF0040
#19E67F	#19E6B3	#19E6E6	#19B3E6	#1980E6	#194CE6	#1919E6	#4C19E6	#7F19E6	#B319E6	#E619E6	#E619B3	#E61980	#E6194C
#00CC66	#00CC99	#00CCCC	#0099CC	#0066CC	#0033CC	#0000CC	#3300CC	#6600CC	#9900CC	#CC00CC	#CC0099	#CC0066	#CC0033
#00994C	#009973	#009999	#007399	#004C99	#002699	#000099	#260099	#4C0099	#730099	#990099	#990073	#99004C	#990026
#006633	#00664C	#006666	#004C66	#003366	#001966	#000066	#190066	#330066	#4C0066	#660066	#660033	#660019	#660019
#003319	#003326	#003333	#002633	#001933	#000C33	#000033	#0C0033	#190033	#260033	#330033	#330026	#330019	#33000C
#A8F0CC	#A8F0DE	#A8F0F0	#A8DEF0	#A8CCF0	#A8BAF0	#A8A8F0	#BAA8F0	#CCA8F0	#DEA8F0	#F0A8F0	#F0A8DE	#F0A8CC	#F0A8BA
#79D3A6	#79D3BC	#79D3D3	#79BCD3	#79A6D3	#798FD3	#7979D3	#8F79D3	#A679D3	#BC79D3	#D379D3	#D379BC	#D379A6	#D37990
#66CC99	#66CCB3	#66CCCC	#66B3CC	#6699CC	#6680CC	#6666CC	#8066CC	#9966CC	#B366CC	#CC66CC	#CC66B3	#CC6699	#CC6680
#33CC7F	#33CCA6	#33CCCC	#33A6CC	#3380CC	#3359CC	#3333CC	#5933CC	#7F33CC	#A633CC	#CC33CC	#CC33A6	#CC3380	#CC3359
#40C080	#40C0A0	#40C0C0	#40A0C0	#4080C0	#4060C0	#4040C0	#6040C0	#8040C0	#A040C0	#C040C0	#C040A0	#C04080	#C04060
#339966	#339980	#339999	#338099	#336699	#334C99	#333399	#4C3399	#663399	#803399	#993399	#993380	#993366	#99334C
#26734C	#267360	#267373	#266073	#264C73	#263973	#262673	#392673	#4C2673	#602673	#732673	#732660	#73264C	#732639
#DCF0E6	#DCF0EB	#DCF0F0	#DCEBF0	#DCE6F0	#DCE1F0	#DCDCF0	#E1DCF0	#E6DCF0	#EBDCF0	#F0DCF0	#F0DCEB	#F0DCE6	#F0DCE1
#A3C2B3	#A3C2BA	#A3C2C2	#A3BAC2	#A3B3C2	#A3ABC2	#A3A3C2	#ABA3C2	#B3A3C2	#BAA3C2	#C2A3C2	#C2A3BA	#C2A3B3	#C2A3AB
#99CCB3	#99CCBF	#99CCCC	#99BFCC	#99B3CC	#99A6CC	#9999CC	#A699CC	#B399CC	#BF99CC	#CC99CC	#CC99BF	#CC99B4	#CC99A6
#66997F	#66998C	#669999	#66899C	#668099	#667399	#666699	#736699	#7F6699	#8C6699	#996699	#99668C	#996680	#996673
#33664B	#336659	#336666	#335966	#334B66	#334066	#333366	#403366	#4B3366	#593366	#663366	#663359	#66334B	#663340
#3D5C4C	#3D5C54	#3D5C5C	#3D545C	#3D4C5C	#3D455C	#3D3D5C	#453D5C	#4C3D5C	#543D5C	#5C3D5C	#5C3D54	#5C3D4C	#5C3D45

※ %⇔16進数の数値変換では、誤差がでるものがあります。

フルカラー編基本チャート ③ | トーン別色相環（カラーダイヤル）

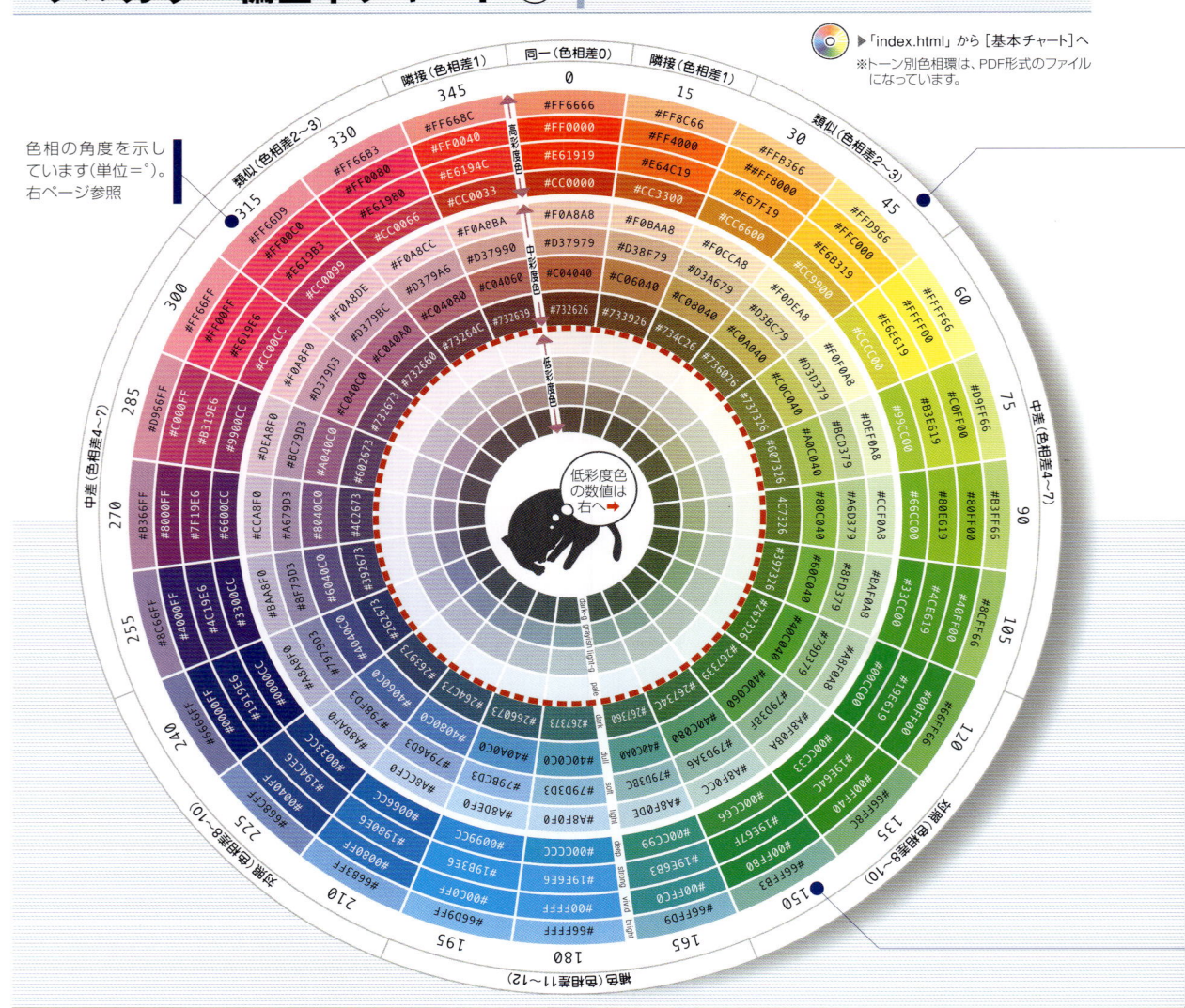

この色相環は、各色相（24色相）について、各トーンの代表色を円状に並べたものです。P.12-13のトーン別基本カラー（代表色）は、各トーン区分（P.18）の代表色を色相（24色相）ごとに示した一覧ですが、これはちょうどその一覧表の端と端を結んで円状に配列したものになります。色相環は、「彩度」で高・中・低に3区分けされ、外側にいくほど高くなっています。左円は全体図、右円は左円中心部の「低彩度色」部分を拡大して示しています。

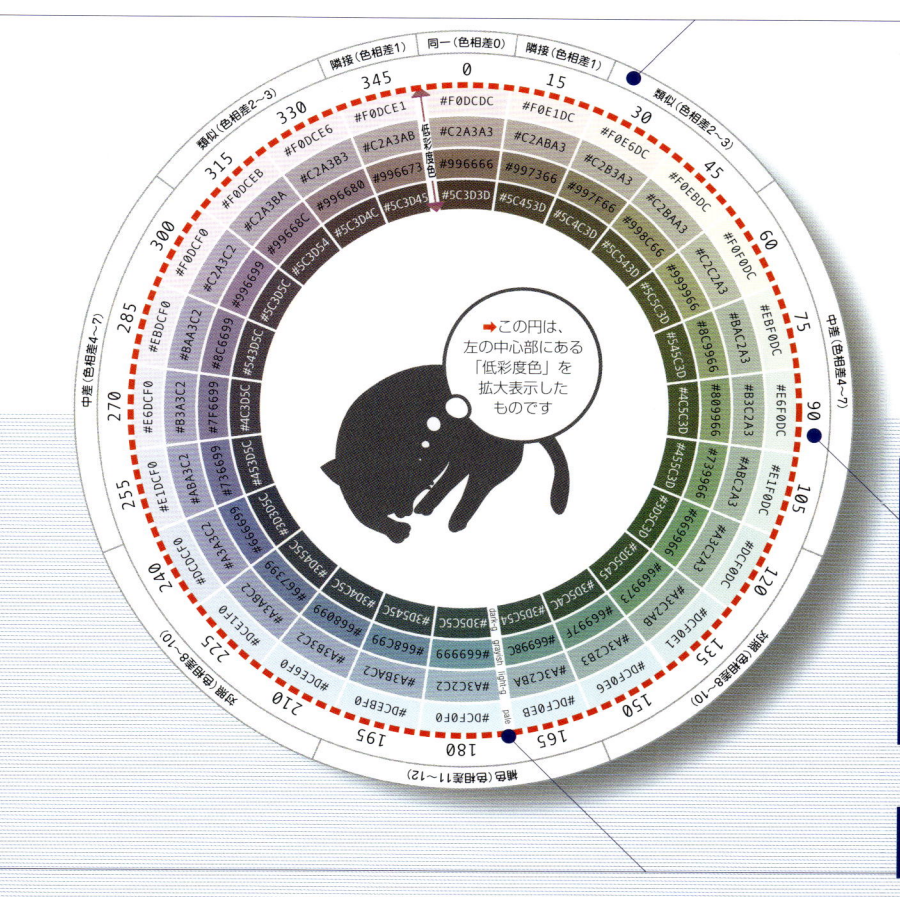

外側の円にある区分けは、配色のルール（P.166）に使用されるもので、色相差（角度差）によって、それぞれ区分されます。
ここでは赤（0°）を基準色とした場合の、他色相との関係を示していることになります。

→この円は、左の中心部にある「低彩度色」を拡大表示したものです

色相の角度を示しています（単位＝°）。
MacOS標準のカラーピッカーで、HLSモードのH（色相）の値になります。Windowsでは、ESLモードのE（色合い）に該当しますが、これは、全体を240とした数値で表されます。Windowsの「色の設定」ダイアログボックスでは、たとえば、90°の色相の場合、「240×（90°÷360°）」で「60」と表示されます。

トーン名を表示しています。各色相とも、円の中心に向かって、12トーンの代表色が並んでいます。

※チャート①〜③はRGB→CMYK変換したもので、チャートによって印刷の色が異なる場合があります。実際の色表示は、①〜②のCD-ROMデータを参照してください。

Web配色事典　017

トーン区分と明度・彩度配分 | トーン一覧とそれぞれの範囲

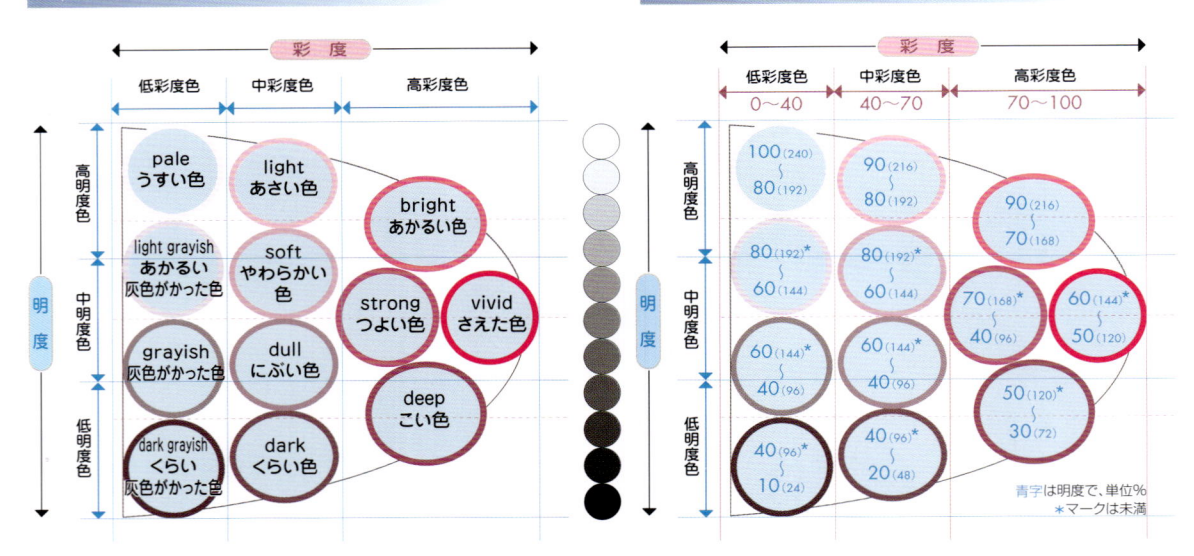

※ PCCS（P.164）トーン一覧

（図：彩度〈低彩度色・中彩度色・高彩度色〉×明度〈高明度色・中明度色・低明度色〉のトーン配置）

- pale　うすい色
- light　あさい色
- bright　あかるい色
- light grayish　あかるい灰色がかった色
- soft　やわらかい色
- strong　つよい色
- vivid　さえた色
- grayish　灰色がかった色
- dull　にぶい色
- deep　こい色
- dark grayish　くらい灰色がかった色
- dark　くらい色

※ 本書で使用する各トーンの範囲区分

彩度：低彩度色 0〜40／中彩度色 40〜70／高彩度色 70〜100

	低彩度色 0〜40	中彩度色 40〜70	高彩度色 70〜100
高明度色	100(240)〜80(192) ／ 80(192)*〜60(144)	90(216)〜80(192) ／ 80(192)*〜60(144)	90(216)〜70(168)
中明度色	60(144)*〜40(96)	60(144)*〜40(96)	70(168)*〜40(96) ／ 60(144)*〜50(120)
低明度色	40(96)*〜10(24)	40(96)*〜20(48)	50(120)*〜30(72)

青字は明度で、単位％
＊マークは未満

※ 各トーン範囲の数値化

　本書で紹介している「トーン別」配色では、PCCS（P.164）という色体系が規定しているトーンの種類を利用しています。それが上左図の12のトーンです。

　これをWebデザインに応用するために、それぞれのトーンの範囲を数値化しました。それが、上右図です。彩度・明度を高中低に分けるラインを目安にして、それぞれの範囲を％で示しています。その各トーンを代表する色（数値）を出し、各色相で示したものが、P.12-13の一覧表になります。各トーンの代表色は、PCCSの新配色カード（色見本）を参考に数値化しています。このトーンの数値は目安で、実際には同じ色が2つのトーンにまたがって属するなど、その範囲には幅があります。

　上記で示した明度、彩度の％の値は、MacOS標準のカラーピッカーの場合は、H（色相）L（彩度）S（明度）モードとして示されます。Windowsの場合は、E（色合い）S（鮮やかさ＝彩度）、L（明るさ＝明度）モードで示されますが、全体を240とした数値で表されます。それが上右図のカッコ内の数値です。この色相・彩度・明度の値を使って、Web表示に使うRGB値を出すことができます。

※本書では、できるだけシンプルなルールでの数値化を試みています。厳密な変換値ではないため、従来ある表色系や色彩調和論での定義と差異が生じるものもあります。目安として活用ください。

Section・1
色系統別
「色味」から選ぶ配色

配色チャート

◎ 色系統別カラー一覧 P.020

1 ● 赤色系 P.024
2 ● オレンジ系 P.028
3 ● 黄色系 P.032
4 ● 黄緑系 P.036
5 ● 緑色系 P.040
6 ● シアン系 P.044
7 ● 青色系 P.048
8 ● 紫色系 P.052
9 ● ピンク系 P.056

色系統別カラー一覧

「index.html」から [基本チャート] へ

トーン分類 +WebSafeColor tone	色相(°)▶ 明▼彩		Red							Orange						Yellow		
			(345)	(350)	(355)	(0)	(5)	(10)	(15)	(20)	(25)	(30)	(35)	(40)	(45)	(50)	(55)	(60)
(彩100%／明90%)			#FFCCD9	#FFCCD1	#FFCCC9	#FFCCC1	#FFD1CC	#FFD5CC	#FFD9CC	#FFDDCC	#FFE2CC	#FFE6CC	#FFEACC	#FFEECC	#FFF3CC	#FFF7CC	#FFFBCC	#FFFFCC
(彩100%／明80%)		b	#FF99B3	#FF99AA	#FF99A2	#FF9999	#FFA299	#FFAA99	#FFB399	#FFBB99	#FFC499	#FFCC99	#FFD599	#FFDD99	#FFE699	#FFEE99	#FFF799	#FFFF99
bright (彩100%／明70%)			#FF668C	#FF6680	#FF6673	#FF6666	#FF7366	#FF7F66	#FF8C66	#FF9966	#FFA666	#FFB366	#FFBF66	#FFCC66	#FFD966	#FFE666	#FFF366	#FFFF66
(彩100%／明60%)		v	#FF3366	#FF3355	#FF3344	#FF3333	#FF4433	#FF5533	#FF6633	#FF7733	#FF8833	#FF9933	#FFAA33	#FFBB33	#FFCC33	#FFDD33	#FFEE33	#FFFF33
vivid (彩100%／明50%)			#FF0040	#FF002A	#FF0015	#FF0000	#FF1500	#FF2A00	#FF3F00	#FF5500	#FF6A00	#FF8000	#FF9500	#FFAA00	#FFBF00	#FFD500	#FFEA00	#FFFF00
strong (彩80%／明50%)		s	#E6194C	#E6193B	#E6192A	#E61919	#E62A19	#E63B19	#E64C19	#E65D19	#E66E19	#E67F19	#E69119	#E6A219	#E6B319	#E6C419	#E6D519	#E6E619
deep (彩100%／明40%)			#CC0033	#CC0022	#CC0011	#CC0000	#CC1100	#CC2200	#CC3300	#CC4400	#CC5500	#CC6600	#CC7700	#CC8800	#CC9900	#CCAA00	#CCBB00	#CCCC00
(彩100%／明30%)		dp	#990026	#990019	#99000C	#990000	#990C00	#991900	#992600	#993300	#993F00	#994C00	#995900	#996600	#997300	#997F00	#998C00	#999900
(彩100%／明20%)			#660019	#660011	#660008	#660000	#660800	#661100	#661900	#662200	#662A00	#663300	#663B00	#664400	#664C00	#665500	#665D00	#666600
(彩100%／明10%)			#33000C	#330008	#330004	#330000	#330400	#330800	#330C00	#331100	#331500	#331900	#331D00	#332200	#332600	#332A00	#332E00	#333300
light (彩70%／明80%)		l	#F0A8BA	#F0A8B4	#F0A8AE	#F0A8A8	#F0AEA8	#F0B4A8	#F0BAA8	#F1C0A8	#F1C6A8	#F0CCA8	#F0D2A8	#F0D8A8	#F0DEA8	#F0E4A8	#F0EAA8	#F0F0A8
soft (彩50%／明65%)		sf	#D37990	#D37988	#D37981	#D37979	#D38179	#D38879	#D38F79	#D49778	#D49E78	#D3A679	#D3AD79	#D3B579	#D3BC79	#D3C479	#D3CB79	#D3D379
(彩50%／明60%)			#CC6680	#CC667A	#CC666E	#CC6666	#CC6E66	#CC7766	#CC7F66	#CC8866	#CC9166	#CC9966	#CCA266	#CCAA66	#CCB366	#CCBB66	#CCC466	#CCCC66
(彩60%／明50%)			#CC3359	#CC334C	#CC3340	#CC3333	#CC3F33	#CC4C33	#CC5933	#CC6633	#CC7333	#CC8033	#CC8C33	#CC9933	#CCA633	#CCB333	#CCBF33	#CCCC33
dull (彩50%／明50%)		dl	#BF4060	#BF4055	#BF404A	#C04040	#BF4A40	#BF5540	#BF5F40	#BF6A40	#BF7540	#C08040	#BF8A40	#BF9540	#C0A040	#BFAA40	#BFB540	#C0C040
dark (彩50%／明40%)		dk	#99334C	#993344	#99333B	#993333	#993B33	#994433	#994C33	#995533	#995D33	#996633	#996E33	#997733	#997F33	#998833	#999133	#999933
(彩50%／明30%)			#732639	#732633	#73262C	#732626	#732C26	#733326	#733926	#733F26	#734626	#734C26	#735326	#735926	#736026	#736626	#736C26	#737326
pale (彩40%／明90%)		p	#F0DCE1	#F0DCDF	#F0DCDD	#F0DCDC	#F0DDDC	#F0DFDC	#F0E1DC	#F0E2DC	#F0E4DC	#F0E6DC	#F0E8DC	#F0E9DC	#F0EBDC	#F0EDDC	#F0EEDC	#F0F0DC
light grayish (彩20%／明70%)		lg	#C2A3AB	#C2A3A8	#C2A3A6	#C2A3A3	#C2A6A3	#C2A8A3	#C2ABA3	#C2AEA3	#C2B0A3	#C2B3A3	#C2B5A3	#C2B8A3	#C2BAA3	#C2BDA3	#C2BFA3	#C2C2A3
(彩33%／明70%)			#CC99A6	#CC99A2	#CC999E	#CC9999	#CC9E99	#CCA299	#CCA699	#CCAA99	#CCAE99	#CCB399	#CCB799	#CCBB99	#CCBF99	#CCC499	#CCC899	#CCCC99
grayish (彩20%／明50%)		g	#996673	#99666E	#99666A	#996666	#996A66	#996E66	#997366	#997766	#997B66	#998066	#998466	#998866	#998C66	#999166	#999566	#999966
(彩33%／明30%)			#663340	#66333B	#663337	#663333	#663733	#663B33	#663F33	#664033	#664433	#664833	#664B33	#665133	#665533	#665933	#666133	#666633
dark grayish (彩20%／明30%)		dg	#5C3D45	#5C3D42	#5C3D40	#5C3D3D	#5C3F3D	#5C423D	#5C453D	#5C473D	#5C4A3D	#5C4C3D	#5C4F3D	#5C513D	#5C543D	#5C573D	#5C593D	#5C5C3D

※表左の☀マークの行は、Webセーフカラーを含むトーンです。

※色系統ごとの該当カラーの一覧です。横軸は色相を5°刻みにしたもの、縦軸はトーン別代表色＋Webセーフカラー（P.14-15）となる明度・彩度を組み合わせたものです。P.24から紹介している各色系統ごとの配色は、これらの色を中心に組み合わせています。

Yellow		Yellow Green							Green								Cyan	
(65)	(70)	(75)	(80)	(85)	(90)	(95)	(100)	(105)	(110)	(115)	(120)	(125)	(130)	(135)	(140)	(145)	(150)	(155)	(160)
#FBFFCC	#F7FFCC	#F3FFCC	#EEFFCC	#EAFFCC	#E6FFCC	#E2FFCC	#DDFFCC	#D9FFCC	#D5FFCC	#D1FFCC	#CCFFCC	#CCFFD1	#CCFFD5	#CCFFD9	#CCFFDD	#CCFFE2	#CCFFE6	#CCFFEA	#CCFFEE
#F7FF99	#EEFF99	#E6FF99	#DDFF99	#D5FF99	#CCFF99	#C4FF99	#BBFF99	#B3FF99	#AAFF99	#A2FF99	#99FF99	#99FFA2	#99FFAA	#99FFB3	#99FFBB	#99FFC4	#99FFCC	#99FFD5	#99FFDD
#F3FF66	#E6FF66	#D9FF66	#CCFF66	#C0FF66	#B3FF66	#A6FF66	#99FF66	#8CFF66	#80FF66	#73FF66	#66FF66	#66FF73	#66FF7F	#66FF8C	#66FF99	#66FFA6	#66FFB3	#66FFBF	#66FFCC
#EEFF33	#DDFF33	#CCFF33	#BBFF33	#AAFF33	#99FF33	#88FF33	#77FF33	#66FF33	#55FF33	#44FF33	#33FF33	#33FF44	#33FF55	#33FF66	#33FF77	#33FF88	#33FF99	#33FFAA	#33FFBB
#EAFF00	#D5FF00	#C0FF00	#AAFF00	#95FF00	#80FF00	#6AFF00	#55FF00	#40FF00	#2AFF00	#15FF00	#00FF00	#00FF15	#00FF2A	#00FF40	#00FF55	#00FF6A	#00FF80	#00FF95	#00FFAA
#D5E619	#C4E619	#B3E619	#A2E619	#91E619	#80E619	#6EE619	#5DE619	#4CE619	#3BE619	#2AE619	#19E619	#19E62A	#19E63B	#19E64C	#19E65D	#19E66E	#19E67F	#19E690	#19E6A2
#BBCC00	#AACC00	#99CC00	#88CC00	#77CC00	#66CC00	#55CC00	#44CC00	#33CC00	#22CC00	#11CC00	#00CC00	#00CC11	#00CC22	#00CC33	#00CC44	#00CC55	#00CC66	#00CC77	#00CC88
#8C9900	#809900	#739900	#669900	#599900	#4C9900	#409900	#339900	#269900	#199900	#0C9900	#009900	#00990C	#009919	#009926	#009933	#00993F	#00994C	#009959	#009966
#5D6600	#556600	#4C6600	#446600	#3B6600	#336600	#2A6600	#226600	#196600	#116600	#086600	#006600	#006608	#006611	#006619	#006622	#00662A	#006633	#00663B	#006644
#2E3300	#2A3300	#263300	#223300	#1D3300	#193300	#153300	#113300	#0C3300	#083300	#043300	#003300	#003304	#003308	#00330C	#003311	#003315	#003319	#00331D	#003322
#EAF0A8	#E4F0A8	#DEF0A8	#D8F0A8	#D2F0A8	#CCF0A8	#C6F0A8	#C0F0A8	#BAF0A8	#B4F0A8	#AEF0A8	#A8F0A8	#A8F0AE	#A8F0B4	#A8F0BA	#A8F0C0	#A8F0C6	#A8F0CC	#A8F0D2	#A8F0D8
#CBD379	#C4D379	#BCD379	#B5D379	#ADD379	#A6D379	#9ED379	#9ED379	#8FD379	#88D379	#80D479	#79D379	#79D381	#79D388	#79D38F	#79D397	#79D39E	#79D3A6	#79D3AD	#79D3B5
#C4CC66	#BBCC66	#B3CC66	#AACC66	#A2CC66	#99CC66	#91CC66	#88CC66	#80CC66	#77CC66	#6ECC66	#66CC66	#66CC6E	#66CC77	#66CC80	#66CC88	#66CC91	#66CC99	#66CCA2	#66CCAA
#C0CC33	#B3CC33	#A6CC33	#99CC33	#8CCC33	#80CC33	#73CC33	#66CC33	#60CC33	#4CCC33	#40CC33	#33CC33	#33CC3F	#33CC4C	#33CC60	#33CC66	#33CC73	#33CC80	#33CC8C	#33CC99
#B58F40	#AABF40	#A0C040	#95BF40	#8ABF40	#80C040	#75BF40	#6ABF40	#60C040	#55BF40	#4ABF40	#40C040	#40BF4A	#40BF55	#40BF6A	#40C060	#40BF6A	#40BF75	#40BF8A	#403F95
#919933	#889933	#809933	#779933	#6E9933	#669933	#5D9933	#559933	#4C9933	#449933	#3B9933	#339933	#33993B	#339944	#33994C	#339955	#33995D	#339966	#33996E	#333977
#6C7326	#667326	#607326	#597326	#537326	#4C7326	#467326	#407326	#397326	#337326	#2C7326	#267326	#26732C	#267333	#267339	#26733F	#267346	#26734C	#267353	#267359
#EEF0DC	#EDF0DC	#EBF0DC	#E9F0DC	#E8F0DC	#E6F0DC	#E4F0DC	#E2F0DC	#E1F0DC	#DFF0DC	#DDF0DC	#DCF0DC	#DCF0DD	#DCF0DF	#DCF0E1	#DCF0E2	#DCF0E4	#DCF0E6	#DCF0E8	#DCF0E9
#C0C2A3	#BDC2A3	#BAC2A3	#B8C2A3	#B5C2A3	#B3C2A3	#B0C2A3	#AEC2A3	#ABC2A3	#A8C2A3	#A6C2A3	#A3C2A3	#A3C2A6	#A3C2A8	#A3C2AB	#A3C2AE	#A3C2B0	#A3C2B3	#A3C2B5	#A3C2B8
#C8CC99	#C4CC99	#BFCC99	#BBCC99	#B7CC99	#B3CC99	#AECC99	#AACC99	#A6CC99	#A2CC99	#9ECC99	#99CC99	#99CC9E	#99CCA2	#99CCA6	#99CCAA	#99CCAE	#99CCB3	#99CCB7	#99CCBB
#959966	#959966	#8C9966	#889966	#849966	#809966	#7B9966	#779966	#739966	#6E9966	#6A9966	#669966	#66996A	#66996E	#669973	#669977	#66997B	#66997F	#669984	#669988
#616633	#5D6633	#596633	#556633	#516633	#4C6633	#486633	#446633	#406633	#3B6633	#376633	#336633	#336637	#33663B	#336640	#336644	#336648	#33664B	#336651	#336655
#595C3D	#575C3D	#545C3D	#515C3D	#4F5C3D	#4C5C3D	#4A5C3D	#475C3D	#455C3D	#425C3D	#405C3D	#3D5C3D	#3D5C3F	#3D5C42	#3D5C45	#3D5C47	#3D5C4A	#3D5C4C	#3D5C4F	#3D5C51

Web配色事典　021

Color Chart - Cyan / Blue

トーン分類 +WebSafeColor tone			色相(°) ▲ 明▼彩	(165)	(170)	(175)	(180)	(185)	(190)	(195)	(200)	(205)	(210)	(215)	(220)	(225)	(230)	(235)	(240)
	彩100%/明90%			#CCFFF3	#CCFFF7	#CCFFFB	#CCFFFF	#CCFBFF	#CCF7FF	#CCF3FF	#CCEEFF	#CCEAFF	#CCE6FF	#CCE2FF	#CCDDFF	#CCD9FF	#CCD5FF	#CCD1FF	#CCCCFF
	彩100%/明80%	b		#99FFE6	#99FFEE	#99FFF7	#99FFFF	#99F7FF	#99EEFF	#99E6FF	#99DDFF	#99D5FF	#99CCFF	#99C4FF	#99BBFF	#99B3FF	#99AAFF	#99A2FF	#9999FF
bright	彩100%/明70%			#66FFD9	#66FFE6	#66FFF3	#66FFFF	#66F3FF	#66E6FF	#66D9FF	#66CCFF	#66C0FF	#66B3FF	#66A6FF	#6699FF	#668CFF	#6680FF	#6673FF	#6666FF
	彩100%/明60%	v		#33FFCC	#33FFDD	#33FFEE	#33FFFF	#33EEFF	#33DDFF	#33CCFF	#33BBFF	#33AAFF	#3399FF	#3388FF	#3377FF	#3366FF	#3355FF	#3344FF	#3333FF
vivid	彩100%/明50%			#00FFC0	#00FFD5	#00FFEA	#00FFFF	#00EAFF	#00D5FF	#00C0FF	#00AAFF	#0095FF	#0080FF	#006AFF	#0055FF	#0040FF	#002AFF	#0015FF	#0000FF
strong	彩80%/明50%	s		#19E6B3	#19E6C4	#19E6D5	#19E6E6	#19D5E6	#19C4E6	#19B3E6	#19A2E6	#1991E6	#1980E6	#196EE6	#195DE6	#194CE6	#193BE6	#192AE6	#1919E6
deep	彩100%/明40%			#00CC99	#00CCAA	#00CCBB	#00CCCC	#00BBCC	#00AACC	#0099CC	#0088CC	#0077CC	#0066CC	#0055CC	#0044CC	#0033CC	#0022CC	#0011CC	#0000CC
	彩100%/明30%	dp		#009973	#00997F	#00998C	#009999	#008C99	#008099	#007399	#006699	#005999	#004C99	#004099	#003399	#002699	#001999	#000C99	#000099
	彩100%/明20%			#00664C	#006655	#00665D	#006666	#005D66	#005566	#004C66	#004466	#003B66	#003366	#002A66	#002266	#001966	#001166	#000866	#000066
	彩100%/明10%			#003326	#00332A	#00332E	#003333	#002E33	#002A33	#002633	#002233	#001D33	#001933	#001533	#001133	#000C33	#000833	#000433	#000033
light	彩70%/明80%	l		#A8F0DE	#A8F0E4	#A8F0EA	#A8F0F0	#A8EBF1	#A8E5F1	#A8DAF0	#A8D8F0	#A8D2F0	#A8CCF0	#A8C6F0	#A8C0F0	#A8BAF0	#A8B4F0	#A8AEF0	#A8A8F0
soft	彩50%/明65%			#79D3BC	#79D3C4	#79D3CB	#79D3D3	#78CCD4	#79C4D3	#79BCD3	#79B5D3	#79ADD3	#79A6D3	#799ED3	#7997D3	#798FD3	#7988D3	#7981D3	#7979D3
	彩50%/明60%	sf		#66CCB3	#66CCBB	#66CCC4	#66CCCC	#66C4CC	#66BBCC	#66B3CC	#66AACC	#66A2CC	#6699CC	#6691CC	#6688CC	#6680CC	#6677CC	#666ECC	#6666CC
	彩60%/明50%			#33CCA6	#33CCB3	#33CCBF	#33CCCC	#33C0CC	#33B3CC	#33A6CC	#3399CC	#338CCC	#3380CC	#3373CC	#3366CC	#3360CC	#334CCC	#3340CC	#3333CC
dull	彩50%/明50%	dl		#40C0A0	#40BFAA	#40BFB5	#40C0C0	#40B5BF	#40AABF	#40A0C0	#4095BF	#408ABF	#4080C0	#4075BF	#406ABF	#4060C0	#4055BF	#404ABF	#4040C0
	彩50%/明40%	dk		#339980	#339988	#339991	#339999	#339199	#338899	#338099	#337799	#336E99	#336699	#335D99	#335599	#334C99	#334499	#333B99	#333399
dark	彩50%/明30%			#267360	#267366	#26736C	#267373	#266C73	#266673	#266073	#265973	#265373	#264C73	#264673	#264073	#263973	#263373	#262C73	#262673
pale	彩40%/明90%	p		#DCF0EB	#DCF0ED	#DCF0EE	#DCF0F0	#DCEEF0	#DCEDF0	#DCEBF0	#DCE9F0	#DCE8F0	#DCE6F0	#DCE4F0	#DCE2F0	#DCE1F0	#DCDFF0	#DCDDF0	#DCDCF0
light grayish	彩20%/明70%	lg		#A3C2BA	#A3C2BD	#A3C2BF	#A3C2C2	#A3C0C2	#A3BDC2	#A3BAC2	#A3B8C2	#A3B5C2	#A3B3C2	#A3B0C2	#A3AEC2	#A3ABC2	#A3A8C2	#A3A6C2	#A3A3C2
	彩33%/明70%			#99CCBF	#99CCC4	#99CCC8	#99CCCC	#99C8CC	#99C4CC	#99BFCC	#99BBCC	#99B7CC	#99B3CC	#99AECC	#99AACC	#99A6CC	#99A2CC	#999ECC	#9999CC
grayish	彩20%/明50%	g		#66998C	#669991	#669995	#669999	#669599	#669199	#668C99	#668899	#668499	#668099	#667B99	#667799	#667399	#666E99	#666A99	#666699
	彩33%/明30%			#336659	#33665D	#336661	#336666	#336166	#335D66	#335966	#335566	#335166	#334B66	#334866	#334466	#334066	#333B66	#333766	#333366
dark grayish	彩20%/明30%	dg		#3D5C54	#3D5C57	#3D5C59	#3D5C5C	#3D595C	#3D575C	#3D545C	#3D515C	#3D4FSC	#3D4C5C	#3D4A5C	#3D475C	#3D455C	#3D425C	#3D405C	#3D3D5C

Blue		Violet									Pink								
(245)	(250)	(255)	(260)	(265)	(270)	(275)	(280)	(285)	(290)	(295)	(300)	(305)	(310)	(315)	(320)	(325)	(330)	(335)	(340)
#D1CCFF	#D5CCFF	#D9CCFF	#DDCCFF	#E2CCFF	#E6CCFF	#EACCFF	#EECCFF	#F3CCFF	#F7CCFF	#FBCCFF	#FFCCFF	#FFCCFB	#FFCCF7	#FFCCF3	#FFCCEE	#FFCCEA	#FFCCE6	#FFCCE2	#FFCCDD
#A299FF	#AA99FF	#B399FF	#BB99FF	#C499FF	#CC99FF	#D599FF	#DD99FF	#E699FF	#EE99FF	#F799FF	#FF99FF	#FF99F7	#FF99EE	#FF99E6	#FF99DD	#FF99D5	#FF99CC	#FF99C4	#FF39BB
#7366FF	#7F66FF	#8C66FF	#9966FF	#A666FF	#B366FF	#BF66FF	#CC66FF	#D966FF	#E666FF	#F366FF	#FF66FF	#FF66F3	#FF66E6	#FF66D9	#FF66CC	#FF66C0	#FF66B3	#FF66A6	#FF5699
#4433FF	#5533FF	#6633FF	#7733FF	#8833FF	#9933FF	#AA33FF	#BB33FF	#CC33FF	#DD33FF	#EE33FF	#FF33FF	#FF33EE	#FF33DD	#FF33CC	#FF33BB	#FF33AA	#FF3399	#FF3388	#FF3377
#1500FF	#2A00FF	#4000FF	#5500FF	#6A00FF	#8000FF	#9500FF	#AA00FF	#C000FF	#D500FF	#EA00FF	#FF00FF	#FF00EA	#FF00D5	#FF00C0	#FF00AA	#FF0095	#FF0080	#FF006A	#FF0055
#2A19E6	#3B19E6	#4C19E6	#5D19E6	#6E19E6	#7F19E6	#9119E6	#A219E6	#B319E6	#C419E6	#D519E6	#E619E6	#E619D5	#E619C4	#E619B3	#E619A2	#E61991	#E61980	#E6196E	#E6195D
#1100CC	#2200CC	#3300CC	#4400CC	#5500CC	#6600CC	#7700CC	#8800CC	#9900CC	#AA00CC	#BB00CC	#CC00CC	#CC00BB	#CC00AA	#CC0099	#CC0088	#CC0077	#CC0066	#CC0055	#CC0044
#0C0099	#190099	#260099	#330099	#3F0099	#4C0099	#590099	#660099	#730099	#7F0099	#8C0099	#990099	#99008C	#990080	#990073	#990066	#990059	#99004C	#990040	#990033
#080066	#110066	#190066	#220066	#2A0066	#330066	#3B0066	#440066	#4C0066	#550066	#5D0066	#660066	#66005D	#660055	#66004C	#660044	#66003B	#660033	#66002A	#660022
#040033	#080033	#0C0033	#110033	#150033	#190033	#1D0033	#220033	#260033	#2A0033	#2E0033	#330033	#33002E	#33002A	#330026	#330022	#33001D	#330019	#330015	#330011
#AEA8F0	#B4A8F0	#BAA8F0	#C0A8F0	#C6A8F0	#CCA8F0	#D2A8F0	#D8A8F0	#DEA8F0	#E4A8F0	#EAA8F0	#F0A8F0	#F0A8EA	#F0A8E4	#F0A8DE	#F0A8D8	#F0A8D2	#F0A8CC	#F0A8C6	#F0A8C0
#8179D3	#8879D3	#8F79D3	#9779D3	#9E79D3	#A679D3	#AD79D3	#B579D3	#BC79D3	#C479D3	#CB79D3	#D379D3	#D379CB	#D379C4	#D379BC	#D379B5	#D379AD	#D379A6	#D3799E	#D37997
#6E66CC	#7766CC	#8066CC	#8866CC	#9166CC	#9966CC	#A266CC	#AA66CC	#B366CC	#BB66CC	#C466CC	#CC66CC	#CC66C4	#CC66BB	#CC66B3	#CC66AA	#CC66A2	#CC6699	#CC6691	#CC6688
#3F33CC	#4C33CC	#5933CC	#6633CC	#7333CC	#8033CC	#8C33CC	#9933CC	#A633CC	#B333CC	#BF33CC	#CC33CC	#CC33C0	#CC33B3	#CC33A6	#CC3399	#CC338C	#CC3380	#CC3373	#CC3366
#4A40BF	#5540BF	#6040C0	#6A40BF	#7540BF	#8040C0	#8A40BF	#9540BF	#A040C0	#AA40BF	#B540BF	#C040C0	#BF40B5	#BF40AA	#C040A0	#BF4095	#BF408A	#C04080	#BF4075	#BF406A
#3B3399	#443399	#4C3399	#553399	#5D3399	#663399	#6E3399	#773399	#803399	#883399	#913399	#993399	#993391	#993388	#993380	#993377	#99336E	#993366	#99335D	#993355
#2C2673	#332673	#392673	#3F2673	#462673	#4C2673	#532673	#592673	#602673	#662673	#6C2673	#732673	#73266C	#732666	#732660	#732659	#732653	#73264C	#732646	#732640
#DDDCF0	#DFDCF0	#E1DCF0	#E2DCF0	#E4DCF0	#E6DCF0	#E8DCF0	#E9DCF0	#EBDCF0	#EDDCF0	#EEDCF0	#F0DCF0	#F0DCEE	#F0DCED	#F0DCEB	#F0DCE9	#F0DCE8	#F0DCE6	#F0DCE4	#F0DCE2
#A6A3C2	#A8A3C2	#ABA3C2	#AEA3C2	#B0A3C2	#B3A3C2	#B5A3C2	#B8A3C2	#BAA3C2	#BDA3C2	#BFA3C2	#C2A3C2	#C2A3C0	#C2A3BD	#C2A3BA	#C2A3B8	#C2A3B5	#C2A3B3	#C2A3B0	#C2A3AE
#9E99CC	#A299CC	#A699CC	#AA99CC	#AE99CC	#B399CC	#B799CC	#BB99CC	#BF99CC	#C499CC	#C899CC	#CC99CC	#CC99C8	#CC99C4	#CC99BF	#CC99BB	#CC99B7	#CC99B4	#CC99AE	#CC99AA
#6A6699	#6E6699	#736699	#776699	#7B6699	#846699	#886699	#8C6699	#916699	#956699	#9A6699	#996699	#996695	#996691	#99668C	#996688	#996684	#996680	#99667B	#996677
#373366	#3B3366	#403366	#443366	#483366	#4B3366	#513366	#553366	#593366	#5D3366	#613366	#663366	#663361	#66335D	#663359	#663355	#663351	#66334B	#663348	#663344
#3F3D5C	#423D5C	#453D5C	#473D5C	#4A3D5C	#4C3D5C	#4F3D5C	#513D5C	#543D5C	#573D5C	#593D5C	#5C3D5C	#5C3D59	#5C3D57	#5C3D54	#5C3D51	#5C3D4F	#5C3D4C	#5C3D4A	#5C3D47

color group 1

赤色系

▶ 適用サンプル 「index.html」から［配色チャート］へ
▶ 色見本 「palette→photoshop→01_group→01_red.ACO」

Red

赤色系は暖色系の中心で、連想させる用語には、「太陽」、「炎」、「情熱」、「危険」などがあげられます。ここでは、色相環（P.16）で、345〜360°＋0〜20°未満にある色を「赤色系」としています。

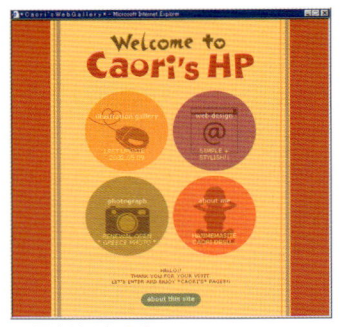

見本サイト ※「Caori's Web Gallery」
http://www.02.246.ne.jp/~caorim/

Color Chart

色系統別

「共通性」の調和

配色に使用したルール（→P.166）
Main:Sub
同一
色相

配色チャート

Main #E62A19
R:230
G:42
B:25

Sub #FFA299
R:255
G:162
B:153

Balance #D3BC79
R:211
G:188
B:121

① メインに強い赤（#E62A19）を使用し、テキストエリアは、明度をやや高くした同一色相（#FFA299）を使用。バックは強めのベージュ（#D3BC79）でまとめています。
② ポイントを絞ったメインの色使いでより印象的に。

適用サンプル

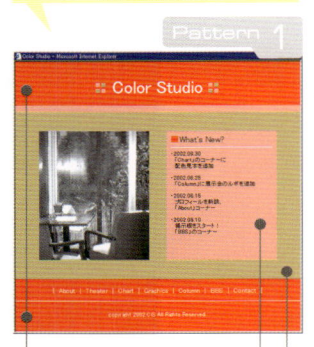

Pattern 1

◆ メインカラー（ヘッダー・フッター・メニューエリア）
◆ サブカラー（テキストエリア）
◆ バランスカラー（調整色）

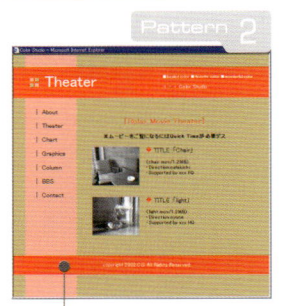

Pattern 2

● 同じ配色を別デザインに適用

アクセントカラー（4色目）の適用例

アクセントカラーとして有効な色のひとつは、使用色と対照的な要素をもつ色。この場合、色味でいえば補色にあたるシアン系などがあてはまります。ここでは、全体に強い色の配色のため、やや輝度の高い黄緑（#C4E619）を組み合わせてアクセントにしています。

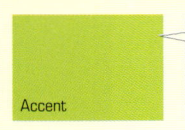

Accent #C4E619
R:196
G:230
B:25

※適用サンプルは、Explorerで表示した画面を掲載しています。Netscapeなど他のブラウザでは、表示が異なる場合があります。

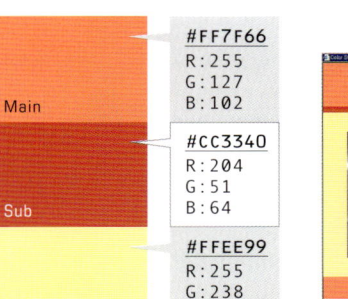

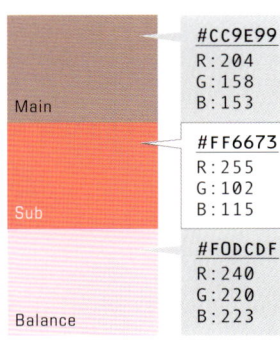

「共通性」の調和

Main:Sub 隣接 色相

- Main: **#FF7F66** R:255 G:127 B:102
- Sub: **#CC3340** R:204 G:51 B:64
- Balance: **#FFEE99** R:255 G:238 B:153

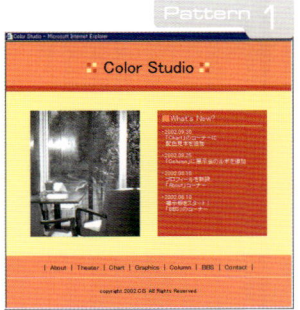

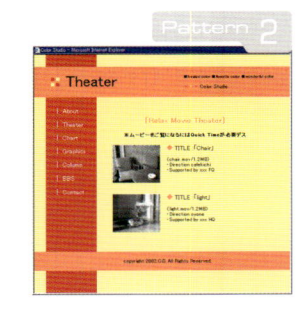

Main:Sub 隣接 色相

- Main: **#CC9E99** R:204 G:158 B:153
- Sub: **#FF6673** R:255 G:102 B:115
- Balance: **#F0DCDF** R:240 G:220 B:223

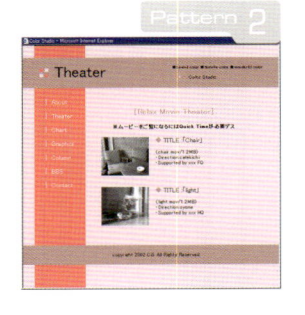

Main:Sub 類似 色相

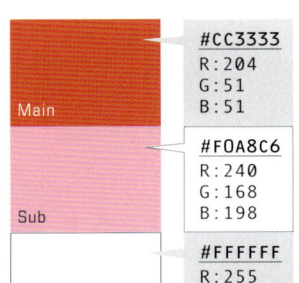

- Main: **#CC3333** R:204 G:51 B:51
- Sub: **#F0A8C6** R:240 G:168 B:198
- Balance: **#FFFFFF** R:255 G:255 B:255

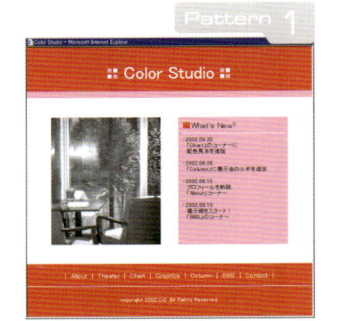

Color Group / 1 / 赤色系 / Red

※チャートは、Web表示したものを印刷用にCMYK変換しているため、色味が変化しているものがあります。
実際の色表示は、CD-ROM収録のデータを参照してください。

Web配色事典　025

「共通性」の調和

Main:Sub 類似 色相

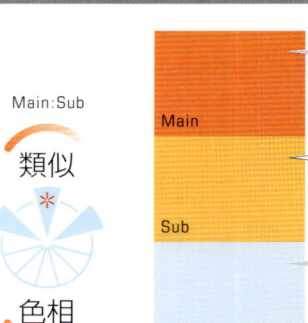

Main	#FF5533 R:255 G:85 B:51
Sub	#FFBB33 R:255 G:187 B:51
Balance	#D4E3F8 R:212 G:227 B:248

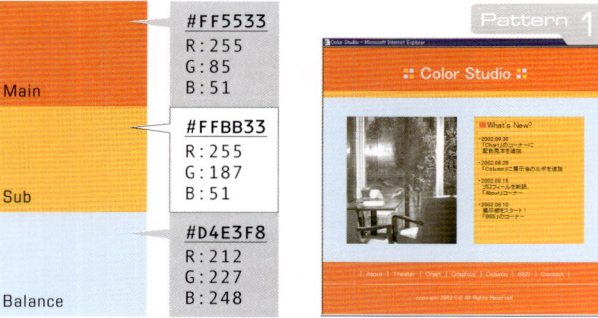

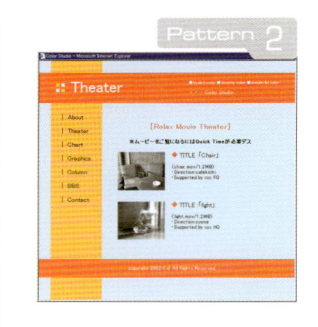

Pattern 1 / Pattern 2

「対比」の調和 — 色系統別

Main:Sub 中差 色相

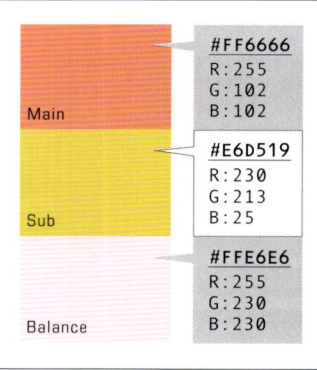

Main	#FF6666 R:255 G:102 B:102
Sub	#E6D519 R:230 G:213 B:25
Balance	#FFE6E6 R:255 G:230 B:230

Pattern 1 / Pattern 2

Main:Sub 中差 色相

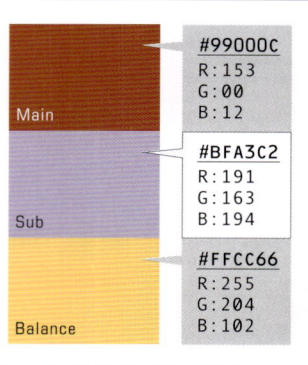

Main	#99000C R:153 G:00 B:12
Sub	#BFA3C2 R:191 G:163 B:194
Balance	#FFCC66 R:255 G:204 B:102

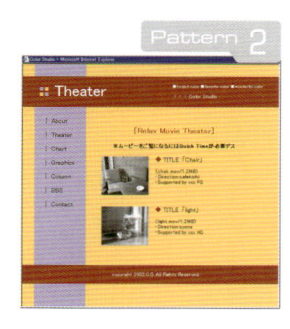

Pattern 1 / Pattern 2

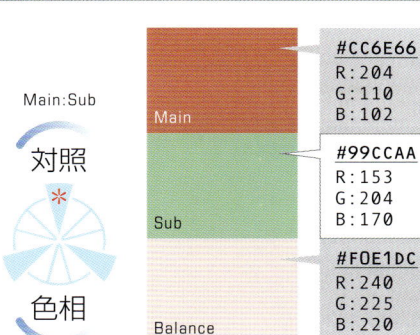

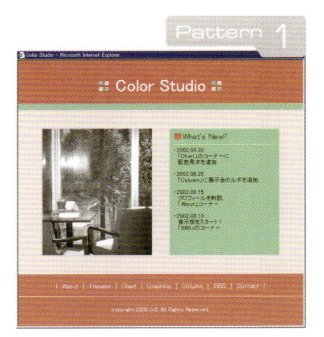

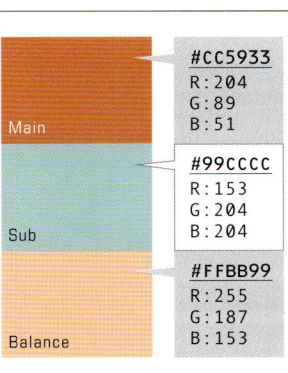

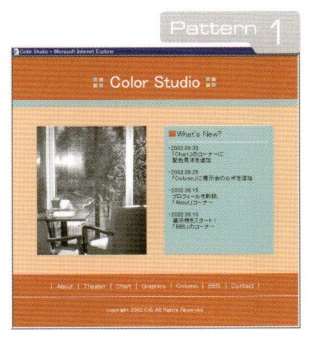

「対比」の調和

Main:Sub
対照
＊
色相

Main #CC6E66
R:204
G:110
B:102

Sub #99CCAA
R:153
G:204
B:170

Balance #F0E1DC
R:240
G:225
B:220

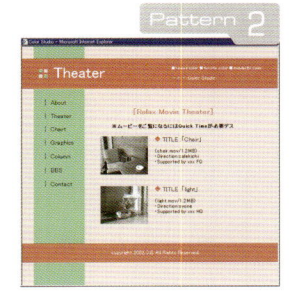

Main:Sub 
補色
＊
色相

Main #CC5933
R:204
G:89
B:51

Sub #99CCCC
R:153
G:204
B:204

Balance #FFBB99
R:255
G:187
B:153

Color Group
1
赤色系
Red

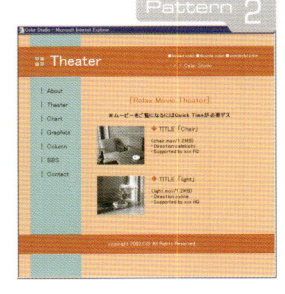

赤色系 ＊ その他

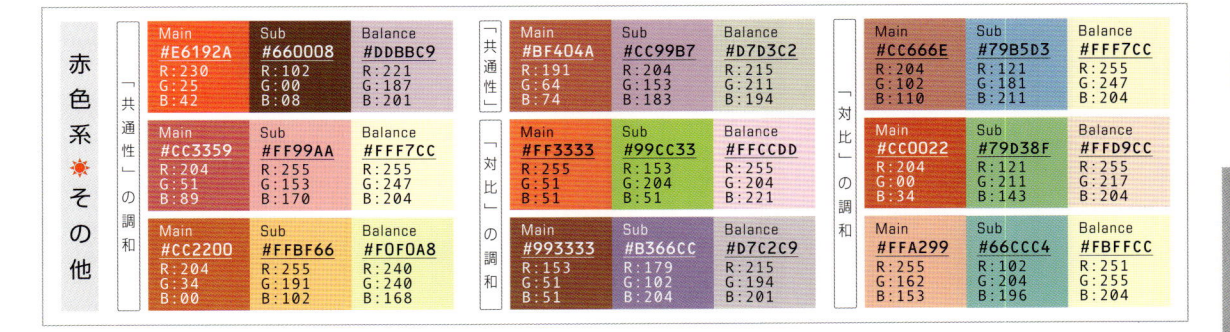

「共通性」の調和

Main	Sub	Balance
#E6192A R:230 G:25 B:42	#660008 R:102 G:00 B:08	#DDBBC9 R:221 G:187 B:201
#CC3359 R:204 G:51 B:89	#FF99AA R:255 G:153 B:170	#FFF7CC R:255 G:247 B:204
#CC2200 R:204 G:34 B:00	#FFBF66 R:255 G:191 B:102	#F0F0A8 R:240 G:240 B:168

「共通性」「対比」の調和

Main	Sub	Balance
#BF404A R:191 G:64 B:74	#CC99B7 R:204 G:153 B:183	#D7D3C2 R:215 G:211 B:194
#FF3333 R:255 G:51 B:51	#99CC33 R:153 G:204 B:51	#FFCCDD R:255 G:204 B:221
#993333 R:153 G:51 B:51	#B366CC R:179 G:102 B:204	#D7C2C9 R:215 G:194 B:201

「対比」の調和

Main	Sub	Balance
#CC666E R:204 G:102 B:110	#79B5D3 R:121 G:181 B:211	#FFF7CC R:255 G:247 B:204
#CC0022 R:204 G:00 B:34	#79D38F R:121 G:211 B:143	#FFD9CC R:255 G:217 B:204
#FFA299 R:255 G:162 B:153	#66CCC4 R:102 G:204 B:196	#FBFFCC R:251 G:255 B:204

※「その他」の配色については、CD-ROMの収録データで適用サンプルを見ることができます。

Web配色事典　027

color group 2 — オレンジ系

▶ 適用サンプル　「index.html」から［配色チャート］へ
▶ 色見本　「palette→photoshop→01_group→02_orange.ACO」

Orange

オレンジ（橙）色は、暖色系に属し、「みかん」、「夕焼け」、「快活」、「紅葉」といった用語を連想させます。ここでは、色相環（P.16）で、20〜50°未満にある色を「オレンジ系」としています。

見本サイト ☀ 「gau+」
http://www.interq.or.jp/ox/gau/gau_pra/

Color Chart ☀ 色系統別

「共通性」の調和

配色に使用したルール（→P.166）

Main:Sub
同一
色相

配色チャート

Main — #FF9500 / R:255 G:149 B:00

Sub — #CCA266 / R:204 G:162 B:102

Balance — #FFF799 / R:255 G:247 B:153

① メインに鮮やかなオレンジ（#FF9500）を使用し、サブカラーに同一色相を落ち着かせた色（#CCA266）を配色。背景は淡い黄色（#FFF799）でバランスをとっています。
② メインの色が効いたメリハリのある印象になります。

適用サンプル

Pattern 1 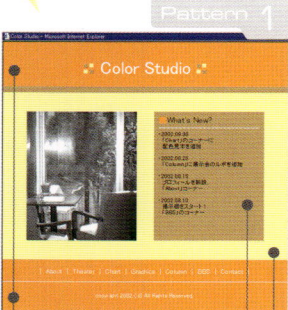
- メインカラー（ヘッター・フッター・メニューエリア）
- サブカラー（テキストエリア）
- バランスカラー（調整色）

Pattern 2 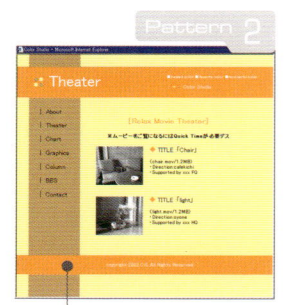
- 同じ配色を別デザインに適用

アクセントカラー（4色目）の適用例

やや「くどい」印象になりやすい「オレンジ系」では、アクセント使い方がポイントになります。全体に明るめの配色では、明彩度を抑えた濃い目の色を加えると引き締まった印象に。ここでは、紫（#AA66CC）を組み合わせて、上品にまとめました。

Accent — #AA66CC / R:170 G:102 B:204

「共通性」の調和

Main:Sub 隣接 ※ 色相

Main
#E66E19
R:230
G:110
B:25

Sub
#CCA633
R:204
G:166
B:51

Balance
#ADD379
R:173
G:211
B:121

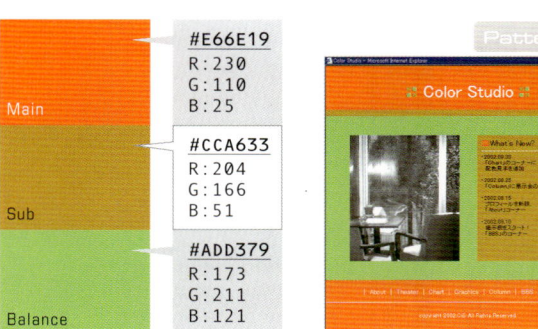

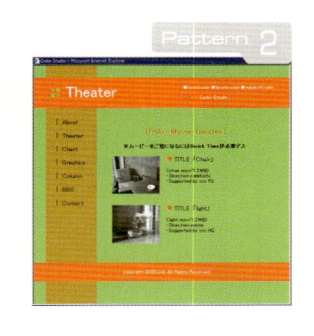

Main:Sub 隣接 ※ 色相

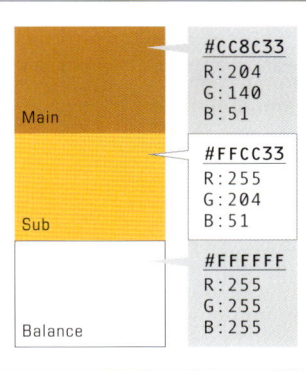

Main
#CC8C33
R:204
G:140
B:51

Sub
#FFCC33
R:255
G:204
B:51

Balance
#FFFFFF
R:255
G:255
B:255

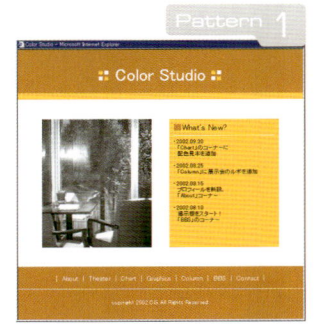

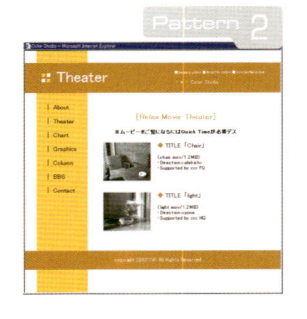

Main:Sub 類似 ※ 色相

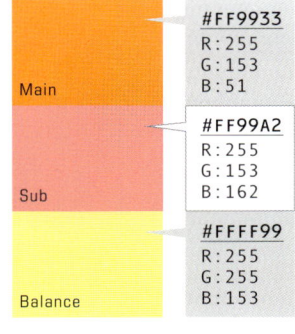

Main
#FF9933
R:255
G:153
B:51

Sub
#FF99A2
R:255
G:153
B:162

Balance
#FFFF99
R:255
G:255
B:153

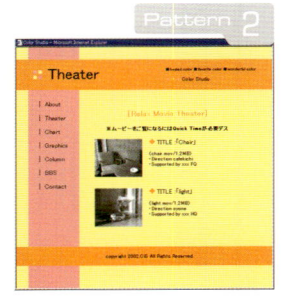

Color Group 2 オレンジ系 ※ Orange

※チャートは、Web表示したものを印刷用にCMYK変換しているため、色味が変化しているものがあります。
　実際の色表示は、CD-ROM収録のデータを参照してください。

Web配色事典　029

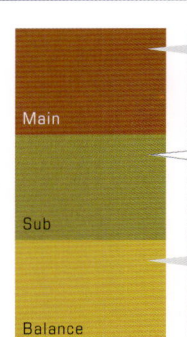

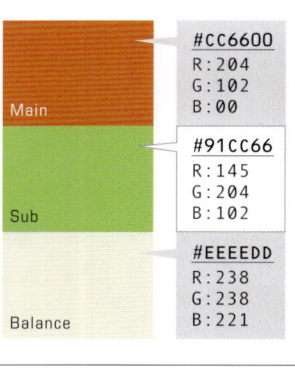

「共通性」の調和

Main:Sub 類似 色相

- Main #994C00 R:153 G:76 B:00
- Sub #919933 R:145 G:153 B:51
- Balance #CCBB00 R:204 G:187 B:00

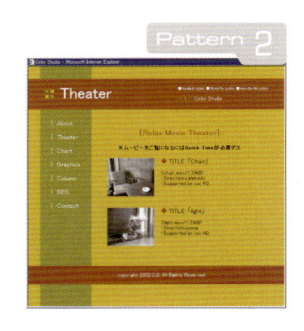

「対比」の調和

Main:Sub 中差 色相

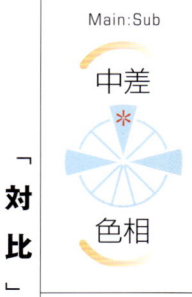

- Main #CC6600 R:204 G:102 B:00
- Sub #91CC66 R:145 G:204 B:102
- Balance #EEEEDD R:238 G:238 B:221

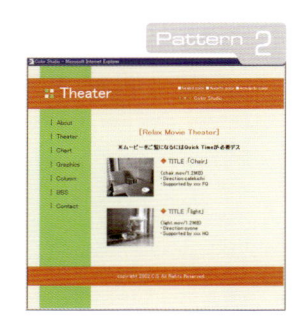

Main:Sub 中差 色相

- Main #FF5500 R:255 G:85 B:00
- Sub #AA40BF R:170 G:64 B:191
- Balance #D5CCFF R:213 G:204 B:255

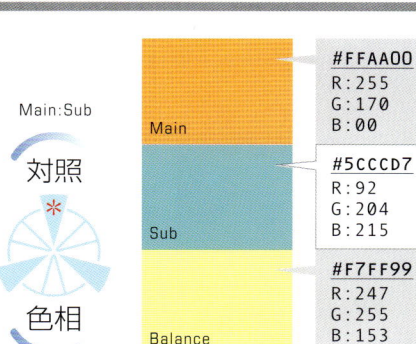

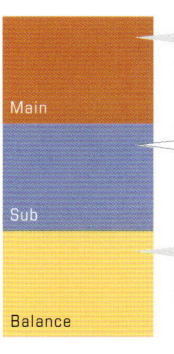

「対比」の調和

対照 ※ 色相

Main:Sub

Main #FFAA00 R:255 G:170 B:00

Sub #5CCCD7 R:92 G:204 B:215

Balance #F7FF99 R:247 G:255 B:153

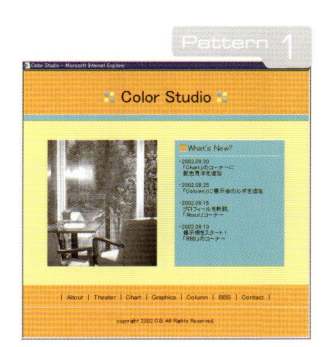

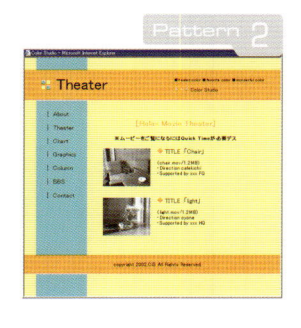

Pattern 1 / Pattern 2

補色 ※ 色相

Main:Sub

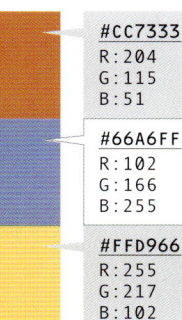

Main #CC7333 R:204 G:115 B:51

Sub #66A6FF R:102 G:166 B:255

Balance #FFD966 R:255 G:217 B:102

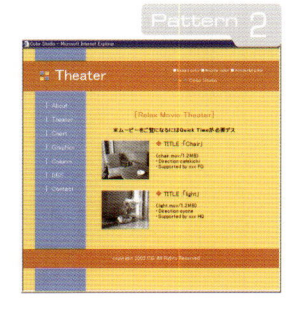

Pattern 1 / Pattern 2

オレンジ系 ※ その他

「共通性」の調和

Main	Sub	Balance
#FFA666 R:255 G:166 B:102	#BF7540 R:191 G:117 B:64	#AACC66 R:170 G:204 B:102
#FFBF00 R:255 G:191 B:00	#BBCC00 R:187 G:204 B:00	#FFD9CC R:255 G:217 B:204

「対比」の調和

Main	Sub	Balance
#FF8000 R:255 G:128 B:00	#889933 R:136 G:153 B:51	#CCB366 R:204 G:179 B:102

「共通性」の調和

Main	Sub	Balance
#E69119 R:230 G:145 B:25	#993300 R:153 G:51 B:00	#BBCC66 R:187 G:204 B:102
#FF8833 R:255 G:136 B:51	#B579D3 R:181 G:121 B:211	#EDDCF0 R:237 G:220 B:240

「対比」の調和

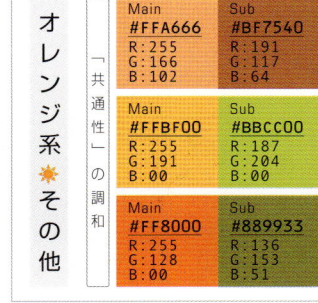

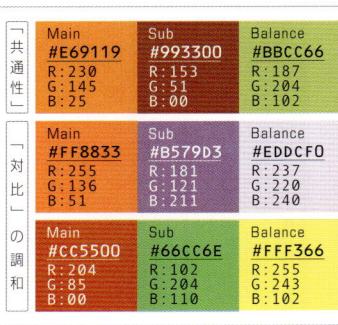

Main	Sub	Balance
#CC5500 R:204 G:85 B:00	#66CC6E R:102 G:204 B:110	#FFF366 R:255 G:243 B:102

「対比」の調和

Main	Sub	Balance
#FFBB33 R:255 G:187 B:51	#8033CC R:128 G:51 B:204	#F0E6DC R:240 G:230 B:220
#C08040 R:192 G:128 B:64	#66CCBB R:102 G:204 B:187	#FFD9CC R:255 G:217 B:204
#B69119 R:182 G:145 B:25	#40AABF R:64 G:170 B:191	#FFF3CC R:255 G:243 B:204

※「その他」の配色については、CD-ROMの収録データで適用サンプルを見ることができます。

Color Group 2 オレンジ系 ※ Orange

color group 3 — 黄色系

Yellow

▶ 適用サンプル 「index.html」から[配色チャート]へ
▶ 色見本 「palette→photoshop→01_group→03_yellow.ACO」

黄色系は暖色系に属し、連想させる用語としては、「レモン」、「ヒマワリ」、「明朗」、「注意」などがあげられます。ここでは、色相環（P.16）で、50〜75°未満にある色を「黄色系」としています。

見本サイト ☀ 「ヒヨコ舎Online」
http://www.hiyokosha.com/

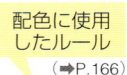

Color Chart — 色系統別

「共通性」の調和

配色に使用したルール（→P.166）

Main:Sub　同一　色相

配色チャート

Main #FFD500　R:255　G:213　B:00
Sub #998833　R:153　G:136　B:51
Balance #B3CC99　R:179　G:204　B:153

適用サンプル

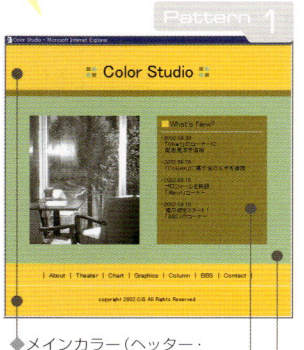

Pattern 1 — Color Studio
- メインカラー（ヘッター・フッター・メニューエリア）
- サブカラー（テキストエリア）
- バランスカラー（調整色）

Pattern 2 — Theater
- 同じ配色を別デザインに適用

① オレンジがかった黄色（#FFD500）をメインに、サブカラーに黄土色（#998833）を配色。背景には渋い色（#B3CC99）を組み合わせて、落ち着かせています。
② 濃淡差で立体的な配色になります。

アクセントカラー（4色目）の適用例

インパクトの強い「黄色系」中心の配色では、アクセントカラーはメインに対抗できる印象のものが有効です。ここでは、ほぼ補色にあたる赤紫系の色（#CC6691）を加えています。メインの黄色が強い印象のため、やはり強めのトーンを組み合わせています。

Accent #CC6691　R:204　G:102　B:145

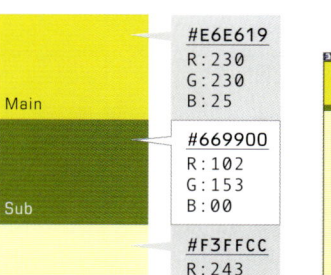

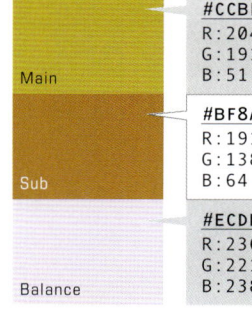

「共通性」の調和

Main:Sub 隣接 ※ 色相

Main #E6E619 R:230 G:230 B:25
Sub #669900 R:102 G:153 B:00
Balance #F3FFCC R:243 G:255 B:204

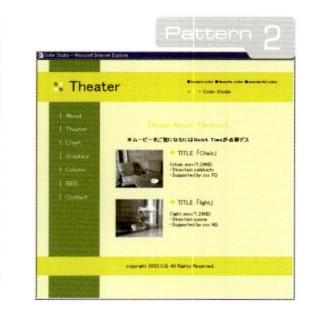

Main:Sub 隣接 ※ 色相

Main #CCBF33 R:204 G:191 B:51
Sub #BF8A40 R:191 G:138 B:64
Balance #ECDDEE R:236 G:221 B:238

Main:Sub 類似 ※ 色相

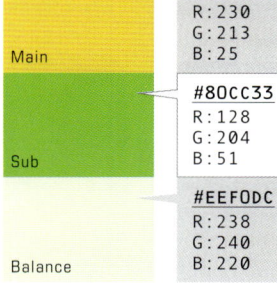

Main #E6D519 R:230 G:213 B:25
Sub #80CC33 R:128 G:204 B:51
Balance #EEF0DC R:238 G:240 B:220

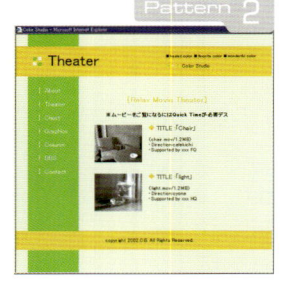

※チャートは、Web表示したものを印刷用にCMYK変換しているため、色味が変化しているものがあります。
実際の色表示は、CD-ROM収録のデータを参照してください。

Color Group 3 黄色系 ※ Yellow

Web配色事典 033

「共通性」の調和

Main:Sub　類似　色相

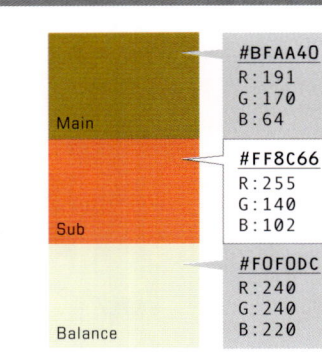

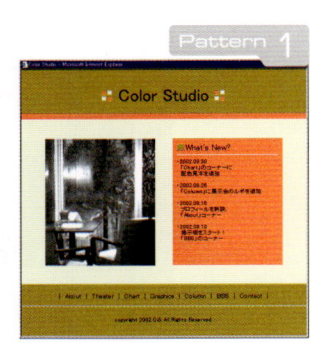

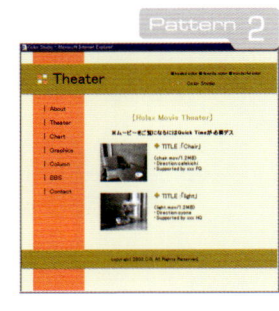

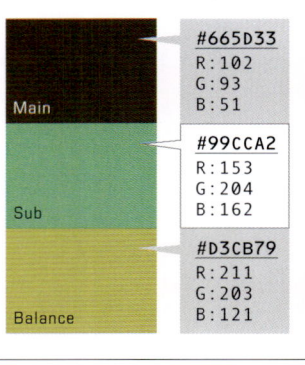

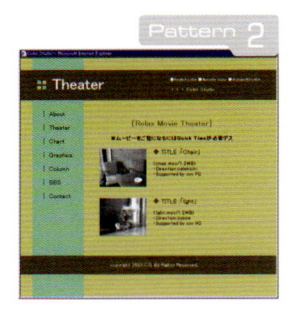

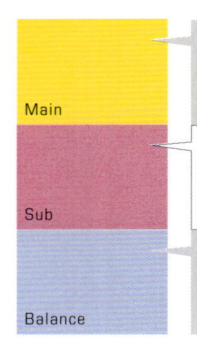

Main	#BFAA40　R:191　G:170　B:64
Sub	#FF8C66　R:255　G:140　B:102
Balance	#F0F0DC　R:240　G:240　B:220

「対比」の調和 ― 色系統別

Main:Sub　中差　色相

Main	#665D33　R:102　G:93　B:51
Sub	#99CCA2　R:153　G:204　B:162
Balance	#D3CB79　R:211　G:203　B:121

Main:Sub　中差　色相

Main	#FFEA00　R:255　G:234　B:00
Sub	#FF99CC　R:255　G:153　B:204
Balance	#CCD9FF　R:204　G:217　B:255

034　Web Coloring Book

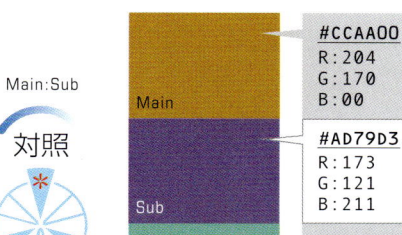

「対比」の調和

黄色系 / Yellow / Color Group 3

Main:Sub 対照 色相

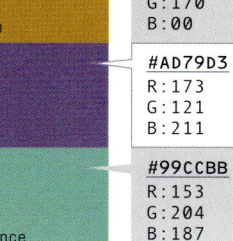

Main #CCAA00 R:204 G:170 B:00
Sub #AD79D3 R:173 G:121 B:211
Balance #99CCBB R:153 G:204 B:187

Pattern 1 / Pattern 2

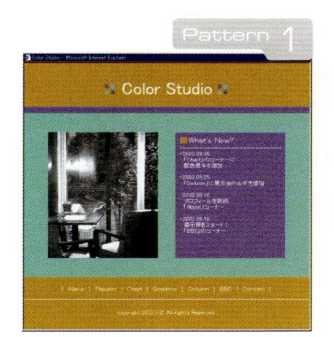

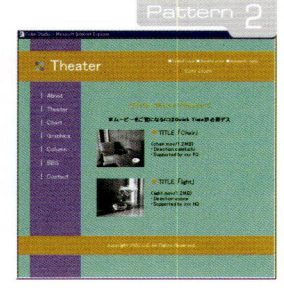

Main:Sub 補色 色相

Main #998833 R:153 G:136 B:51
Sub #8179D3 R:129 G:121 B:211
Balance #CBD379 R:203 G:211 B:121

Pattern 1 / Pattern 2

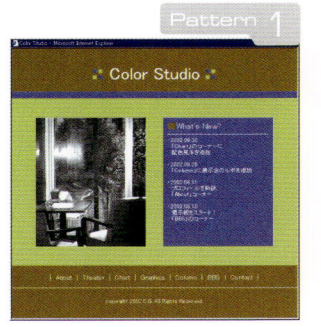

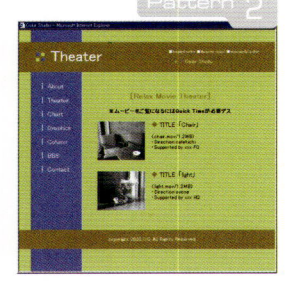

黄色系 その他

「共通性」の調和

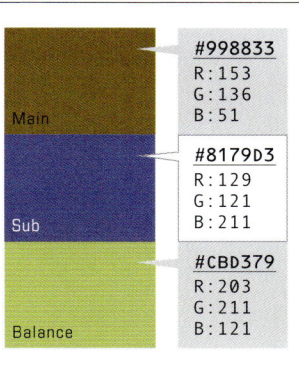

Main	Sub	Balance
#BFB540 R:191 G:181 B:64	#FFF366 R:255 G:243 B:102	#A8DEF0 R:168 G:222 B:240
#FFDD33 R:255 G:221 B:51	#AACC00 R:170 G:204 B:00	#FFFFFF R:255 G:255 B:255
#CCCC00 R:204 G:204 B:00	#559933 R:85 G:153 B:51	#EEDCF0 R:238 G:220 B:240

「対比」の調和

Main	Sub	Balance
#997F00 R:153 G:127 B:00	#FF7733 R:255 G:119 B:51	#CCC466 R:204 G:196 B:102
#FFFF00 R:255 G:255 B:00	#FF6680 R:255 G:102 B:128	#DAF5A3 R:218 G:245 B:163
#CCB333 R:204 G:179 B:51	#79D381 R:121 G:211 B:129	#FFFFFF R:255 G:255 B:255

「対比」の調和

Main	Sub	Balance
#FFD500 R:255 G:213 B:00	#79D3D3 R:121 G:211 B:211	#F8EFD4 R:248 G:239 B:212
#998C00 R:153 G:140 B:00	#A699CC R:166 G:153 B:204	#FFDD33 R:255 G:221 B:51
#CCBB00 R:204 G:187 B:00	#A8B4F0 R:168 G:180 B:240	#C6F0A8 R:198 G:240 B:168

※「その他」の配色については、CD-ROMの収録データで適用サンプルを見ることができます。

Web配色事典　035

color group 4 黄緑系

YG

▶ 適用サンプル 「index.html」から［配色チャート］へ
▶ 色見本 「palette→photoshop→01_group→04_ygreen.ACO」

Yellow Green

黄緑系は黄色と緑の間に属する色相で、双方のイメージを合わせもちます。連想させる用語としては、「若葉」、「レタス」、「新緑」など。ここでは、色相環（P.16）で、75〜110°未満にある色を「黄緑系」としています。

見本サイト ✳ 「キッズステーションどっとこむ」
http://www.kids-station.com/

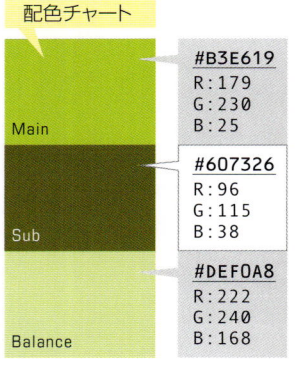

「共通性」の調和

配色に使用したルール（→P.166）

Main:Sub
同一
色相

配色チャート

Main #B3E619
R：179
G：230
B：25

Sub #607326
R：96
G：115
B：38

Balance #DEF0A8
R：222
G：240
B：168

①明るめの黄緑（#B3E619）をメインに、サブカラーには明度をかなり低くした色（#607326）を配色。背景は同系色の淡い色（#DEF0A8）を使用してまとめています。
②低明度のサブカラーで安定感のある色使い。

適用サンプル

Pattern 1 — メインカラー（ヘッター・フッター・メニューエリア）／サブカラー（テキストエリア）／バランスカラー（調整色）

Pattern 2 — 同じ配色を別デザインに適用

アクセントカラー（4色目）の適用例

「黄緑」もオレンジ同様にくどくなりやすい色相のため、無彩色と合わせるなど、配色に工夫が必要です。とくに鮮やかな黄緑はやや難易度の高い色。ここでは、アクセントカラーとして類似色にあたるオレンジ（#FFAA00）を加えて快活さをプラスしています。

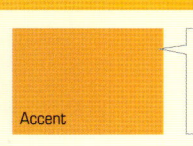

Accent #FFAA00
R：255
G：170
B：00

「共通性」の調和

Main:Sub 隣接 ※ 色相

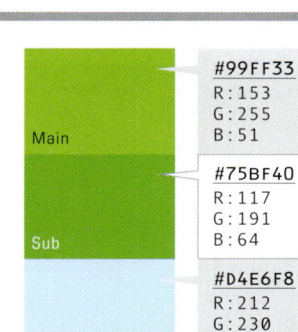

Main #99FF33
R:153
G:255
B:51

Sub #75BF40
R:117
G:191
B:64

Balance #D4E6F8
R:212
G:230
B:248

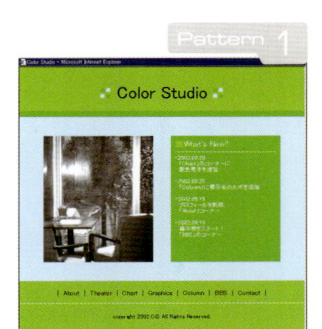

Main:Sub 隣接 ※ 色相

Main #8CCC33
R:140
G:204
B:51

Sub #CBD379
R:203
G:211
B:121

Balance #FFFF99
R:255
G:255
B:153

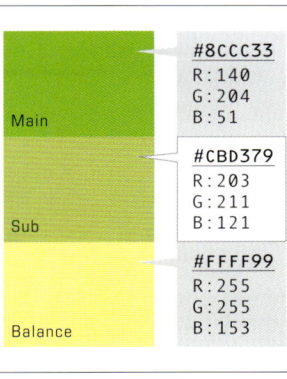

Main:Sub 類似 ※ 色相

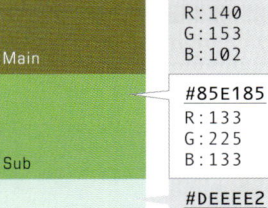

Main #8C9966
R:140
G:153
B:102

Sub #85E185
R:133
G:225
B:133

Balance #DEEEE2
R:222
G:238
B:226

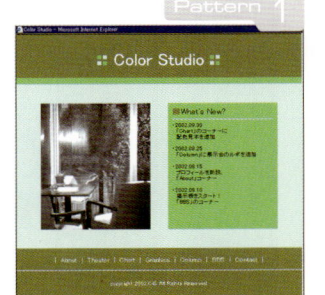

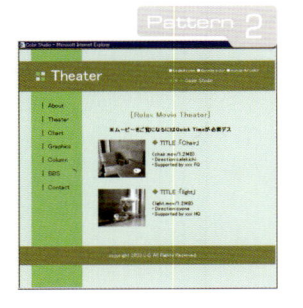

Color Group 4 黄緑系 ※ Yellow Green

※チャートは、Web表示したものを印刷用にCMYK変換しているため、色味が変化しているものがあります。
　実際の色表示は、CD-ROM収録のデータを参照してください。

Web配色事典　037

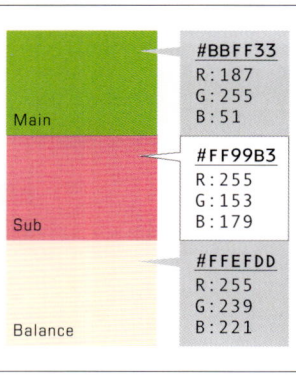

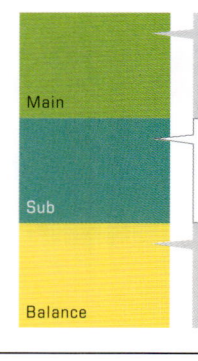

「共通性」の調和

Main:Sub
類似
色相

Main
#A6CC33
R:166
G:204
B:51

Sub
#FFCC33
R:255
G:204
B:51

Balance
#E6D5B3
R:230
G:213
B:179

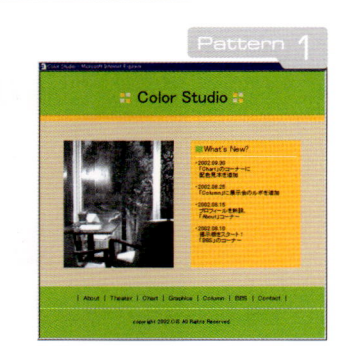

「対比」の調和

Main:Sub
中差
色相

Main
#BBFF33
R:187
G:255
B:51

Sub
#FF99B3
R:255
G:153
B:179

Balance
#FFEFDD
R:255
G:239
B:221

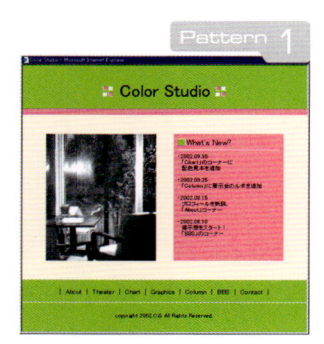

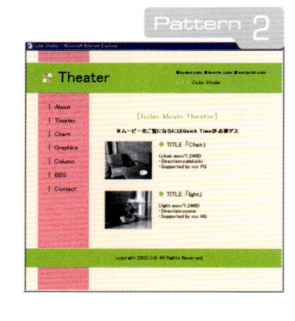

Main:Sub
中差
色相

Main
#B3CC66
R:179
G:204
B:102

Sub
#66CCB3
R:102
G:204
B:179

Balance
#FFE666
R:255
G:230
B:102

Color Chart
色系統別

038　Web Coloring Book

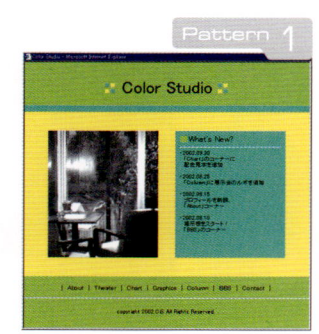

「対比」の調和

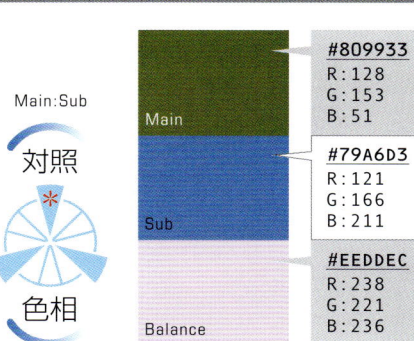

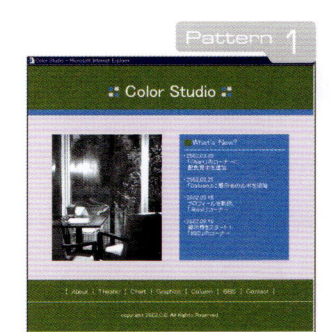

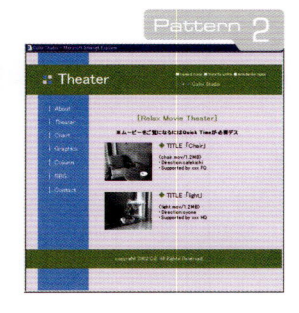

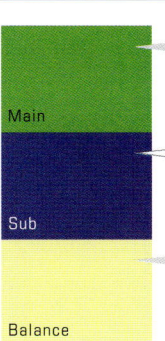

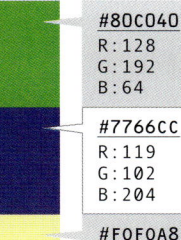

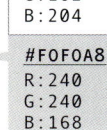

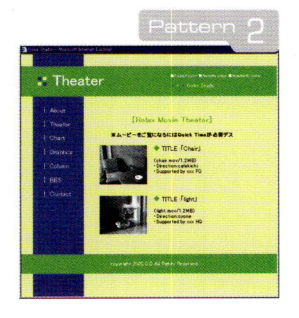

Main:Sub 対照 色相

Main #809933
R:128 G:153 B:51

Sub #79A6D3
R:121 G:166 B:211

Balance #EEDDEC
R:238 G:221 B:236

Main:Sub 補色 色相

Main #80C040
R:128 G:192 B:64

Sub #7766CC
R:119 G:102 B:204

Balance #F0F0A8
R:240 G:240 B:168

黄緑系 「共通性」その他

	Main	Sub	Balance
	#CCFF33 R:204 G:255 B:51	#8C9966 R:140 G:153 B:102	#EBC2AE R:235 G:194 B:174
	#99CC00 R:153 G:204 B:00	#4C7326 R:76 G:115 B:38	#CC6633 R:204 G:102 B:51
	#739900 R:115 G:153 B:00	#FF9500 R:255 G:149 B:00	#D5E619 R:213 G:230 B:25

「共通性」の調和

Main	Sub	Balance
#A2E619 R:162 G:230 B:25	#33993B R:51 G:153 B:59	#E4F0A8 R:228 G:240 B:168
#AAFF00 R:170 G:255 B:00	#33CCCC R:51 G:204 B:204	#FFFFFF R:255 G:255 B:255
#88CC00 R:136 G:204 B:00	#D37997 R:211 G:121 B:151	#CCC899 R:204 G:200 B:153

「対比」の調和

Main	Sub	Balance
#91E619 R:145 G:230 B:25	#6677CC R:102 G:119 B:204	#E6E2B3 R:230 G:226 B:179
#A0C040 R:160 G:192 B:64	#BB66CC R:187 G:102 B:204	#FFD966 R:255 G:217 B:102
#B3FF66 R:179 G:255 B:102	#D8A8F0 R:216 G:168 B:240	#FFFF66 R:255 G:255 B:102

Color Group 4 黄緑系 Yellow Green

※「その他」の配色については、CD-ROMの収録データで適用サンプルを見ることができます。

color group 5 — 緑色系

Green

▶ 適用サンプル 「index.html」から［配色チャート］へ
▶ 色見本 「palette→photoshop→01_group→05_green.ACO」

緑色系は寒色系に属する色で、連想させる用語には、「草」、「ピーマン」、「芝生」、「平和」などがあげられます。ここでは、色相環（P.16）で、110～155°未満にある色を「緑色系」としています。

見本サイト ✴ 「MAIRO★HOMEPAGE」
http://www2.starcat.ne.jp/~mairo/

配色に使用したルール （→P.166）

Main:Sub
同一
色相

配色チャート

Main — #4CCC33 / R:76 G:204 B:51
Sub — #B4F0A8 / R:180 G:240 B:168
Balance — #FFEECC / R:255 G:238 B:204

適用サンプル

Pattern 1 — メインカラー（ヘッダー・フッター・メニューエリア）／サブカラー（テキストエリア）／バランスカラー（調整色）

Pattern 2 — 同じ配色を別デザインに適用

「共通性」の調和

① 鮮やかな緑（#4CCC33）をメインに、高明度の同系色（#B4F0A8）をサブカラーに配色。バックはやさしいトーン色（#FFEECC）使用してバランスをとっています。
② 明度差で遠近感のある組み合わせに。

アクセントカラー（4色目）の適用例

「緑色系」が中心の配色では、輝度の高い色が挿し色として有効です。赤紫などの対照的な色も有効ですが、生々しくならないように明彩度の調整が必要。ここでは、メインの類似色にあたる黄緑（#D9CA26）を加え、緑を補強するような配色にしています。

Accent — #D9CA26 / R:217 G:202 B:38

Color Chart ✴ 色系別

Main:Sub
隣接 
※
色相

Main #66CC77 R:102 G:204 B:119
Sub #26734C R:38 G:115 B:76
Balance #C0C040 R:192 G:192 B:64

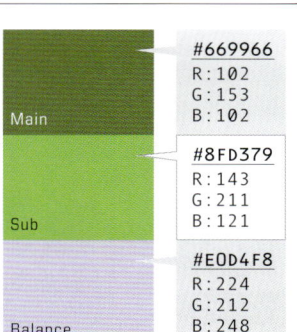

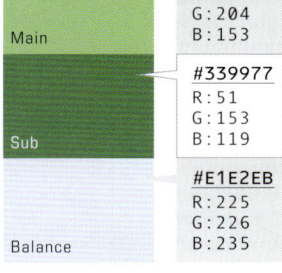

Main:Sub
隣接
※
色相 

Main #669966 R:102 G:153 B:102
Sub #8FD379 R:143 G:211 B:121
Balance #E0D4F8 R:224 G:212 B:248

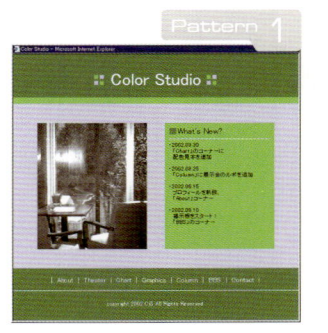

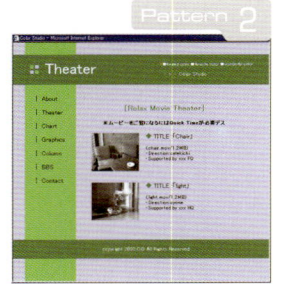

Main:Sub
類似
※
色相 

Main #9ECC99 R:158 G:204 B:153
Sub #339977 R:51 G:153 B:119
Balance #E1E2EB R:225 G:226 B:235

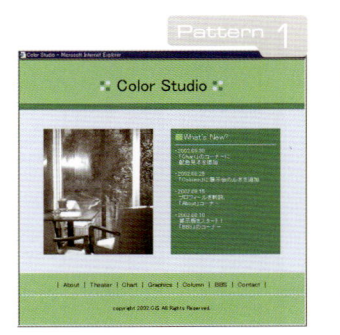

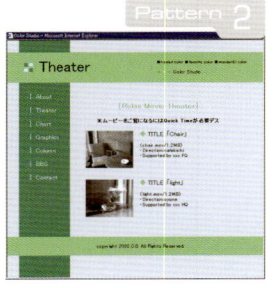

「共通性」の調和

Color Group 5 緑色系 ※ Green

※チャートは、Web表示したものを印刷用にCMYK変換しているため、色味が変化しているものがあります。
実際の色表示は、CD-ROM収録のデータを参照してください。

Web配色事典　041

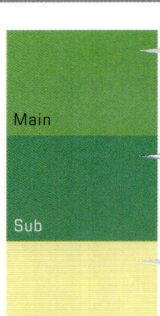

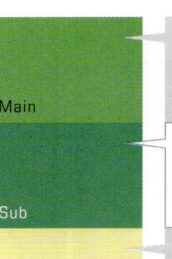

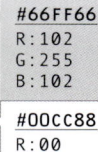

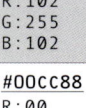

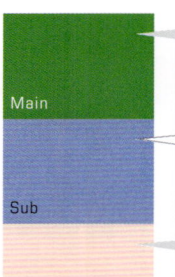

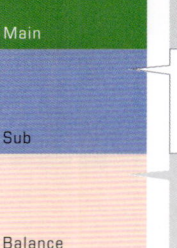

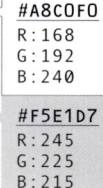

「共通性」の調和

Main:Sub 類似 色相

Main #66FF66
R:102
G:255
B:102

Sub #00CC88
R:00
G:204
B:136

Balance #F0EAA8
R:240
G:234
B:168

Pattern 1 / Pattern 2

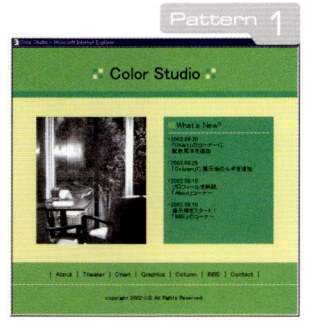

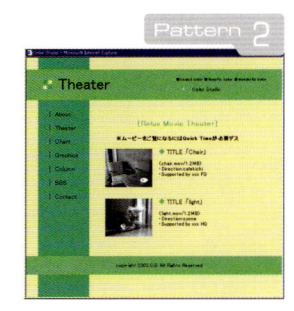

「対比」の調和

Main:Sub 中差 色相

Main #00CC44
R:00
G:204
B:68

Sub #A8C0F0
R:168
G:192
B:240

Balance #F5E1D7
R:245
G:225
B:215

Pattern 1 / Pattern 2

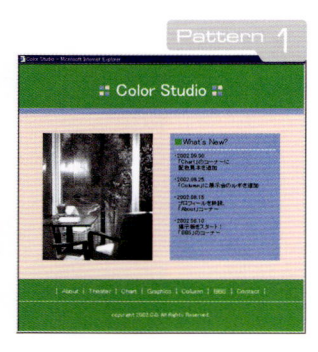

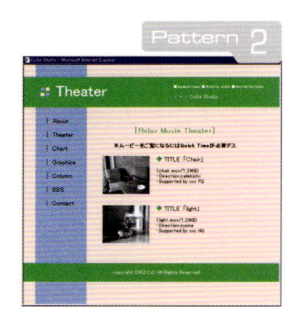

Main:Sub 中差 色相

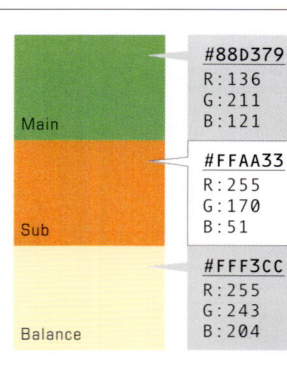

Main #88D379
R:136
G:211
B:121

Sub #FFAA33
R:255
G:170
B:51

Balance #FFF3CC
R:255
G:243
B:204

Pattern 1 / Pattern 2

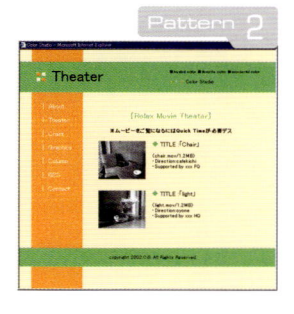

Color Chart / 色系統別

042　Web Coloring Book

「対比」の調和

Color Group 5 緑色系 Green

対照

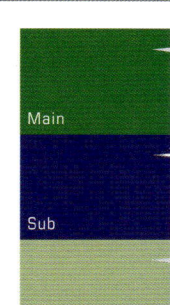

Main:Sub

Main #009900
R:00
G:153
B:00

Sub #6A40BF
R:106
G:64
B:191

Balance #C4CC99
R:196
G:204
B:153

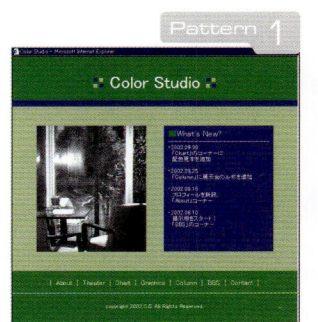

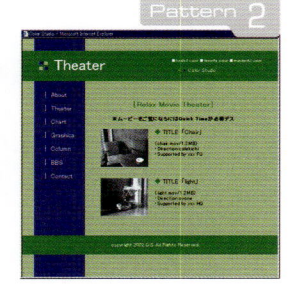

Pattern 1 / Pattern 2

補色

Main:Sub

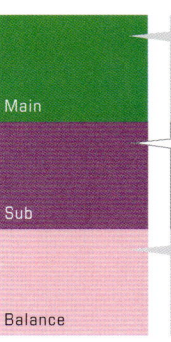

Main #40C060
R:64
G:192
B:96

Sub #D379C4
R:211
G:121
B:196

Balance #FFCCE2
R:255
G:204
B:226

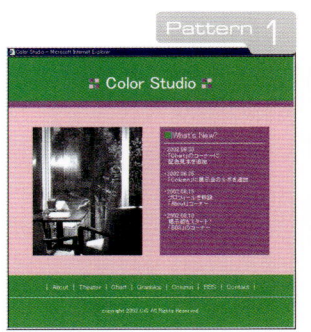

Pattern 1 / Pattern 2

緑色系 その他

「共通性」の調和

Main	Sub	Balance
#11CC00 R:17 G:204 B:00	#2C7326 R:44 G:115 B:38	#E6B319 R:230 G:179 B:25
#3B9933 R:59 G:153 B:51	#A3C2AB R:163 G:194 B:171	#D9D9F3 R:217 G:217 B:243
#40C040 R:64 G:192 B:64	#AACC00 R:170 G:204 B:00	#E1CCB8 R:225 G:204 B:184

「対比」の調和

Main	Sub	Balance
#66CC66 R:102 G:204 B:102	#267360 R:38 G:115 B:96	#FFF799 R:255 G:247 B:153
#66FF7F R:102 G:255 B:127	#FFE666 R:255 G:230 B:102	#DCE9F0 R:220 G:233 B:240
#33CC4C R:51 G:204 B:76	#666A99 R:102 G:106 B:153	#C1DDBB R:193 G:221 B:187

「対比」の調和

Main	Sub	Balance
#339955 R:51 G:153 B:85	#E65D19 R:230 G:93 B:25	#CCBB00 R:204 G:187 B:00
#99CCA6 R:153 G:204 B:166	#BF99CC R:191 G:153 B:204	#F8F2D4 R:248 G:242 B:212
#55BF40 R:85 G:191 B:64	#773399 R:119 G:51 B:153	#FFBF00 R:255 G:191 B:00

※「その他」の配色については、CD-ROMの収録データで適用サンプルを見ることができます。

Web配色事典　043

color group 6 — シアン系

▶ 適用サンプル「index.html」から [配色チャート] へ
▶ 色見本「palette→photoshop→01_group→06_cyan.ACO」

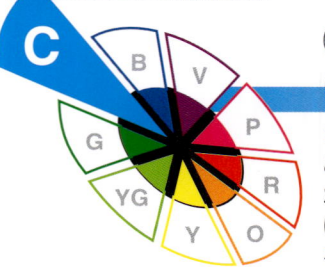

Cyan

シアンは寒色系に属する色で、緑と青の間にある色相です。「さわやか」、「冷たい」といった、青・緑系両方の印象をもちます。ここでは、色相環（P.16）で、155～200°未満にある色を「シアン系」としています。

見本サイト ☀「SPACE GUKI」
http://gukisama.hypermart.net/

「共通性」の調和

配色に使用したルール（→P.166）
Main:Sub
同一
色相

配色チャート

Main — #19E6E6　R:25　G:230　B:230
Sub — #339999　R:51　G:153　B:153
Balance — #E3E1EB　R:227　G:225　B:235

①メインに明るい青緑（#19E6E6）を使用し、同色を濃くした色（#339999）を配色。無彩色に近い色をバランスカラー（#E3E1EB）として、メインを引き立てています。
②色味のエリアが抑えられ、落ち着いた印象に。

適用サンプル

Pattern 1 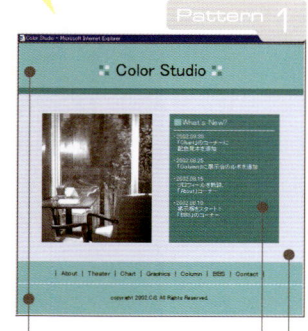
メインカラー（ヘッダー・フッター・メニューエリア）
サブカラー（テキストエリア）
バランスカラー（調整色）

Pattern 2 
同じ配色を別デザインに適用

アクセントカラー（4色目）の適用例

「シアン系」の配色でアクセントとして使いやすいのは、対照色にあたる黄色やマゼンタ（ピンク系）。補色にあたる赤の場合は、トーン調整をして強さをコントロールすると有効です。ここでは、やさしいトーンのピンク（#FF99C4）をワンポイントにしています。

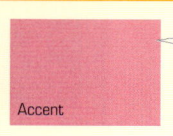

Accent — #FF99C4　R:255　G:153　B:196

Main:Sub
隣接
※
色相

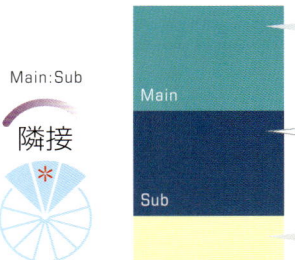

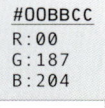

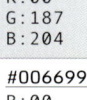

#00BBCC
R:00
G:187
B:204

#006699
R:00
G:102
B:153

#FBFFCC
R:251
G:255
B:204

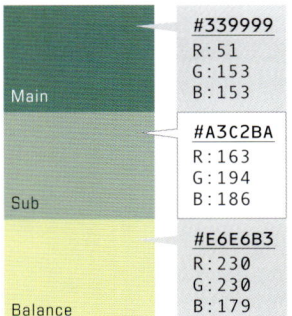

Main
Sub
Balance

Main:Sub
隣接 
※
色相

#339999
R:51
G:153
B:153

#A3C2BA
R:163
G:194
B:186

#E6E6B3
R:230
G:230
B:179

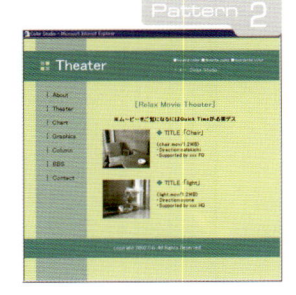

Main:Sub
類似 
※
色相

#99C4CC
R:153
G:196
B:204

#666ECC
R:102
G:110
B:204

#FFFFFF
R:255
G:255
B:255

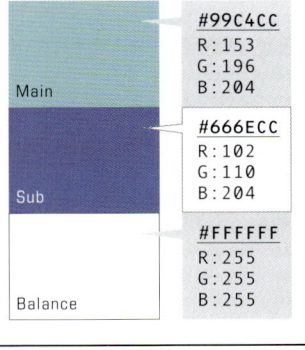

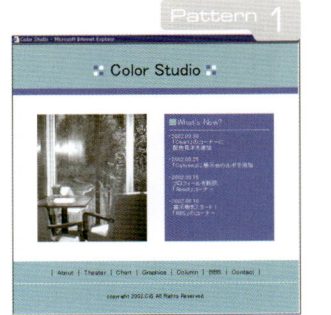

「共通性」の調和

Color Group 6 シアン系 ※ Cyan

※チャートは、Web表示したものを印刷用にCMYK変換しているため、色味が変化しているものがあります。
実際の色表示は、CD-ROM収録のデータを参照してください。

Web配色事典 045

「共通性」の調和

Main:Sub 類似 色相

Main #19E6D5
R:25
G:230
B:213

Sub #40BF75
R:64
G:191
B:117

Balance #FFEA00
R:255
G:234
B:00

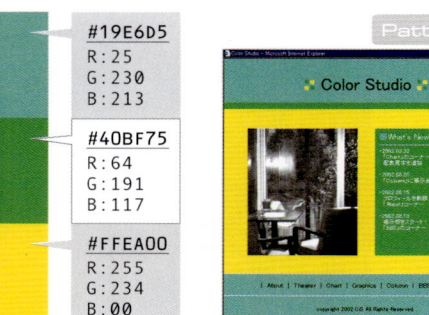

Pattern 1 / Pattern 2

「対比」の調和

Main:Sub 中差 色相

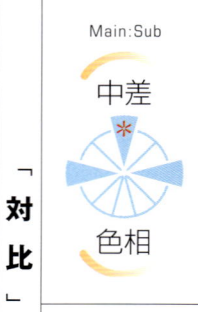

Main #51E1B1
R:81
G:225
B:177

Sub #99AAFF
R:153
G:170
B:255

Balance #F0F0DC
R:240
G:240
B:220

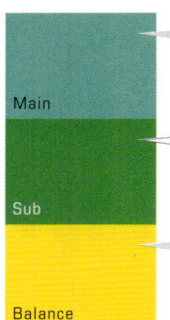

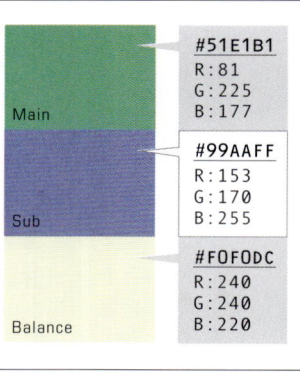

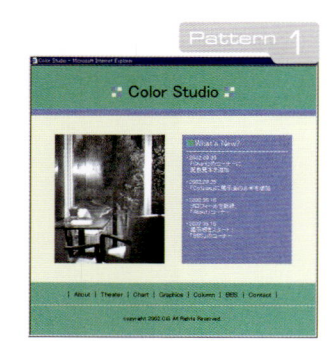

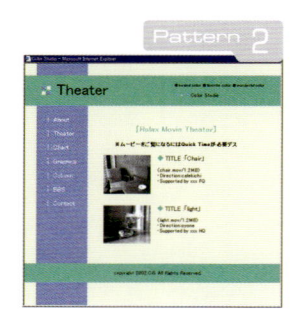

Pattern 1 / Pattern 2

Main:Sub 中差 色相

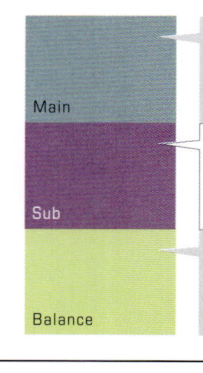

Main #A3BDC2
R:163
G:189
B:194

Sub #C479D3
R:196
G:121
B:211

Balance #DEF0A8
R:222
G:240
B:168

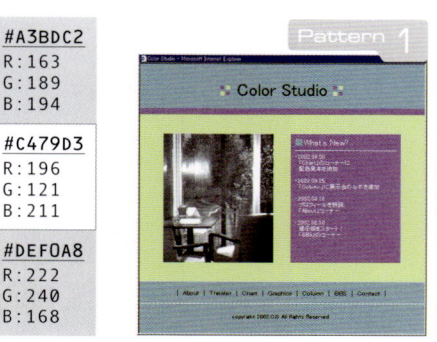

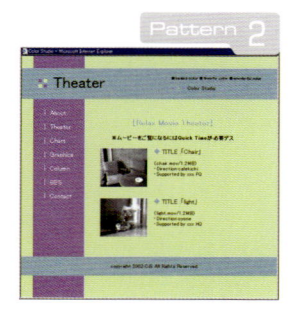

Pattern 1 / Pattern 2

Color Chart ／ 色系統別

046　Web Coloring Book

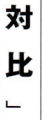

「対比」の調和

対照 ＊ 色相

Main:Sub

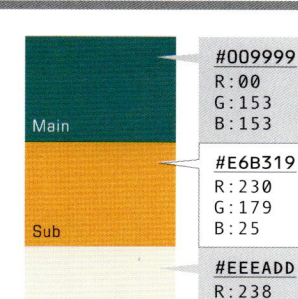

Main #009999
R:00 G:153 B:153

Sub #E6B319
R:230 G:179 B:25

Balance #EEEADD
R:238 G:234 B:221

Pattern 1 / Pattern 2

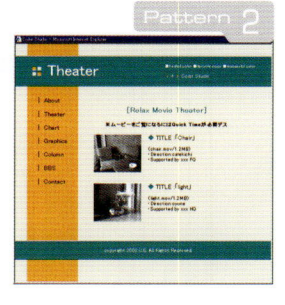

補色 ＊ 色相

Main:Sub

Main #79D3C4
R:121 G:211 B:196

Sub #FF668C
R:255 G:102 B:140

Balance #EBE1AE
R:235 G:225 B:174

Pattern 1 / Pattern 2

シアン系 ＊ その他

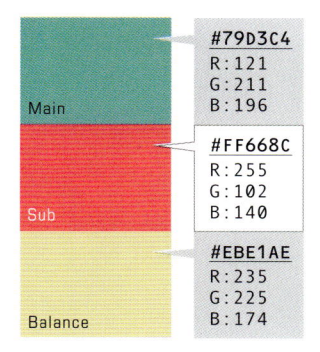

「共通性」の調和

Main	Sub	Balance
#339980 R:51 G:153 B:128	#99CCBF R:153 G:204 B:191	#EBE1AE R:235 G:225 B:174
#33CCBF R:51 G:204 B:191	#338099 R:51 G:128 B:153	#E6B3C8 R:230 G:179 B:200
#33CC99 R:51 G:204 B:153	#3399CC R:51 G:153 B:204	#FFD500 R:255 G:213 B:00

「対比」の調和

Main	Sub	Balance
#78CCD4 R:120 G:204 B:212	#66997B R:102 G:153 B:123	#E5E3E8 R:229 G:227 B:232
#99CCC8 R:153 G:204 B:200	#95BF40 R:149 G:191 B:64	#F0F0A8 R:240 G:240 B:168
#40BFAA R:64 G:191 B:170	#8866CC R:136 G:102 B:204	#F3D9E2 R:243 G:217 B:226
#00CCCC R:00 G:204 B:204	#CC66B3 R:204 G:102 B:179	#E6CCFF R:230 G:204 B:255
#008099 R:00 G:128 B:153	#CCCC00 R:204 G:204 B:00	#A8D2F0 R:168 G:210 B:240
#00CCAA R:00 G:204 B:170	#FF7366 R:255 G:115 B:102	#FFE699 R:255 G:230 B:153

※「その他」の配色については、CD-ROMの収録データで適用サンプルを見ることができます。

Color Group 6 シアン系 ＊ Cyan

Web配色事典 047

color group 7 / 青色系

Blue

▶ 適用サンプル「index.html」から[配色チャート]へ
▶ 色見本「palette→photoshop→01_group→07_blue.ACO」

青色系は寒色系の中心となる色で、「静寂」、「冷たい」、「空」、「海」といった用語を連想させる色相です。ここでは、色相環（P.16）で、200～255°未満にある色を「青色系」としています。

見本サイト ✷ 「SUZUME CLUB LTD.」
http://www.suzume-club.com/

Color Chart ✷ 色系統別「共通性」の調和

配色に使用したルール（→P.166）

Main:Sub
同一
色相

配色チャート

Main — #3388FF
R:51
G:136
B:255

Sub — #99C4FF
R:153
G:196
B:255

Balance — #E4F0A8
R:228
G:240
B:168

①澄んだ青色（#3388FF）をメインに、サブカラーとして淡い同系色（#99C4FF）を組み合わせ、黄みがかったバック（#E4F0A8）でバランスをとっています。
②背景との対照で、メインカラーがより印象的に。

適用サンプル

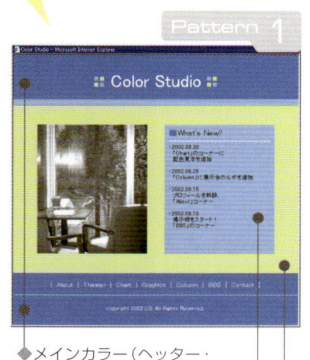

Pattern 1
- メインカラー（ヘッター・フッター・メニューエリア）
- サブカラー（テキストエリア）
- バランスカラー（調整色）

Pattern 2
- 同じ配色を別デザインに適用

アクセントカラー（4色目）の適用例

青色系の配色の場合、補色にあたる黄色ではアクセントとして対照が強すぎる場合があります。ここでは、やや色相をずらしてオレンジ系の色（#FF9966）を使用。オレンジも青色とは対照的な色相ですが、バランスカラーと調和しやすいトーンにして調整しています。

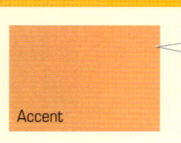

Accent — #FF9966
R:255
G:153
B:102

Web Coloring Book

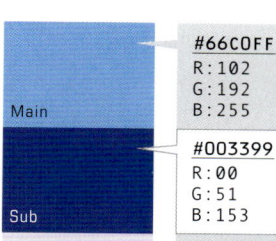

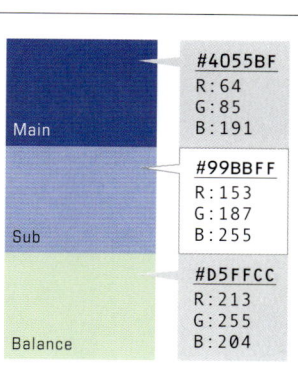

「共通性」の調和

Color Group 7 青色系 Blue

Main:Sub 隣接 色相

- Main: **#66C0FF** R:102 G:192 B:255
- Sub: **#003399** R:00 G:51 B:153
- Balance: **#EED9F3** R:238 G:217 B:243

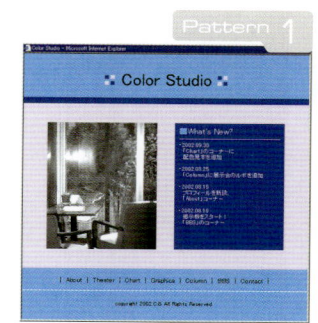

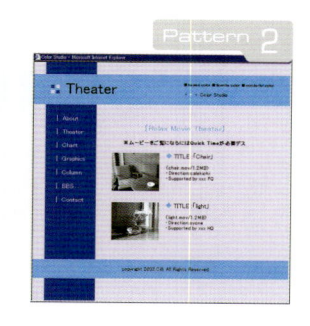

Main:Sub 隣接 色相

- Main: **#4055BF** R:64 G:85 B:191
- Sub: **#99BBFF** R:153 G:187 B:255
- Balance: **#D5FFCC** R:213 G:255 B:204

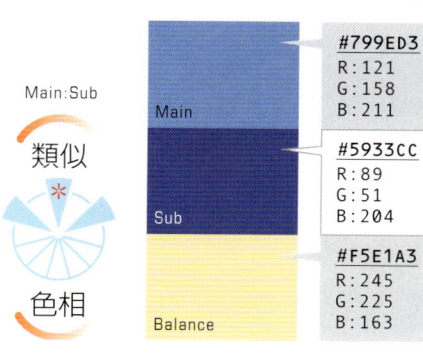

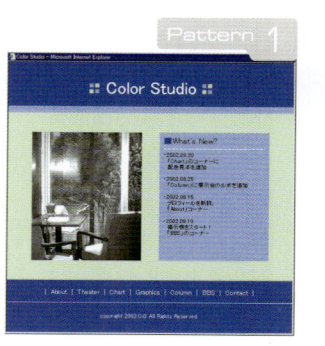

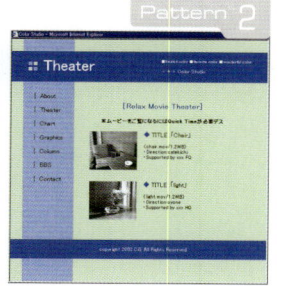

Main:Sub 類似 色相

- Main: **#799ED3** R:121 G:158 B:211
- Sub: **#5933CC** R:89 G:51 B:204
- Balance: **#F5E1A3** R:245 G:225 B:163

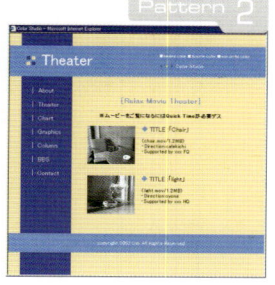

※チャートは、Web表示したものを印刷用にCMYK変換しているため、色味が変化しているものがあります。
実際の色表示は、CD-ROM収録のデータを参照してください。

Web配色事典

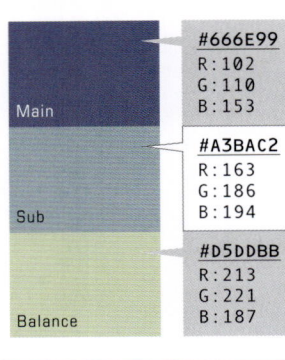

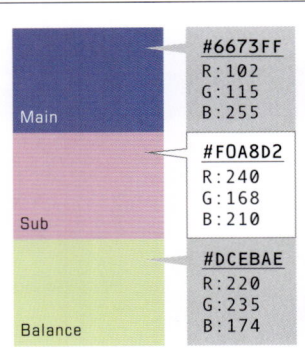

「共通性」の調和

Main:Sub　類似　色相

Main	#666E99 R:102 G:110 B:153
Sub	#A3BAC2 R:163 G:186 B:194
Balance	#D5DDBB R:213 G:221 B:187

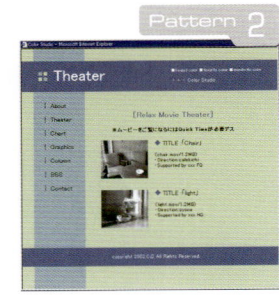

「対比」の調和

Main:Sub　中差　色相

Main	#6673FF R:102 G:115 B:255
Sub	#F0A8D2 R:240 G:168 B:210
Balance	#DCEBAE R:220 G:235 B:174

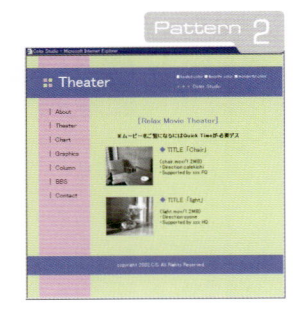

Main:Sub　中差　色相

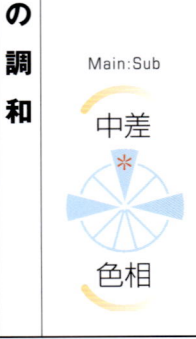

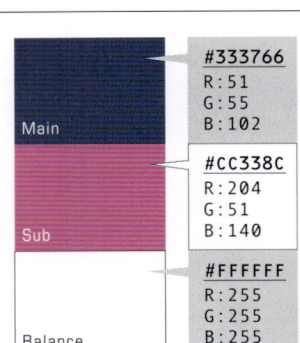

Main	#333766 R:51 G:55 B:102
Sub	#CC338C R:204 G:51 B:140
Balance	#FFFFFF R:255 G:255 B:255

Color Chart　色系統別

050　Web Coloring Book

「対比」の調和

Main:Sub 対照 ＊ 色相

Main #99BBFF
R：153
G：187
B：255

Sub #A2CC66
R：162
G：204
B：102

Balance #FFDD99
R：255
G：221
B：153

Pattern 1 / Pattern 2

Main:Sub 補色 ＊ 色相

Main #79ADD3
R：121
G：173
B：211

Sub #FF9933
R：255
G：153
B：51

Balance #E6FF99
R：230
G：255
B：153

Pattern 1 / Pattern 2

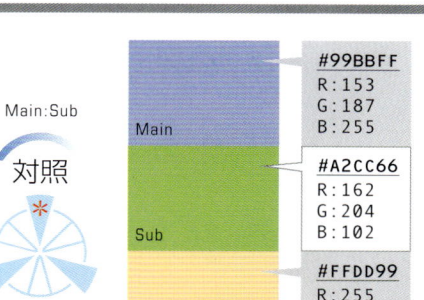

青色系 ＊ その他

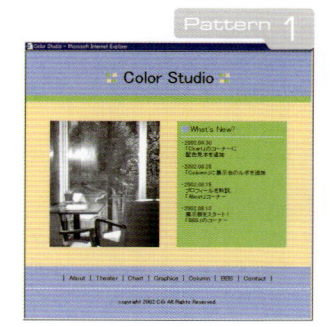

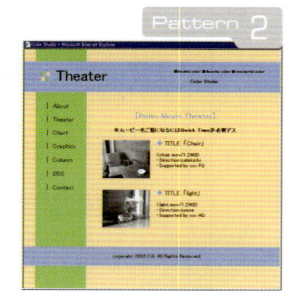

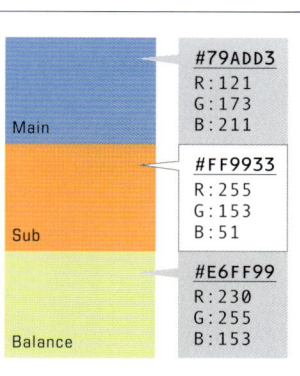

「共通性」の調和

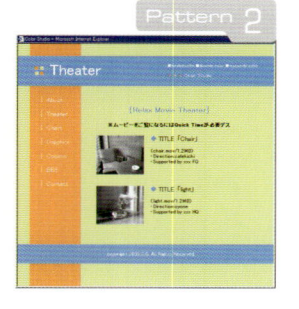

	Main	Sub	Balance
	#0095FF R:00 G:149 B:255	#005999 R:00 G:89 B:153	#D9E6B3 R:217 G:230 B:179
	#6680CC R:102 G:128 B:204	#262673 R:38 G:38 B:115	#F0A8C6 R:240 G:168 B:198
	#3340CC R:51 G:64 B:204	#33C0CC R:51 G:192 B:204	#FFEE33 R:255 G:238 B:51

「対比」の調和

Main	Sub	Balance
#99AACC R:153 G:170 B:204	#7333CC R:115 G:51 B:204	#BBDDBF R:187 G:221 B:191
#338CCC R:51 G:140 B:204	#C247EB R:194 G:71 B:235	#FFF7CC R:255 G:247 B:204
#668CFF R:102 G:140 B:255	#33CC80 R:51 G:204 B:128	#E6FF99 R:230 G:255 B:153

「対比」の調和

Main	Sub	Balance
#33BBFF R:51 G:187 B:255	#FF6699 R:255 G:102 B:153	#EECCFF R:238 G:204 B:255
#190099 R:25 G:00 B:153	#FF8000 R:255 G:128 B:00	#CCC499 R:204 G:196 B:153
#A8BAF0 R:168 G:186 B:240	#FFBF00 R:255 G:191 B:00	#E1EBAE R:225 G:235 B:174

※「その他」の配色については、CD-ROMの収録データで適用サンプルを見ることができます。

Color Group 7 青色系 ＊ Blue

color group 8 紫色系

▶ 適用サンプル 「index.html」から［配色チャート］へ
▶ 色見本 「palette→photoshop→01_group→08_violet.ACO」

Violet

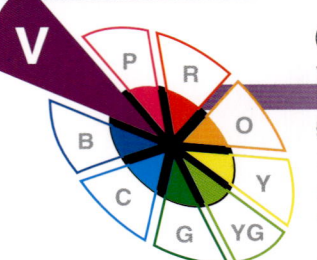

紫色系は中性的な色味で、連想させる用語としては、「ぶどう」、「すみれ」、「神秘的」などがあげられます。ここでは、色相環（P.16）で、255〜300°未満にある色を「紫色系」としています。

見本サイト ✻ 「Itsuo Illustration Service」
http://www.itsuoito.com/

Color Chart

色系統別

「共通性」の調和

配色に使用したルール（→P.166）

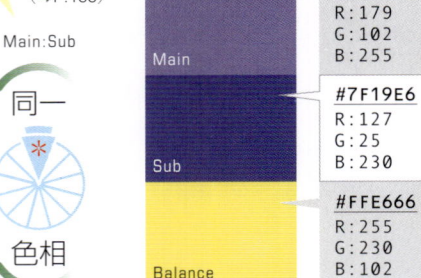

Main:Sub

同一

色相

配色チャート

Main
#B366FF
R:179
G:102
B:255

Sub
#7F19E6
R:127
G:25
B:230

Balance
#FFE666
R:255
G:230
B:102

適用サンプル

Pattern 1 — Color Studio

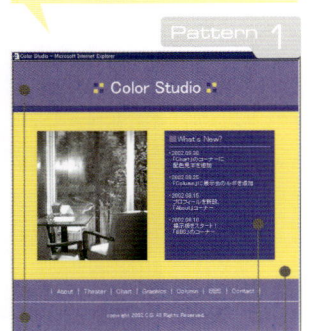

Pattern 2 — Theater

同じ配色を別デザインに適用

◆ メインカラー（ヘッダー・フッター・メニューエリア）
◆ サブカラー（テキストエリア）
◆ バランスカラー（調整色）

① 明るめの紫（#B366FF）をメインに、高彩度の同系色（#7F19E6）をサブカラーに配色。背景色には補色に近い黄色（#FFE666）を組み合わせています。
② 対比が強まり、サブカラーの存在感が強まりました。

アクセントカラー（4色目）の適用例

全体に重厚な印象になりやすい「紫色系」の配色では、対照的な色相がアクセントカラーに有効です。同トーン内では重い感じになりやすいため、アクセントカラーは、明るく・輝度の高いものを。ここでは、鮮やかな黄緑（#B3E619）を組み合わせています。

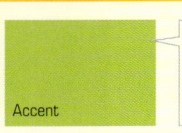

Accent
#B3E619
R:179
G:230
B:25

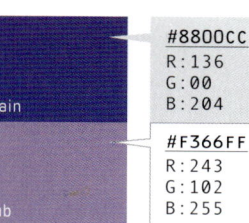

「共通性」の調和

Main:Sub 隣接 色相

Main `#8800CC` R:136 G:00 B:204
Sub `#F366FF` R:243 G:102 B:255
Balance `#D1CCFF` R:209 G:204 B:255

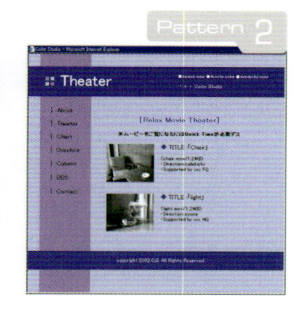

Main:Sub 隣接 色相

Main `#BC79D3` R:188 G:121 B:211
Sub `#993399` R:153 G:51 B:153
Balance `#EBE6AE` R:235 G:230 B:174

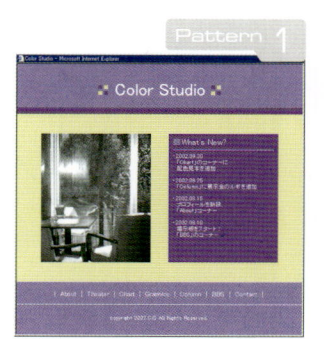

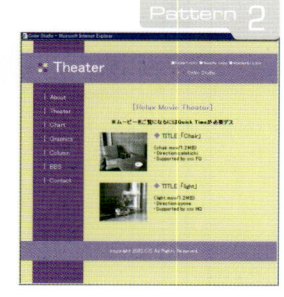

Main:Sub 類似 色相

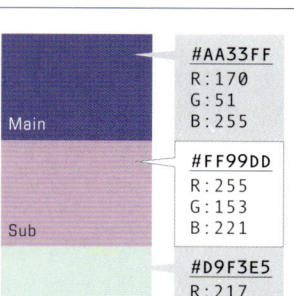

Main `#AA33FF` R:170 G:51 B:255
Sub `#FF99DD` R:255 G:153 B:221
Balance `#D9F3E5` R:217 G:243 B:229

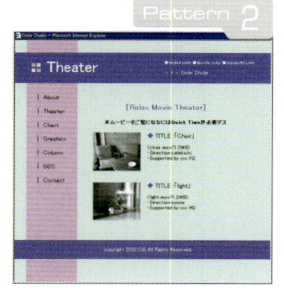

Color Group 8 紫色系 Violet

※チャートは、Web表示したものを印刷用にCMYK変換しているため、色味が変化しているものがあります。
　実際の色表示は、CD-ROM収録のデータを参照してください。

Web配色事典　053

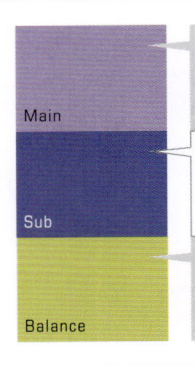

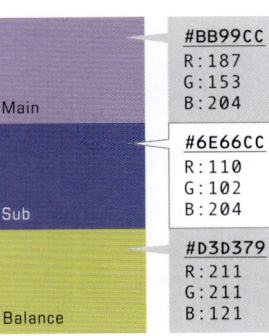

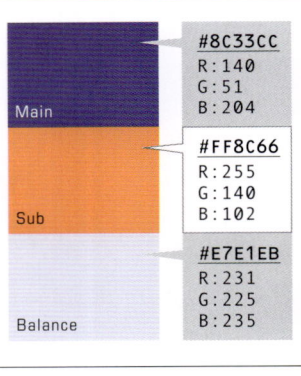

「共通性」の調和

Main:Sub
類似
色相

Main
#BB99CC
R:187
G:153
B:204

Sub
#6E66CC
R:110
G:102
B:204

Balance
#D3D379
R:211
G:211
B:121

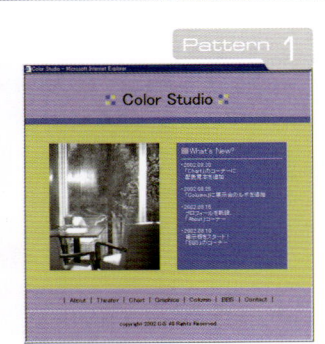

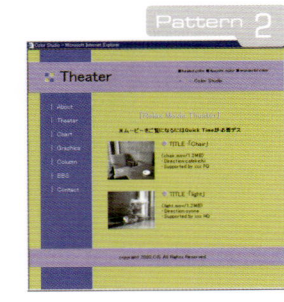

「対比」の調和

Main:Sub
中差
色相

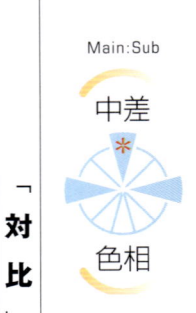

Main
#8C33CC
R:140
G:51
B:204

Sub
#FF8C66
R:255
G:140
B:102

Balance
#E7E1EB
R:231
G:225
B:235

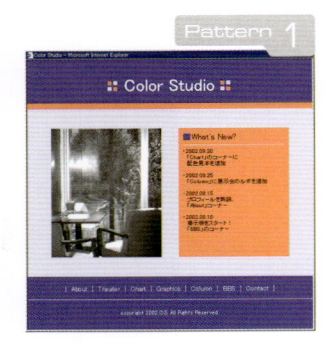

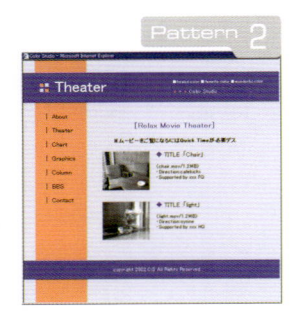

Main:Sub
中差
色相

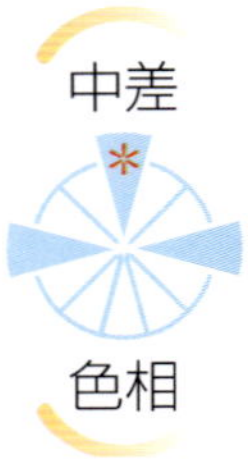

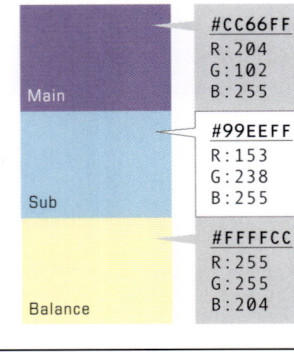

Main
#CC66FF
R:204
G:102
B:255

Sub
#99EEFF
R:153
G:238
B:255

Balance
#FFFFCC
R:255
G:255
B:204

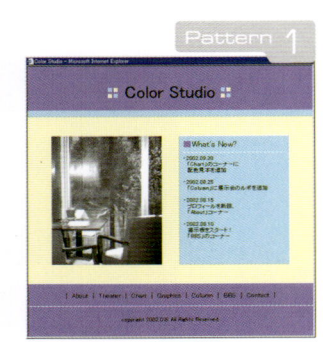

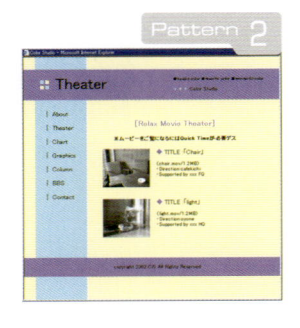

「対比」の調和

Main:Sub 対照 色相

Main **#A679D3** R:166 G:121 B:211
Sub **#FFD500** R:255 G:213 B:00
Balance **#E1F5A3** R:225 G:245 B:163

Pattern 1 / Pattern 2

Main:Sub 補色 色相

Main **#A633CC** R:166 G:51 B:204
Sub **#81D147** R:129 G:209 B:71
Balance **#D9C68C** R:217 G:198 B:140

Pattern 1 / Pattern 2

Color Group 8 紫色系 ✳ Violet

紫色系 ✳ その他

「共通性」の調和

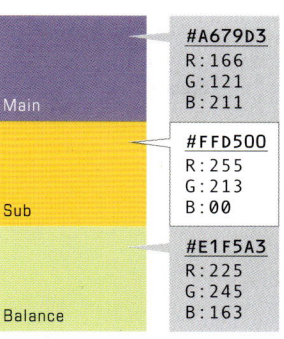

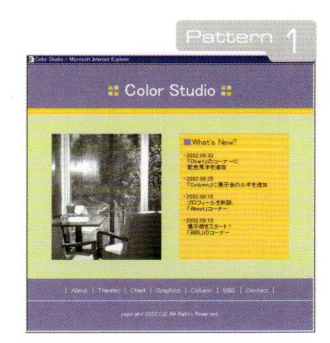

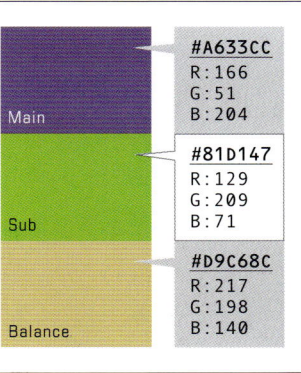

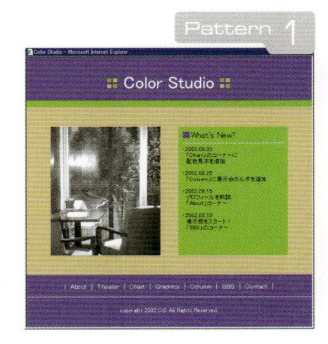

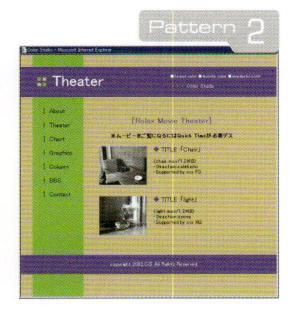

	Main	Sub	Balance
	#5D3366 R:93 G:51 B:102	#C479D3 R:196 G:121 B:211	#E6E6B3 R:230 G:230 B:179
	#AA00CC R:170 G:00 B:204	#FF99F7 R:255 G:153 B:247	#FFFFFF R:255 G:255 B:255
	#A666FF R:166 G:102 B:255	#BF40AA R:191 G:64 B:170	#CCCC66 R:204 G:204 B:102

「共通性」の調和

Main	Sub	Balance
#A266CC R:162 G:102 B:204	#A8AEF0 R:168 G:174 B:240	#FFCCEA R:255 G:204 B:234

「対比」の調和

Main	Sub	Balance
#BB33FF R:187 G:51 B:255	#FF8833 R:255 G:136 B:51	#D1E1D9 R:209 G:225 B:217
#8040C0 R:128 G:64 B:192	#79D3CB R:121 G:211 B:203	#E6E619 R:230 G:230 B:25

「対比」の調和

Main	Sub	Balance
#B399CC R:179 G:153 B:204	#CC9933 R:204 G:153 B:51	#D9F5D7 R:217 G:245 B:215
#916699 R:145 G:102 B:153	#99CCB3 R:153 G:204 B:179	#FFCCF7 R:255 G:204 B:247
#BF66FF R:191 G:102 B:255	#D9FF66 R:217 G:255 B:102	#DDFFCD R:221 G:255 B:205

※「その他」の配色については、CD-ROMの収録データで適用サンプルを見ることができます。

Web配色事典 055

color group 9 / ピンク系

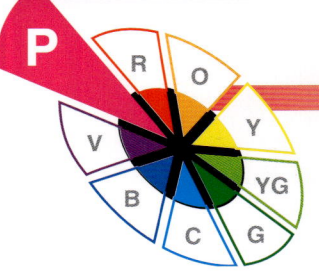

▶ 適用サンプル 「index.html」から［配色チャート］へ
▶ 色見本 「palette→photoshop→01_group→09_pink.ACO」

Pink

ピンク系は暖色系に属する色で、「かわいい」、「女性的」、「桃」、「桜」、「春」といった用語を連想させる色相です。ここでは、色相環（P.16）で、300～345°未満にある色を「ピンク系」としています。

見本サイト ☀ 「巨乳プリン by Lovedesign Co.」
http://www.lovedesign.tv/

Color Chart / 色系統別 / 「共通性」の調和

配色に使用したルール（→P.166）

Main:Sub
同一
色相

配色チャート

Main — #FF66A6
R:255
G:102
B:166

Sub — #990040
R:153
G:00
B:64

Balance — #EEE6DE
R:238
G:230
B:222

① 高彩度のピンク（#FF66A6）をメインに、ディープな同系色（#990040）をサブカラーに配色。やや赤いグレー（#EEE6DE）をバランスカラーとして使用しています。
② トーン対比の強いメリハリのある印象になります。

適用サンプル

Pattern 1

メインカラー（ヘッター・フッター・メニューエリア）
サブカラー（テキストエリア）
バランスカラー（調整色）

Pattern 2

同じ配色を別デザインに適用

アクセントカラー（4色目）の適用例

狙いによってアクセントを使いわけます。よりドレッシーな印象にするには、アクセントは雰囲気を壊さない色を選択します。ここでは、類似色にあたる紫のやさしいトーン色（#B4A8F0）を加えています。比較的明るい黄色～黄緑を加えると、かわいらしい感じに。

Accent — #B4A8F0
R:180
G:168
B:240

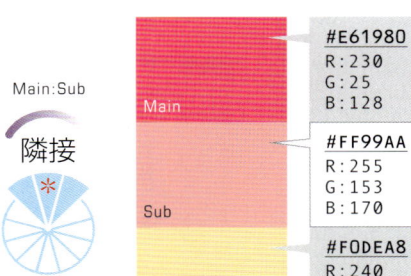

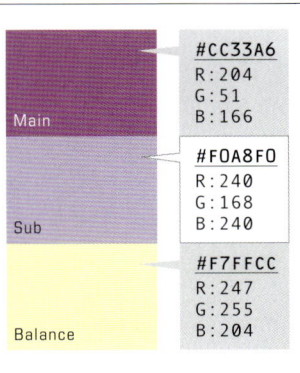

「共通性」の調和

Color Group 9 ピンク系 Pink

Main:Sub 隣接 色相

- Main: #E61980 / R:230 G:25 B:128
- Sub: #FF99AA / R:255 G:153 B:170
- Balance: #F0DEA8 / R:240 G:222 B:168

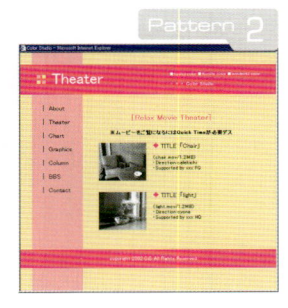

Main:Sub 隣接 色相

- Main: #CC33A6 / R:204 G:51 B:166
- Sub: #F0A8F0 / R:240 G:168 B:240
- Balance: #F7FFCC / R:247 G:255 B:204

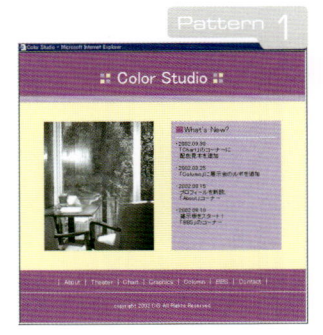

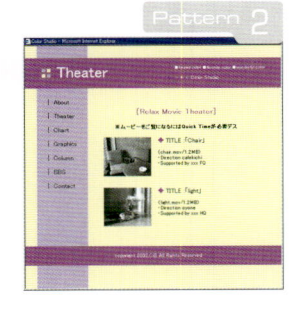

Main:Sub 類似 色相

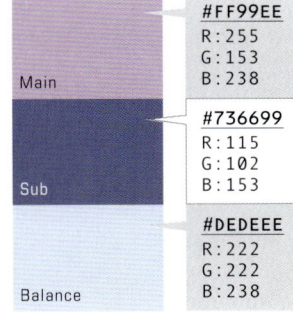

- Main: #FF99EE / R:255 G:153 B:238
- Sub: #736699 / R:115 G:102 B:153
- Balance: #DEDEEE / R:222 G:222 B:238

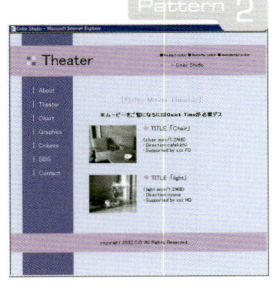

※チャートは、Web表示したものを印刷用にCMYK変換しているため、色味が変化しているものがあります。
　実際の色表示は、CD-ROM収録のデータを参照してください。

Web配色事典　057

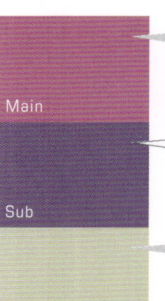

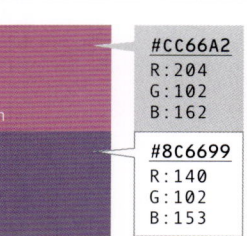

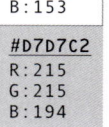

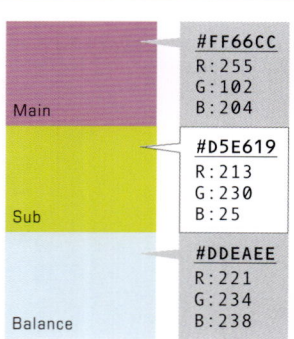

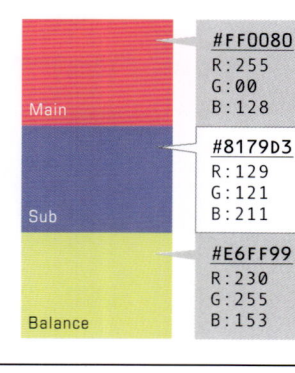

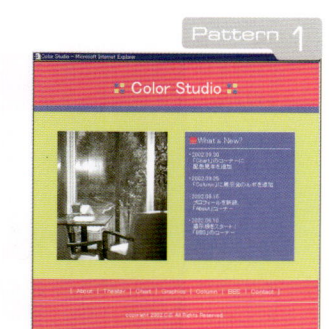

「共通性」の調和

Main:Sub 類似 色相

Main #CC66A2
R:204
G:102
B:162

Sub #8C6699
R:140
G:102
B:153

Balance #D7D7C2
R:215
G:215
B:194

「対比」の調和 — 色系統別

Main:Sub 中差 色相

Main #FF66CC
R:255
G:102
B:204

Sub #D5E619
R:213
G:230
B:25

Balance #DDEAEE
R:221
G:234
B:238

Main:Sub 中差 色相

Main #FF0080
R:255
G:00
B:128

Sub #8179D3
R:129
G:121
B:211

Balance #E6FF99
R:230
G:255
B:153

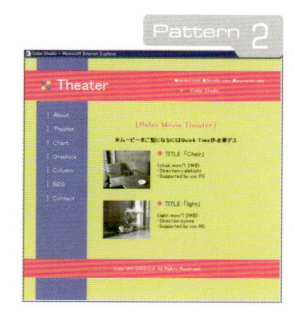

「対比」の調和 — ピンク系

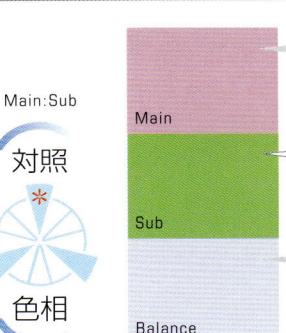

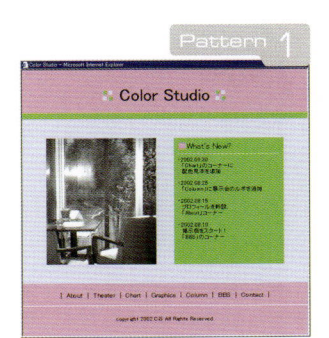

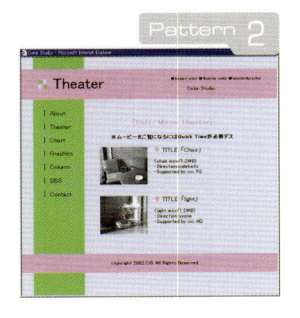

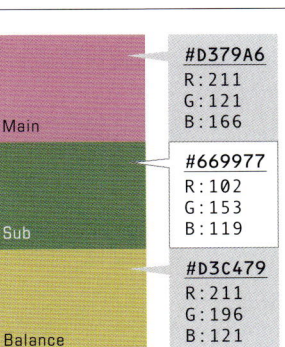

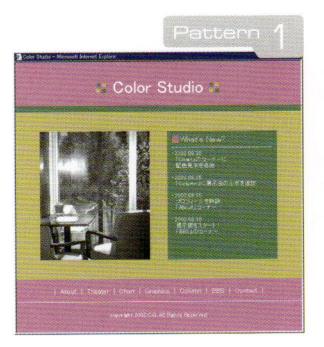

対照 ＊ 色相
Main:Sub

Main #FF99D5 R:255 G:153 B:213
Sub #88CC66 R:136 G:204 B:102
Balance #E1DCF0 R:225 G:220 B:240

補色 ＊ 色相
Main:Sub

Main #D379A6 R:211 G:121 B:166
Sub #669977 R:102 G:153 B:119
Balance #D3C479 R:211 G:196 B:121

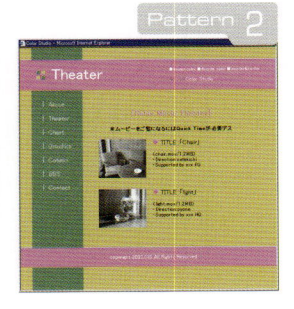

ピンク系 ＊ その他

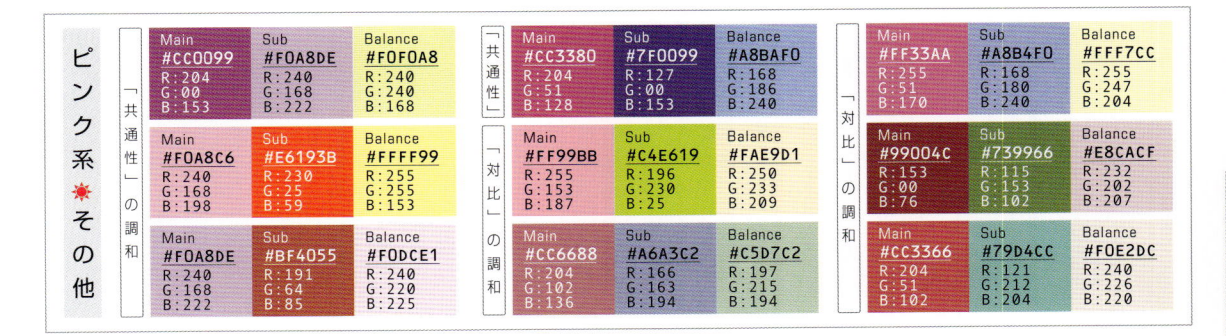

「共通性」の調和

	Main	Sub	Balance
	#CC0099 R:204 G:00 B:153	#F0A8DE R:240 G:168 B:222	#F0F0A8 R:240 G:240 B:168
	#F0A8C6 R:240 G:168 B:198	#E6193B R:230 G:25 B:59	#FFFF99 R:255 G:255 B:153
	#F0A8DE R:240 G:168 B:222	#BF4055 R:191 G:64 B:85	#F0DCE1 R:240 G:220 B:225

「共通性」の調和

Main	Sub	Balance
#CC3380 R:204 G:51 B:128	#7F0099 R:127 G:00 B:153	#A8BAF0 R:168 G:186 B:240

「対比」の調和

Main	Sub	Balance
#FF99BB R:255 G:153 B:187	#C4E619 R:196 G:230 B:25	#FAE9D1 R:250 G:233 B:209
#CC6688 R:204 G:102 B:136	#A6A3C2 R:166 G:163 B:194	#C5D7C2 R:197 G:215 B:194

「対比」の調和

Main	Sub	Balance
#FF33AA R:255 G:51 B:170	#A8B4F0 R:168 G:180 B:240	#FFF7CC R:255 G:247 B:204
#99004C R:153 G:00 B:76	#739966 R:115 G:153 B:102	#E8CACF R:232 G:202 B:207
#CC3366 R:204 G:51 B:102	#79D4CC R:121 G:212 B:204	#F0E2DC R:240 G:226 B:220

※「その他」の配色については、CD-ROMの収録データで適用サンプルを見ることができます。

Column

配色のヒント

テキストと背景色のうまい関係

色の視認性も文字の読みやすさを左右するひとつの要因です

「文字が読みやすい」組み合わせの代表選手といえば、「背景色＝白×テキスト＝黒」の関係です。ExplorerやNetscapeのデフォルト値（ページで無指定の場合に適用される初期設定）としても設定されています。

ごく当たり前の組み合わせですが、これは理にかなった配色といえます。背景とテキストの関係で求められるのは、「視認性」の高さ。色の「視認性」とは、目立つ・目立たないではなくて、「見えやすい・見やすい」度合いのことです。よく背景とその上に配置する要素との関係においていわれ、まず明度差、次に彩度差、続いて色相差がこれに作用します。そのため、「視認性」を高めるにはこの順に差をつければよく、その意味で明度差が最も大きい白と黒の関係は、理にかなったものだといえるわけです。

原則として、明度の高い背景には明度の低い濃い色を、またはその逆を組み合わせることで視認性は高くなります。白黒の無彩色でなく有彩色を使う場合にも、同明度の背景＋テキスト（たとえば純色の赤と緑など）の組み合わせでは視認性が低くなってしまいます。これも明度の高低差をつけることで解決することができます。

一方で、文章を読むという行為は、単に「視認性」が高ければよいというわけでもありません。逆に対比が強すぎる組み合わせは、目を疲れさせる原因にもなり得ます。たとえば、書籍の紙が真っ白ではなくうっすら黄みがかった色をしているのも、対比をやわらげて読みやすさに貢献しています。また、Webの場合では、白背景に濃いめのグレーの文字を組み合わせて対比をやわらげているケースもよく見かけます。長文のテキストの場合は、こうした配慮も読み手にとってはありがたいものになります。

ところで、「高明度の背景×濃い文字」の場合、Webセーフカラーでは背景に使える淡い色が限定されていました。フルカラーの場合は、paleトーンやlightトーンなど選択肢がグンと増えます。背景色のバリエーションの豊富さもフルカラー配色のメリットといえそうです。

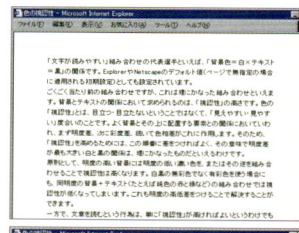

上は明度差があり、視認性が高い例。下は明度差がほとんどないため視認性が悪くなっている例

Section・2

トーン別 配色チャート
「色調」から選ぶ配色

◎ トーン別カラー一覧 ……………………………… P.062

1 ● **bright**（明るい）…………………………… P.066
2 ● **vivid**（鮮やかな）………………………… P.070
3 ● **strong**（強い）…………………………… P.074
4 ● **deep**（濃い）……………………………… P.078
5 ● **light**（浅い）……………………………… P.082
6 ● **soft**（柔らかな）………………………… P.086
7 ● **dull**（くすんだ）………………………… P.090
8 ● **dark**（暗い）……………………………… P.094
9 ● **pale**（薄い）……………………………… P.098
10 ● **light grayish**（落ち着いた）…………… P.102
11 ● **grayish**（濁った）………………………… P.106
12 ● **dark grayish**（重い）……………………… P.110

トーン別カラー一覧

▶「index.html」から[基本チャート]へ

トーン名 ページ数	彩度(%)▼	明度(%)▼	色相(°)▶ Red (0)	(15)	Orange (30)	(45)	Yellow (60)	(75)	Yellow Green (90)	(105)	Green (120)	(135)
bright P.66~69	彩度100% のグラデーション	明度90%	#FFCCCC	#FFD9CC	#FFE6CC	#FFF3CC	#FFFFCC	#F3FFCC	#E6FFCC	#D9FFCC	#CCFFCC	#CCFFD9
		明度80%	#FF9999	#FFB399	#FFCC99	#FFE699	#FFFF99	#E6FF99	#CCFF99	#B3FF99	#99FF99	#99FFB3
		明度70%	#FF6666	#FF8C66	#FFB366	#FFD966	#FFFF66	#D9FF66	#B3FF66	#8CFF66	#66FF66	#66FF8C
	彩度90% のグラデーション	明度90%	#FDCFCF	#FDDACF	#FDE6CF	#FFF1CC	#FDFDCF	#F1FDCF	#E6FDCF	#DAFDCF	#CFFDCF	#CFFDDA
		明度80%	#FA9E9E	#FAB59E	#FAC C9E	#FAE39E	#FAFA9E	#E3FA9E	#CCFA9E	#B5FA9E	#9EFA9E	#9EFAB5
		明度70%	#F86E6E	#F78F6D	#F8B36E	#F8D56E	#F8F86E	#D5F86E	#B3F86E	#8CF86E	#6EF86E	#6EF890
	彩度80% のグラデーション	明度90%	#FAD1D1	#FADCD1	#FAE6D1	#FAF1D1	#FAFAD1	#F0FAD1	#E6FAD1	#DCFAD1	#D1FAD1	#D1FADC
		明度80%	#F5A3A3	#F5B8A3	#F5CCA3	#F5E1A3	#F5F5A3	#E1F5A3	#CCF5A3	#B8F5A3	#A3F5A3	#A3F5B8
		明度70%	#F07575	#F09475	#F0B375	#F0D175	#F0F075	#D1F075	#B3F075	#94F075	#75F075	#75F094
	彩度70% のグラデーション	明度90%	#F8D4D4	#F8DDD4	#F8E6D4	#F8EFD4	#F8F8D4	#EFF8D4	#E6F8D4	#DDF8D4	#D4F8D4	#D4F8DD
		明度80%	#F0A8A8	#F0BAA8	#F0CCA8	#F0DEA8	#F0F0A8	#DEF0A8	#CCF0A8	#BAF0A8	#A8F0A8	#A8F0BA
		明度70%	#E87D7D	#E8987D	#E8B37D	#E8CE7D	#E8E87D	#CEE87D	#B3E87D	#98E87D	#7DE87D	#7DE898
vivid P.70~73	彩度100% のグラデーション	明度60%	#FF3333	#FF6633	#FF9933	#FFCC33	#FFFF33	#CCFF33	#99FF33	#66FF33	#33FF33	#33FF66
		明度55%	#FF1919	#FF5319	#FF8C19	#FFC619	#FFFF19	#C6FF19	#8CFF19	#53FF19	#19FF19	#19FF53
		明度50%	#FF0000	#FF4000	#FF8000	#FFC000	#FFFF00	#C0FF00	#80FF00	#40FF00	#00FF00	#00FF40
	彩度90% のグラデーション	明度60%	#F53D3D	#F56B3D	#F5993D	#F5C73D	#F5F53D	#C7F53D	#99F53D	#6BF53D	#3DF53D	#3DF56B
		明度55%	#F42525	#F45825	#F48C25	#F4C025	#F4F425	#C0F425	#8CF425	#58F425	#25F425	#25F458
		明度50%	#F30C0C	#F3460C	#F37F0C	#F3B90C	#F3F30C	#B9F30C	#7FF30C	#46F30C	#0CF30C	#0CF346
strong P.74~77	彩度80% のグラデーション	明度60%	#EB4747	#EB7047	#EB9947	#EBC247	#EBEB47	#C2EB47	#99EB47	#70EB47	#47EB47	#47EB70
		明度50%	#E61919	#E64C19	#E67F19	#E6B319	#E6E619	#B3E619	#80E619	#4CE619	#19E619	#19E64C
		明度40%	#B81414	#B83D14	#B86614	#B88F14	#B8B814	#8FB814	#66B814	#3DB814	#14B814	#14B83D
	彩度70% のグラデーション	明度60%	#E15151	#E17551	#E19951	#E1BD51	#E1E151	#BDE151	#99E151	#75E151	#51E151	#51E175
		明度50%	#D92626	#D95326	#D97F26	#D9AC26	#D9D926	#ACD926	#80E619	#53D926	#26D926	#26D953
		明度40%	#AE1E1E	#AE421E	#AE661E	#AE8A1E	#AEAE1E	#8AAE1E	#66B814	#42AE1E	#1EAE1E	#1EAE42
deep P.78~81	彩度100% のグラデーション	明度40%	#CC0000	#CC3300	#CC6600	#CC9900	#CCCC00	#99CC00	#66CC00	#33CC00	#00CC00	#00CC33
		明度30%	#990000	#992600	#994C00	#997300	#999900	#739900	#4C9900	#269900	#009900	#009926
		明度20%	#660000	#661900	#663300	#664C00	#666600	#4C6600	#336600	#196600	#006600	#006619
	彩度90% のグラデーション	明度40%	#C20A0A	#C2380A	#C2660A	#C2940A	#C2C20A	#94C20A	#66C20A	#38C20A	#0AC20A	#0AC238
		明度30%	#910707	#912A07	#914C07	#916F07	#919107	#6F9107	#4C9107	#2A9107	#079107	#07912A
		明度20%	#610505	#611C05	#613305	#614A05	#616105	#4A6105	#1C6105	#056105	#05611C
	彩度80% のグラデーション	明度40%	#B81414	#B83D14	#B86614	#B88F14	#B8B814	#8FB814	#66B814	#3DB814	#14B814	#14B83D
		明度30%	#8A0F0F	#8A2E0F	#8A4C0F	#8A6B0F	#8A8A0F	#6B8A0F	#4C8A0F	#2E8A0F	#0F8A0F	#0F8A2E
		明度20%	#5C0A0A	#5C1E0A	#5C330A	#5C470A	#5C5C0A	#475C0A	#335C0A	#1E5C0A	#0A5C0A	#0A5C1E
	彩度70% のグラデーション	明度40%	#AE1E1E	#AE421E	#AE661E	#AE8A1E	#AEAE1E	#8AAE1E	#66AE1E	#42AE1E	#1EAE1E	#1EAE42
		明度30%	#821717	#823117	#824C17	#826717	#828217	#678217	#4C8217	#318217	#178217	#178231
		明度20%	#570F0F	#57210F	#57330F	#57450F	#57570F	#45570F	#33570F	#21570F	#0F570F	#0F5721
light P.82~85	彩度70% のグラデーション	明度70%	#F8D4D4	#F8DDD4	#F8E6D4	#F8EFD4	#F8F8D4	#EFF8D4	#E6F8D4	#DDF8D4	#D4F8D4	#D4F8DD
		明度80%	#F0A8A8	#F0BAA8	#F0CCA8	#F0DEA8	#F0F0A8	#DEF0A8	#CCF0A8	#BAF0A8	#A8F0A8	#A8F0BA
	彩度60% のグラデーション	明度80%	#F5D7D7	#F5DED7	#F5E6D7	#F5EED7	#F5F5D7	#EEF5D7	#E6F5D7	#DEF5D7	#D7F5D7	#D7F5DE
		明度80%	#EBAEAE	#EBBDAE	#EBCCAE	#EBDCAE	#EBEBAE	#DCEBAE	#CCEBAE	#BDEBAE	#AEEBAE	#AEEBBD
	彩度50% のグラデーション	明度90%	#F3D9D9	#F3DFD9	#F3E6D9	#F3ECD9	#F3F3D9	#ECF3D9	#E6F3D9	#DFF3D9	#D9F3D9	#D9F3DF
		明度80%	#E6B3B3	#E6BFB3	#E6CCB3	#E6D9B3	#E6E6B3	#D9E6B3	#CCE6B3	#C0E6B3	#B3E6B3	#B3E6BF
	彩度40% のグラデーション	明度90%	#F0DCDC	#F0E1DC	#F0E6DC	#F0EBDC	#F0F0DC	#EBF0DC	#E6F0DC	#E1F0DC	#DCF0DC	#DCF0E1
		明度80%	#E1B8B8	#E1C2B8	#E1CCB8	#E1D7B8	#E1E1B8	#D7E1B8	#CCE1B8	#C2E1B8	#B8E1B8	#B8E1C2
soft つづく	彩度70% のグラデーション	明度70%	#E87D7D	#E8987D	#E8B37D	#E8CE7D	#E8E87D	#CEE87D	#B3E87D	#9AE87D	#7DE87D	#7DE898
		明度60%	#E15151	#E17551	#E19951	#E1BD51	#E1E151	#BDE151	#99E151	#75E151	#51E151	#51E175

※12の各トーン（P.18）に該当する色の一覧です。彩度・明度を10%刻み（一部5%）で、色相は15°刻みで組み合わせています。各トーンの彩度・明度の範囲は、P.18を参照してください。実際には、これより細かい刻みの数値をかけあわせた色の指定も可能ですが、P.66から紹介している各トーンごとの配色は、これらの色を中心に組み合わせています。

Green		Cyan				Blue			Violet			Pink			Red
(150)	(165)	(180)	(195)	(210)	(225)	(240)	(255)	(270)	(285)	(300)	(315)	(330)	(345)
#CCFFE6	#CCFFF3	#CCFFFF	#CCF3FF	#CCE6FF	#CCD9FF	#CCCCFF	#D9CCFF	#E6CCFF	#F3CCFF	#FFCCFF	#FFCCF3	#FFCCE6	#FFCCD9
#99FFCC	#99FFE6	#99FFFF	#99E6FF	#99CCFF	#99B3FF	#9999FF	#B399FF	#CC99FF	#E699FF	#FF99FF	#FF99E6	#FF99CC	#FF99B3
#66FFB3	#66FFD9	#66FFFF	#66D9FF	#66B3FF	#668CFF	#6666FF	#8C66FF	#B366FF	#D966FF	#FF66FF	#FF66D9	#FF66B3	#FF668C
#CFFDE6	#CFFDF1	#CFFDFD	#CFF1FD	#CFE6FD	#CFDAFD	#CFCFFD	#DACFFD	#E6CFFD	#F1CFFD	#FDCFFD	#FDCFF1	#FDCFE6	#FDCFDA
#9EFACC	#9EFAE3	#9EFAFA	#9EE3FA	#9ECCFA	#9EB5FA	#9E9EFA	#B59EFA	#CC9EFA	#E39EFA	#FA9EFA	#FA9EE3	#FA9ECC	#FA9EB5
#6EF8B3	#6EF8D5	#6EF8F8	#6ED5F8	#6EB8F8	#6E9BF8	#6E6EF8	#9B6EF8	#B86EF8	#D56EF8	#F86EF8	#F86ED5	#F86EB8	#F86E90
#D1FAE6	#D1FAF0	#D1FAFA	#D1F0FA	#D1E6FA	#D1DCFA	#D1D1FA	#DCD1FA	#E6D1FA	#F0D1FA	#FAD1FA	#FAD1F0	#FAD1E6	#FAD1DC
#A3F5CC	#A3F5E1	#A3F5F5	#A3E1F5	#A3CCF5	#A3B8F5	#A3A3F5	#B8A3F5	#CCA3F5	#E1A3F5	#F5A3F5	#F5A3E1	#F5A3CC	#F5A3B8
#75F0B3	#75F0D1	#75F0F0	#75D1F0	#75B3F0	#7594F0	#7575F0	#9475F0	#B375F0	#D175F0	#F075F0	#F075D1	#F075B3	#F07594
#D4F8E6	#D4F8E8	#D4F8F8	#D4F1F8	#D4E6F8	#D4DAF8	#D4D4F8	#DAD4F8	#E6D4F8	#F1D4F8	#F8D4F8	#F8D4F1	#F8D4E6	#FAD1DC
#A8F0CC	#A8F0DE	#A8F0F0	#A8DEF0	#A8CCF0	#A8BAF0	#A8A8F0	#BAA8F0	#CCA8F0	#DEA8F0	#F0A8F0	#F0A8DE	#F0A8CC	#F0A8BA
#7DE8B3	#7DE8CE	#7DE8E8	#7DCEE8	#7DB3E8	#7D98E8	#7D7DE8	#987DE8	#B37DE8	#CE7DE8	#E87DE8	#E87DCE	#E87DB3	#E87D98
#33FF99	#33FFCC	#33FFFF	#33CCFF	#3399FF	#3366FF	#3333FF	#6633FF	#9933FF	#CC33FF	#FF33FF	#FF33CC	#FF3399	#FF3366
#19FF8C	#19FFC6	#19FFFF	#19C6FF	#1998FF	#1953FF	#1919FF	#5319FF	#8C19FF	#C619FF	#FF19FF	#FF19C6	#FF198C	#FF1953
#00FF80	#00FFC0	#00FFFF	#00C0FF	#0080FF	#0040FF	#0000FF	#4000FF	#8000FF	#C000FF	#FF00FF	#FF00C0	#FF0080	#FF0040
#3DF599	#3DF5C7	#3DF5F5	#3DC7F5	#3D99F5	#3D6BF5	#3D3DF5	#6B3DF5	#993DF5	#C73DF5	#F53DF5	#F53DC7	#F53D99	#F53D6B
#25F48C	#25F4C0	#25F4F4	#25C0F4	#258CF4	#2558F4	#2525F4	#5825F4	#8C25F4	#C025F4	#F425F4	#F425C0	#F4258C	#F42558
#0CF37F	#0CF3B9	#0CF3F3	#0CB9F3	#0C7FF3	#0C45F3	#0C0CF3	#450CF3	#7F0CF3	#B90CF3	#F30CF3	#F30CB9	#F30C80	#F30C46
#47EB99	#47EBC2	#47EBEB	#47C2EB	#4799EB	#4770EB	#4747EB	#7047EB	#9947EB	#C247EB	#EB47EB	#EB47C2	#EB4799	#EB4770
#19E67F	#19E6B3	#19E6E6	#19B3E6	#1980E6	#194CE6	#1919E6	#4C19E6	#7F19E6	#B319E6	#E619E6	#E619B3	#E61980	#E6194C
#14B866	#14B88F	#14B8B8	#148FB8	#1466B8	#143DB8	#1414B8	#3D14B8	#6614B8	#8F14B8	#B814B8	#B8148F	#B81466	#B8143D
#51E199	#51E1BD	#51E1E1	#51BDE1	#5199E1	#5175E1	#5151E1	#7551E1	#9951E1	#BD51E1	#E151E1	#E151BD	#E15199	#E15175
#26D97F	#26D9AC	#26D9D9	#26ACD9	#2680D9	#2653D9	#2626D9	#5326D9	#7F26D9	#AC26D9	#D926D9	#D926AC	#D92680	#D92653
#1EAE66	#1EAE8A	#1EAEAE	#1E8AAE	#1E66AE	#1E42AE	#1E1EAE	#421EAE	#661EAE	#8A1EAE	#AE1EAE	#AE1E8A	#AE1E66	#AE1E42
#00CC66	#00CC99	#00CCCC	#0099CC	#0066CC	#0033CC	#0000CC	#3300CC	#6600CC	#9900CC	#CC00CC	#CC0099	#CC0066	#CC0033
#009944	#009973	#009999	#007399	#004C99	#002699	#000099	#260099	#4C0099	#730099	#990099	#990073	#99004C	#990026
#006633	#006644	#006666	#004C66	#003366	#001966	#000066	#190066	#330066	#4C0066	#660066	#66004C	#660033	#660019
#0AC266	#0AC294	#0AC2C2	#0A94C2	#0A66C2	#0A38C2	#0A0AC2	#380AC2	#660AC2	#940AC2	#C20AC2	#C20A94	#C20A66	#C20A38
#07914C	#07916F	#079191	#076F91	#074C91	#072A91	#070791	#2A0791	#4C0791	#6F0791	#910791	#91076F	#91074C	#91072A
#056133	#05614A	#056161	#054A61	#053361	#051C61	#050561	#1C0561	#330561	#4A0561	#610561	#61054A	#610533	#61051C
#14B866	#14B88F	#14B8B8	#148FB8	#1466B8	#143DB8	#1414B8	#3D14B8	#6614B8	#8F14B8	#B814B8	#B8148F	#B81466	#B8143D
#0F8A4C	#0F8A6B	#0F8A8A	#0F6B8A	#0F4C8A	#0F2E8A	#0F0F8A	#2E0F8A	#4C0F8A	#6B0F8A	#8A0F8A	#8A0F6B	#8A0F4C	#8A0F2E
#0A5C33	#0A5C47	#0A5C5C	#0A475C	#0A335C	#0A1E5C	#0A0A5C	#1E0A5C	#330A5C	#470A5C	#5C0A5C	#5C0A47	#5C0A33	#5C0A1E
#1EAE66	#1EAE8A	#1EAEAE	#1E8AAE	#1E66AE	#1E42AE	#1E1EAE	#421EAE	#661EAE	#8A1EAE	#AE1EAE	#AE1E8A	#AE1E66	#AE1E42
#17824C	#178267	#178282	#176782	#174C82	#173182	#171782	#311782	#4C1782	#671782	#821782	#821767	#82174C	#821731
#0F5733	#0F5745	#0F5757	#0F4557	#0F3357	#0F2157	#0F0F57	#210F57	#330F57	#450F57	#570F57	#570F45	#570F33	#570F21
#D4F8E6	#D4F8EF	#D4F8F8	#D4EFF8	#D4E6F8	#D4DDF8	#D4D4F8	#DDD4F8	#E6D4F8	#EFD4F8	#F8D4F8	#F8D4EF	#F8D4E6	#F8D4DD
#A8F0CC	#A8F0CE	#A8F0F0	#A8DEF0	#A8CCF0	#A8BAF0	#A8A8F0	#BAA8F0	#CCA8F0	#DEA8F0	#F0A8F0	#F0A8DE	#F0A8CC	#F0A8BA
#D7F5E6	#D7F5EE	#D7F5F5	#D7EEF5	#D7E6F5	#D7DEF5	#D7D7F5	#DED7F5	#E6D7F5	#EED7F5	#F5D7F5	#F5D7EE	#F5D7E6	#F5D7DE
#AEEBCC	#AEEBDC	#AEEBEB	#AEDCEB	#AECCEB	#AEBDEB	#AEAEEB	#BDAEEB	#CCAEEB	#DCAEEB	#EBAEEB	#EBAEDC	#EBAECC	#EBAEBD
#D9F3E6	#D9F3ED	#D9F3F3	#D9EDF3	#D9E6F3	#D9DFF3	#D9D9F3	#DFD9F3	#E6D9F3	#EDD9F3	#F3D9F3	#F3D9ED	#F3D9E6	#F3D9DF
#B3E6CC	#B3E6D9	#B3E6E6	#B3D9E6	#B3CCE6	#B3BFE6	#B3B3E6	#BFB3E6	#CCB3E6	#D9B3E6	#E6B3E6	#E6B3D9	#E6B3CC	#E6B3BF
#DCF0E6	#DCF0EB	#DCF0F0	#DCEBF0	#DCE6F0	#DCE1F0	#DCDCF0	#E1DCF0	#E6DCF0	#EBDCF0	#F0DCF0	#F0DCEB	#F0DCE6	#F0DCE1
#B8E1CC	#B8E1D7	#B8E1E1	#B8D7E1	#B8CCE1	#B8C2E1	#B8B8E1	#C2B8E1	#CCB8E1	#D7B8E1	#E1B8E1	#E1B8D7	#E1B8CC	#E1B8C2
#7DE8B3	#7DE8CE	#7DE8E8	#7DCEE8	#7DB3E8	#7D98E8	#7D7DE8	#987DE8	#B37DE8	#CE7DE8	#E87DE8	#E87DCE	#E87DB3	#E87D98
#51E199	#51E1BD	#51E1E1	#51BDE1	#5199E1	#5175E1	#5151E1	#7551E1	#9951E1	#BD51E1	#E151E1	#E151BD	#E15199	#E15175

Color tone
トーン別カラー一覧
Chart

Web配色事典　063

トーン名	彩度(%)▼／明度(%)▲	色相(°)▶	(0)	(15)	(30)	(45)	(60)	(75)	(90)	(105)	(120)	(135)
soft P.86~89	彩度60% のグラデーション	明度70%	#E18585	#E19C85	#E1B385	#E1CA85	#E1E185	#CAE185	#B3E185	#9DE185	#85E185	#85E19C
		明度60%	#D75C5C	#D77A5C	#D7995C	#D7B85C	#D7D75C	#B8D75C	#99D75C	#7AD75C	#5CD75C	#5CD77A
	彩度50% のグラデーション	明度70%	#D98C8C	#D99F8C	#D9B38C	#D9C68C	#D9D98C	#C6D98C	#B3D98C	#A0D98C	#8CD98C	#8CD99F
		明度65%	#D37979	#D38F79	#D3A679	#D3BC79	#D3D379	#BCD379	#A6D379	#8FD379	#79D379	#79D38F
	彩度40% のグラデーション	明度70%	#CC6666	#CC8066	#CC9966	#CCB366	#CCCC66	#B3CC66	#99CC66	#80CC66	#66CC66	#66CC80
		明度60%	#D19494	#D1A394	#D1B394	#D1C294	#D1D194	#C2D194	#B3D194	#A4D194	#94D194	#94D1A3
		明度60%	#C27070	#C28570	#C29970	#C2AE70	#C2C270	#AEC270	#99C270	#85C270	#70C270	#70C285
dull P.90~93	彩度70% のグラデーション	明度50%	#D92626	#D95326	#D97F26	#D9AC26	#D9D926	#ACD926	#80D926	#53D926	#26D926	#26D953
		明度40%	#AE1E1E	#AE421E	#AE661E	#AE8A1E	#AEAE1E	#8AAE1E	#66AE1E	#42AE1E	#1EAE1E	#1EAE42
	彩度60% のグラデーション	明度50%	#CC3333	#CC5933	#CC7F33	#CCA633	#CCCC33	#A6CC33	#80CC33	#59CC33	#33CC33	#33CC59
		明度40%	#A32828	#A34728	#A36628	#A38528	#A3A328	#85A328	#66A328	#47A328	#28A328	#28A347
	彩度50% のグラデーション	明度50%	#C04040	#C06040	#C08040	#C0A040	#C0C040	#A0C040	#80C040	#60C040	#40C040	#40C060
		明度40%	#993333	#994C33	#996633	#998033	#999933	#809933	#669933	#4C9933	#339933	#33994C
	彩度40% のグラデーション	明度50%	#B34C4C	#B3664C	#B37F4C	#B3994C	#B3B34C	#99B34C	#80B34C	#66B34C	#4CB34C	#4CB366
		明度40%	#8F3D3D	#8F513D	#8F663D	#8F7A3D	#8F8F3D	#7A8F3D	#668F3D	#518F3D	#3D8F3D	#3D8F51
dark P.94~97	彩度70% のグラデーション	明度30%	#821717	#823117	#824C17	#826717	#828217	#678217	#4C8217	#318217	#178217	#178231
		明度20%	#570F0F	#57210F	#57340F	#57450F	#57570F	#46570F	#34570F	#21570F	#0F570F	#0F5721
	彩度60% のグラデーション	明度30%	#7A1E1E	#7A351E	#7A4C1E	#7A631E	#7A7A1E	#7A7A1E	#4C7A1E	#357A1E	#1E7A1E	#1E7A35
		明度30%	#511414	#512314	#513314	#514214	#515114	#435114	#345114	#235114	#145114	#145123
	彩度50% のグラデーション	明度30%	#732626	#733926	#734C26	#736026	#737326	#607326	#4C7326	#397326	#267326	#267339
		明度30%	#4C1919	#4C2619	#4C3319	#4C3F19	#4C4C19	#404C19	#334C19	#264C19	#194C19	#194C26
	彩度40% のグラデーション	明度30%	#6B2E2E	#6B3D2E	#6B4C2E	#6B5C2E	#6B6B2E	#5C6B2E	#4C6B2E	#3D6B2E	#2E6B2E	#2E6B3D
		明度20%	#471E1E	#47281E	#47331E	#473D1E	#47471E	#3E471E	#33471E	#28471E	#1E471E	#1E4728
pale P.98~101	彩度40% のグラデーション	明度90%	#F0DCDC	#F0E1DC	#F0E6DC	#F0EBDC	#F0F0DC	#EBF0DC	#E6F0DC	#E1F0DC	#DCF0DC	#DCF0E1
		明度80%	#E1B8B8	#E1C2B8	#E1CCB8	#E1D7B8	#E1E1B8	#D7E1B8	#CCE1B8	#C2E1B8	#B8E1B8	#B8E1C2
	彩度30% のグラデーション	明度90%	#EEDEDE	#EEE2DE	#EEE6DE	#EEEADE	#EEEEDE	#EAEEDE	#E6EEDE	#E2EEDE	#DEEEDE	#DEEEE2
		明度80%	#DCBDBD	#DCC5BD	#DCCCBD	#DCD4BD	#DCDCBD	#D4DCBD	#CCDCBD	#C5DCBD	#BDDCBD	#BDDCC5
	彩度20% のグラデーション	明度90%	#EBE1E1	#EBE3E1	#EBE6E1	#EBE8E1	#EBEBE1	#E8EBE1	#E6EBE1	#E3EBE1	#E1EBE1	#E1EBE3
		明度80%	#D7C2C2	#D7C7C2	#D7CCC2	#D7D1C2	#D7D7C2	#D1D7C2	#CCD7C2	#C7D7C2	#C2D7C2	#C2D7C7
	彩度10% のグラデーション	明度90%	#E8E3E3	#E8E5E3	#E8E6E3	#E8E7E3	#E8E8E3	#E7E8E3	#E6E8E3	#E5E8E3	#E3E8E3	#E3E8E5
		明度80%	#D1C7C7	#D1CAC7	#D1CCC7	#D1CFC7	#D1D1C7	#CFD1C7	#CCD1C7	#CAD1C7	#C7D1C7	#C7D1CA
light grayish P.102~105	彩度40% のグラデーション	明度70%	#D19494	#D1A394	#D1B494	#D1C294	#D1D194	#C2D194	#B3D194	#A3D194	#94D194	#94D1A3
		明度60%	#C27070	#C28570	#C29970	#C2AE70	#C2C270	#AEC270	#99C270	#85C270	#70C270	#70C285
	彩度30% のグラデーション	明度70%	#CA9C9C	#CAA79C	#CAB39C	#CABE9C	#CACA9C	#BECA9C	#B3CA9C	#A7CA9C	#9CCA9C	#9CCAA7
		明度60%	#B87A7A	#B88A7A	#B8997A	#B8A87A	#B8B87A	#A8B87A	#99B87A	#8AB87A	#7AB87A	#7AB88A
	彩度20% のグラデーション	明度70%	#C2A3A3	#C2ABA3	#C2B3A3	#C2BAA3	#C2C2A3	#BAC2A3	#B3C2A3	#ABC2A3	#A3C2A3	#A3C2AB
		明度60%	#AE8585	#AE8F85	#AE9A85	#AEA385	#AEAE85	#A3AE85	#9AAE85	#8FAE85	#85AE85	#85AE8F
	彩度10% のグラデーション	明度70%	#BAABAB	#BAAFAB	#BAB3AB	#BAB7AB	#BABAAB	#B7BAAB	#B3BAAB	#AFBAAB	#ABBAAB	#ABBAAF
		明度60%	#A38F8F	#A3948F	#A3998F	#A39E8F	#A3A38F	#9EA38F	#99A38F	#94A38F	#8FA38F	#8FA394
grayish P.106~109	彩度40% のグラデーション	明度50%	#B34C4C	#B3664C	#B37F4C	#B3994C	#B3B34C	#99B34C	#80B34C	#66B34C	#4CB34C	#4CB366
		明度40%	#8F3D3D	#8F513D	#8F663D	#8F7A3D	#8F8F3D	#7A8F3D	#668F3D	#518F3D	#3D8F3D	#3D8F51
	彩度30% のグラデーション	明度40%	#A65959	#A66C59	#A67F59	#A69359	#A6A659	#93A659	#80A659	#6CA659	#59A659	#59A66C
		明度40%	#854747	#855747	#856747	#857547	#858547	#758547	#668547	#578547	#478547	#478557
	彩度20% のグラデーション	明度50%	#996666	#997366	#997F66	#998C66	#999966	#8C9966	#809966	#739966	#669966	#669973
		明度40%	#7A5151	#7A5C51	#7A6651	#7A7051	#7A7A51	#707A51	#667A51	#5C7A51	#517A51	#517A5C
	彩度10% のグラデーション	明度50%	#8C7373	#8C7973	#8C7F73	#8C8673	#8C8C73	#868C73	#808C73	#798C73	#738C73	#738C79
		明度40%	#705C5C	#70615C	#70665C	#706B5C	#70705C	#6B705C	#66705C	#61705C	#5C705C	#5C7061
dark grayish P.110~113	彩度40% のグラデーション	明度30%	#6B2E2E	#6B3D2E	#6B4C2E	#6B5C2E	#6B6B2E	#5C6B2E	#4C6B2E	#3D6B2E	#2E6B2E	#2E6B3D
		明度20%	#471E1E	#47281E	#47331E	#473D1E	#47471E	#3D471E	#33471E	#28471E	#1E471E	#1E4728
	彩度30% のグラデーション	明度30%	#633535	#634135	#634C35	#635835	#636335	#586335	#4C6335	#416335	#356335	#356341
		明度20%	#422323	#422B23	#423323	#423A23	#424223	#3A4223	#334223	#2B4223	#234223	#23422B
	彩度20% のグラデーション	明度30%	#5C3D3D	#5C453D	#5C4C3D	#5C543D	#5C5C3D	#545C3D	#4C5C3D	#455C3D	#3D5C3D	#3D5C45
		明度20%	#3D2828	#3D2E28	#3D3328	#3D3828	#3D3D28	#383D28	#333D28	#2E3D28	#283D28	#283D2E

(150)	(165)	(180)	(195)	(210)	(225)	(240)	(255)	(270)	(285)	(300)	(315)	(330)	(345)
#85E1B3	#85E1CA	#85E1E1	#85CAE1	#85B3E1	#859DE1	#8585E1	#9C85E1	#B385E1	#CA85E1	#E185E1	#E185CA	#E185B3	#E1859D
#5CD799	#5CD7B8	#5CD7D7	#5CB8D7	#5C99D7	#5C7AD7	#5C5CD7	#7A5CD7	#995CD7	#B85CD7	#D75CD7	#D75CB8	#D75C99	#D75C7A
#8CD9B3	#8CD9C6	#8CD9D9	#8CC6D9	#8CB3D9	#8CA0D9	#8C8CD9	#9F8CD9	#B38CD9	#C68CD9	#D98CD9	#D98CC6	#D98CB3	#D98CA0
#79D3A6	#79D3BC	#79D3D3	#79BCD3	#79A6D3	#798FD3	#7979D3	#8F79D3	#A679D3	#BC79D3	#D379D3	#D379BC	#D379A6	#D3798F
#66CC99	#66CCB3	#66CCCC	#66B3CC	#6699CC	#6680CC	#6666CC	#8066CC	#9966CC	#B366CC	#CC66CC	#CC66B3	#CC6699	#CC6680
#94D1B3	#94D1C2	#94D1D1	#94C2D1	#94B3D1	#94A4D1	#9494D1	#A494D1	#B394D1	#C294D1	#D194D1	#D194C2	#D194B3	#D194A4
#70C299	#70C2AE	#70C2C2	#70AEC2	#7099C2	#7085C2	#7070C2	#8570C2	#9970C2	#AE70C2	#C270C2	#C270AE	#C27099	#C27085
#26D97F	#26D9AC	#26D9D9	#26ACD9	#2680D9	#2653D9	#2626D9	#5326D9	#7F26D9	#AC26D9	#D926D9	#D926AC	#D92680	#D92653
#1EAE66	#1EAE8A	#1EAEAE	#1E8AAE	#1E66AE	#1E42AE	#1E1EAE	#421EAE	#661EAE	#8A1EAE	#AE1EAE	#AE1E8A	#AE1E66	#AE1E42
#33CC7F	#33CCA6	#33CCCC	#33A6CC	#3380CC	#3359CC	#3333CC	#5933CC	#7F33CC	#A633CC	#CC33CC	#CC33A6	#CC3380	#CC3359
#28A366	#28A385	#28A3A3	#2885A3	#2866A3	#2847A3	#2828A3	#4728A3	#6628A3	#8528A3	#A328A3	#A32885	#A32866	#A32847
#40C080	#40C0A0	#40C0C0	#40A0C0	#4080C0	#4060C0	#4040C0	#6040C0	#8040C0	#A040C0	#C040C0	#C040A0	#C04080	#C04060
#339966	#339980	#339999	#338099	#336699	#334C99	#333399	#4C3399	#663399	#803399	#993399	#993380	#993366	#99334C
#4CB37F	#4CB399	#4CB3B3	#4C99B3	#4C80B3	#4C66B3	#4C4CB3	#664CB3	#7F4CB3	#994CB3	#B34CB3	#B34C99	#B34C80	#B34C66
#3D8F66	#3D8F7A	#3D8F8F	#3D7A8F	#3D668F	#3D518F	#3D3D8F	#513D8F	#663D8F	#7A3D8F	#8F3D8F	#8F3D7A	#8F3D66	#8F3D51
#17824C	#178267	#178282	#176782	#174C82	#173182	#171782	#311782	#4C1782	#671782	#821782	#821767	#82174C	#821731
#0F5734	#0F5748	#0F5757	#0F4857	#0F3457	#0F2057	#0F0F57	#200F57	#340F57	#480F57	#570F57	#570F48	#570F34	#570F20
#1E7A4C	#1E7A63	#1E7A7A	#1E637A	#1E4C7A	#1E357A	#1E1E7A	#351E7A	#4C1E7A	#631E7A	#7A1E7A	#7A1E63	#7A1E4C	#7A1E35
#145134	#145142	#145151	#144351	#143451	#142351	#141451	#231451	#341451	#421451	#511451	#511443	#511434	#511423
#26734C	#267360	#267373	#266073	#264C73	#263973	#262673	#392673	#4C2673	#602673	#732673	#732660	#73264C	#732639
#194C33	#194C3F	#194C4C	#193F4C	#19334C	#19264C	#19194C	#26194C	#33194C	#3F194C	#4C194C	#4C193F	#4C1933	#4C1926
#2E6B4C	#2E6B5C	#2E6B6B	#2E5C6B	#2E4C6B	#2E3D6B	#2E2E6B	#3D2E6B	#4C2E6B	#5C2E6B	#6B2E6B	#6B2E5C	#6B2E4C	#6B2E3D
#1E4733	#1E473D	#1E4747	#1E3D47	#1E3347	#1E2847	#1E1E47	#281E47	#331E47	#3D1E47	#471E47	#471E3D	#471E33	#471E28
#DCF0E6	#DCF0EB	#DCF0F0	#DCEBF0	#DCE6F0	#DCE1F0	#DCDCF0	#E1DCF0	#E6DCF0	#EBDCF0	#F0DCF0	#F0DCEB	#F0DCE6	#F0DCE1
#B8E1CC	#B8E1D7	#B8E1E1	#B8D7E1	#B8CCE1	#B8B8E1	#B8B8E1	#C2B8E1	#CCB8E1	#D7B8E1	#E1B8E1	#E1B8D7	#E1B8CC	#E1B8C2
#DEEEE6	#DEEEEA	#DEEEEE	#DEEAEE	#DEE6EE	#DEE2EE	#DEDEEE	#E2DEEE	#E6DEEE	#EADEEE	#EEDEEE	#EEDEEA	#EEDEE6	#EEDEE2
#BDDCCC	#BDDCD4	#BDDCDC	#BDD4DC	#BDCCDC	#BDC5DC	#BDBDDC	#C5BDDC	#CCBDDC	#D4BDDC	#DCBDDC	#DCBDD4	#DCBDCC	#DCBDC5
#E1EBE6	#E1EBE8	#E1EBEB	#E1E8EB	#E1E6EB	#E1E3EB	#E1E1EB	#E3E1EB	#E6E1EB	#E8E1EB	#EBE1EB	#EBE1E8	#EBE1E6	#EBE1E3
#C2D7CC	#C2D7D1	#C2D7D7	#C2D1D7	#C2CCD7	#C2C2D7	#C2C2D7	#C7C2D7	#CCC2D7	#D1C2D7	#D7C2D7	#D7C2D1	#D7C2CC	#D7C2C7
#E3E8E6	#E3E8E7	#E3E8E8	#E3E7E8	#E3E6E8	#E3E5E8	#E3E3E8	#E5E3E8	#E6E3E8	#E7E3E8	#E8E3E8	#E8E3E7	#E8E3E6	#E8E3E5
#C7D1CC	#C7D1CF	#C7D1D1	#C7CFD1	#C7CCD1	#C7CAD1	#C7C7D1	#CAC7D1	#CCC7D1	#CFC7D1	#D1C7D1	#D1C7CF	#D1C7CC	#D1C7CA
#94D1B4	#94D1C2	#94D1D1	#94C2D1	#94B3D1	#94A3D1	#9494D1	#A394D1	#B394D1	#C294D1	#D194D1	#D194C2	#D194B3	#D194A3
#70C299	#70C2AE	#70C2C2	#70AEC2	#7099C2	#7085C2	#7070C2	#8570C2	#9970C2	#AE70C2	#C270C2	#C270AE	#C27099	#C27085
#9CCAB3	#9CCABE	#9CCACA	#9CBECA	#9CB3CA	#9CA7CA	#9C9CCA	#A79CCA	#B39CCA	#BE9CCA	#CA9CCA	#CA9CBE	#CA9CB3	#CA9CA7
#7AB899	#7AB8A8	#7AB8B8	#7AA8B8	#7A99B8	#7A8AB8	#7A7AB8	#8A7AB8	#997AB8	#A87AB8	#B87AB8	#C270AE	#B87A99	#B87A8A
#A3C2B3	#A3C2BA	#A3C2C2	#A3BAC2	#A3B3C2	#A3ABC2	#A3A3C2	#ABA3C2	#B3A3C2	#BAA3C2	#C2A3C2	#C2A3BA	#C2A3B3	#C2A3AB
#85AE9A	#85AEA3	#85AEAE	#85A3AE	#859AAE	#8592AE	#8585AE	#8E85AE	#9A85AE	#A385AE	#AE85AE	#AE85A3	#AE859A	#AE858F
#ABBAB3	#ABBAB7	#ABBABA	#ABB7BA	#ABB3BA	#ABAFBA	#ABABBA	#AFABBA	#B3ABBA	#B7ABBA	#BAABBA	#BAABB7	#BAABB3	#BAABAF
#8FA399	#8FA39E	#8FA3A3	#8F9EA3	#8F99A3	#8F94A3	#8F8FA3	#948FA3	#998FA3	#9E8FA3	#A38FA3	#A38F9E	#A38F99	#A38F94
#4CB37F	#4CB399	#4CB3B3	#4C99B3	#4C80B3	#4C66B3	#4C4CB3	#664CB3	#7F4CB3	#994CB3	#B34CB3	#B34C99	#B34C80	#B34C66
#3D8F66	#3D8F7A	#3D8F8F	#3D7A8F	#3D668F	#3D518F	#3D3D8F	#513D8F	#663D8F	#7A3D8F	#8F3D8F	#8F3D7A	#8F3D66	#8F3D51
#59A67F	#59A693	#59A6A6	#5993A6	#4C80B3	#596CA6	#5959A6	#6C59A6	#7F59A6	#9359A6	#A659A6	#A65993	#A6597F	#A6596C
#478566	#478575	#478585	#477585	#476685	#475785	#474785	#574785	#664785	#754785	#854785	#854775	#854766	#854757
#66997F	#66998C	#669999	#668C99	#668099	#667399	#666699	#736699	#806699	#8C6699	#996699	#99668C	#996680	#996673
#517A65	#517A70	#517A7A	#51707A	#51677A	#515D7A	#51517A	#5D517A	#67517A	#70517A	#7A517A	#7A5170	#7A5167	#7A515D
#738C7F	#738C86	#738C8C	#73868C	#73808C	#73798C	#73738C	#79738C	#7F738C	#86738C	#8C738C	#8C7386	#8C7380	#8C7379
#5C7066	#5C706B	#5C7070	#5C6B70	#5C6670	#5C6170	#5C5C70	#615C70	#665C70	#6B5C70	#705C70	#705C6B	#705C66	#705C61
#2E6B4C	#2E6B5C	#2E6B6B	#2E5C6B	#2E4C6B	#2E3D6B	#2E2E6B	#3D2E6B	#4C2E6B	#5C2E6B	#6B2E6B	#6B2E5C	#6B2E4C	#6B2E3D
#1E4733	#1E473D	#1E4747	#1E3D47	#1E3347	#1E2847	#1E1E47	#281E47	#331E47	#3D1E47	#471E47	#471E3D	#471E33	#471E28
#35634C	#356358	#356363	#355863	#354C63	#354163	#353563	#413563	#4C3563	#583563	#633563	#633558	#63354C	#633541
#234233	#23423A	#234242	#233A42	#233342	#232B42	#232342	#2B2342	#332342	#3A2342	#422342	#42233A	#422333	#42232B
#3D5C4C	#3D5C54	#3D5C5C	#3D545C	#3D4C5C	#3D455C	#3D3D5C	#453D5C	#4C3D5C	#543D5C	#5C3D5C	#5C3D54	#5C3D4C	#5C3D45
#283D33	#283D38	#283D3D	#28383D	#28333D	#282E3D	#28283D	#2E283D	#33283D	#38283D	#3D283D	#3D2838	#3D2833	#3D282E

color tone 1 / bright

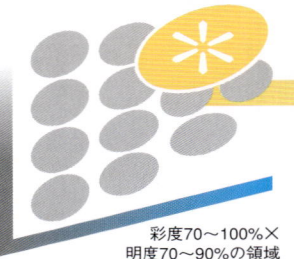

▶ 適用サンプル「index.html」から［配色チャート］へ
▶ 色見本「palette→photoshop→02_tone→01_bright.ACO」

「明るい」トーン

高彩度・高明度の領域で、全体に明るく澄んだイメージです。高明度で淡い感じもありますが、彩度が高いため快活な雰囲気も合わせもっています。白との組み合わせでは、清涼感を演出が可能です。

彩度70〜100％×明度70〜90％の領域

見本サイト 「Salad Cafe」
http://www.salad-cafe.com/

配色のルール (→P.166)

Main:Sub
［類似］

+1 Color
#0099CC
R:00
G:153
B:204

配色チャート

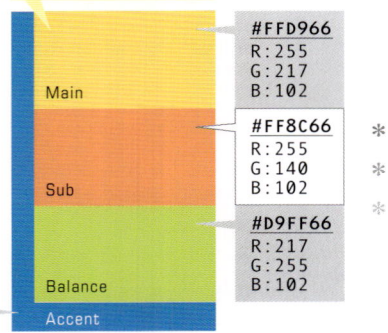

Main — #FFD966 / R:255 G:217 B:102
Sub — #FF8C66 / R:255 G:140 B:102
Balance — #D9FF66 / R:217 G:255 B:102
Accent

適用サンプル

Pattern 1 / Pattern 2

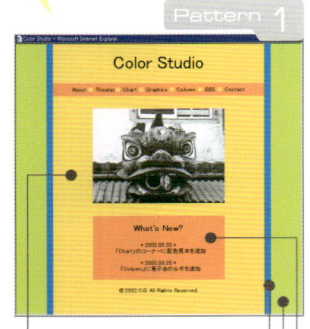

◆メインカラー（タイトルバック）
　アクセントカラー
　バランスカラー（調整色）
　サブカラー（メニュー・テキストエリア）

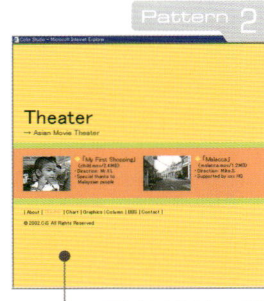

◆同じ配色を別デザインに適用

① 橙系の配色で、メインは黄みがかった色（#FFD966）、サブは赤みがかった色（#FF8C66）の配色。バランスカラーも色相が近い黄緑（#D9FF66）でまとめています。
② メインが全面に出て、フレッシュな印象です。

アクセントカラー（4色目）追加のポイント

明るいトーンなので、アクセントカラーには比較的濃く、強めのトーンを組み合わせます。ただし、このトーンの鮮やかさを損なわないように、濁色を使う場合は使用面積などに配慮が必要です。ここでは、強めのシアン（#0099CC）を使用しました。

Accent — #0099CC / R:00 G:153 B:204

066　Web Coloring Book

Main:Sub

[中差]

+1 Color

#FF8C66
R:255
G:140
B:102

Main
Sub
Balance
Accent

#8CF86E
R:140
G:248
B:110

#6ED5F8
R:110
G:213
B:248

#F8F86E
R:248
G:248
B:110

Pattern 1

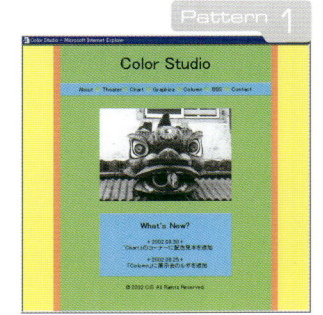

Pattern 2

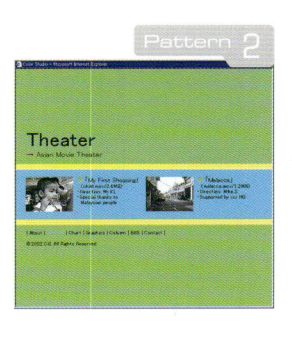

Main:Sub

[中差]

+1 Color

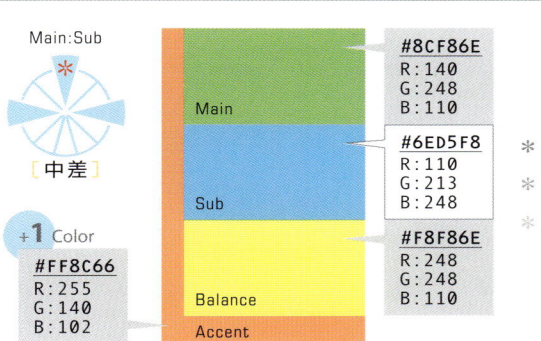

#8C6699
R:140
G:102
B:153

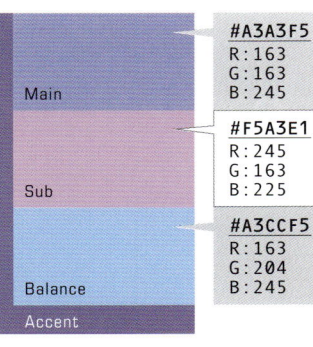

Main
Sub
Balance
Accent

#A3A3F5
R:163
G:163
B:245

#F5A3E1
R:245
G:163
B:225

#A3CCF5
R:163
G:204
B:245

Pattern 1

Pattern 2

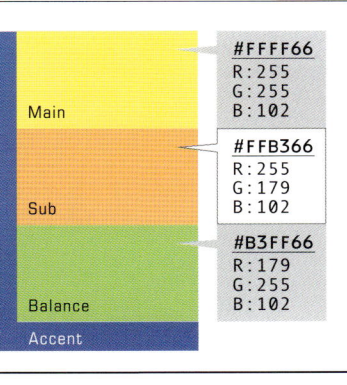

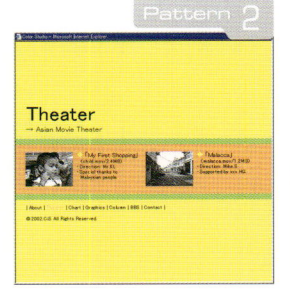

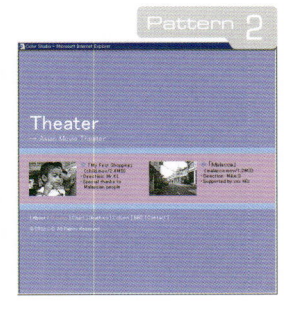

Main:Sub

[類似]

+1 Color

#3D7AF5
R:61
G:122
B:245

Main
Sub
Balance
Accent

#FFFF66
R:255
G:255
B:102

#FFB366
R:255
G:179
B:102

#B3FF66
R:179
G:255
B:102

Pattern 1

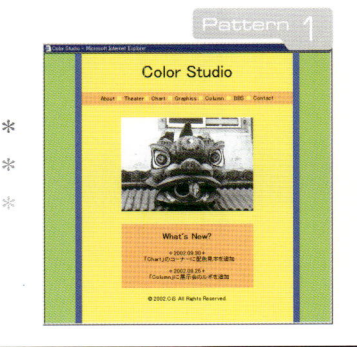

Pattern 2

※チャートは、Web表示したものを印刷用にCMYK変換しているため、色味が変化しているものがあります。
　実際の色表示は、CD-ROM収録のデータを参照してください。

Color tone

1

明るい

bright

Web配色事典　067

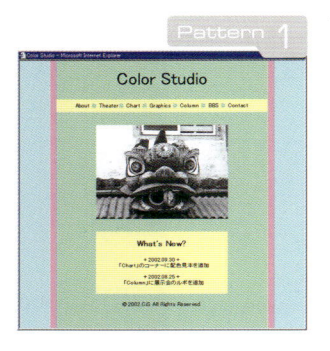

Color Chart トーン別

Main:Sub [中差]

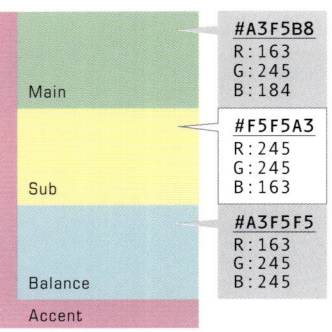

Main
#A3F5B8
R : 163
G : 245
B : 184

Sub
#F5F5A3
R : 245
G : 245
B : 163

Balance
#A3F5F5
R : 163
G : 245
B : 245

+1 Color
#FF99CC
R : 255
G : 153
B : 204

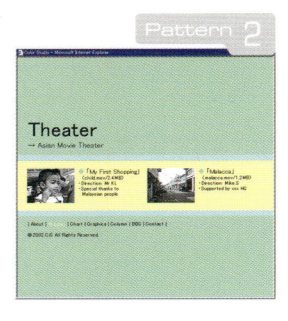

Main:Sub [対照]

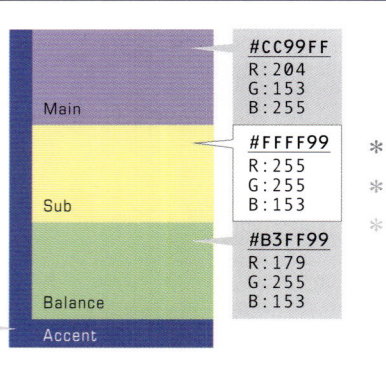

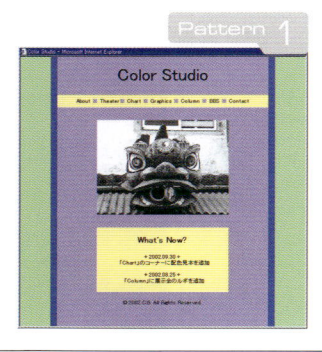

Main
#CC99FF
R : 204
G : 153
B : 255

Sub
#FFFF99
R : 255
G : 255
B : 153

Balance
#B3FF99
R : 179
G : 255
B : 153

+1 Color
#5959A6
R : 89
G : 89
B : 166

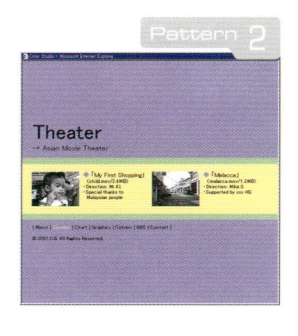

Main:Sub [対照]

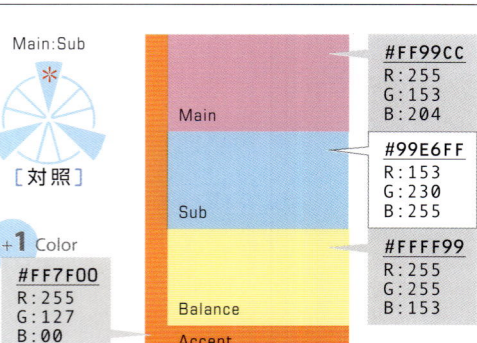

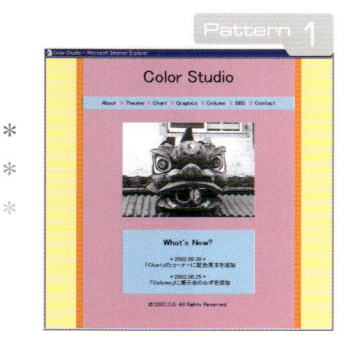

Main
#FF99CC
R : 255
G : 153
B : 204

Sub
#99E6FF
R : 153
G : 230
B : 255

Balance
#FFFF99
R : 255
G : 255
B : 153

+1 Color
#FF7F00
R : 255
G : 127
B : 00

Web Coloring Book

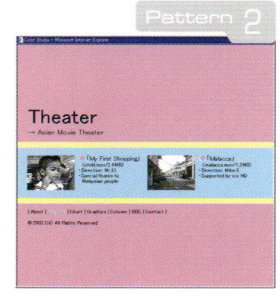

Main:Sub ［補色］

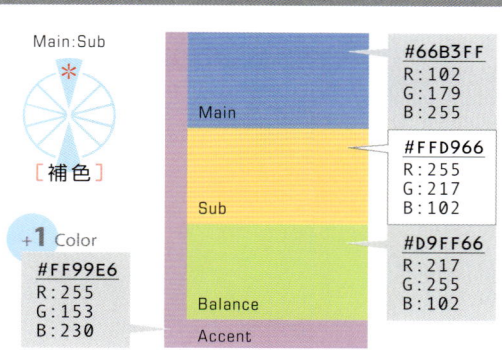

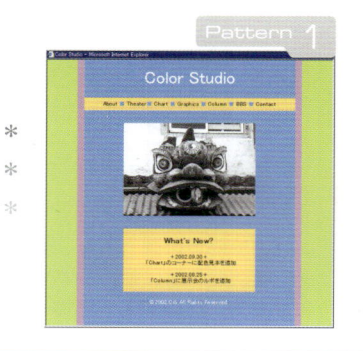

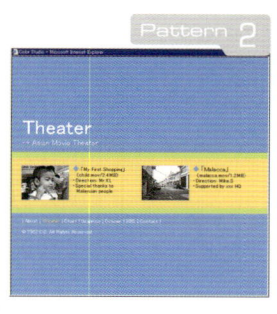

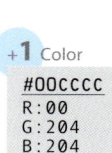

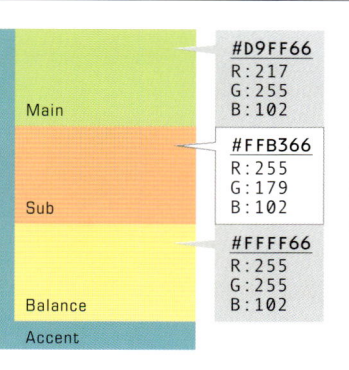

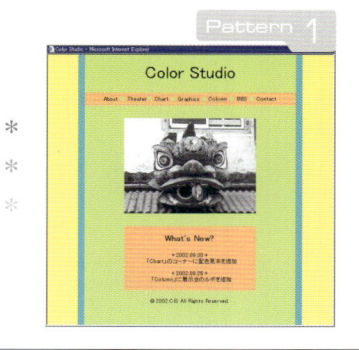

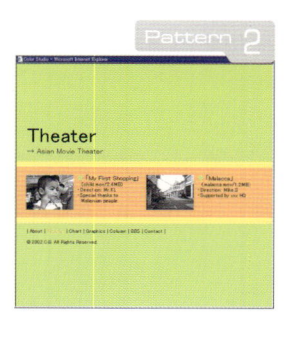

- #66B3FF R:102 G:179 B:255 — Main
- #FFD966 R:255 G:217 B:102 — Sub
- #D9FF66 R:217 G:255 B:102 — Balance

+1 Color
- #FF99E6 R:255 G:153 B:230 — Accent

Main:Sub ［類似］

- #D9FF66 R:217 G:255 B:102 — Main
- #FFB366 R:255 G:179 B:102 — Sub
- #FFFF66 R:255 G:255 B:102 — Balance

+1 Color
- #00CCCC R:00 G:204 B:204 — Accent

bright その他

Main	Sub	Balance
#FF6666 R:255 G:102 B:102	#8CFF66 R:140 G:255 B:102	#FFD966 R:255 G:217 B:102
#F07594 R:240 G:117 B:148	#F0D175 R:240 G:209 B:117	#D1F075 R:209 G:240 B:117
#7DE8E8 R:125 G:232 B:232	#E87D7D R:232 G:125 B:125	#E8E87D R:232 G:232 B:125
#F0BAA8 R:240 G:186 B:168	#CCF0A8 R:204 G:240 B:168	#A8DEF0 R:168 G:222 B:240
#FDCFFD R:253 G:207 B:253	#CFFDE6 R:207 G:253 B:230	#F1FDCF R:241 G:253 B:207
#F8B36E R:248 G:179 B:110	#D5F86E R:213 G:248 B:110	#F8F86E R:248 G:248 B:110
#CCE6FF R:204 G:230 B:255	#FFCCE6 R:255 G:204 B:230	#FFFFCC R:255 G:255 B:204
#D1F075 R:209 G:240 B:117	#75D1F0 R:117 G:209 B:240	#FFFFCC R:255 G:255 B:204
#99FFB3 R:153 G:255 B:179	#FFFF99 R:255 G:255 B:153	#99FFFF R:153 G:255 B:255

※「その他」の配色については、CD-ROMの収録データで適用サンプルを見ることができます。

Color tone / 1 明るい / bright

Web配色事典

color tone 2 / vivid

▶ 適用サンプル「index.html」から[配色チャート]へ
▶ 色見本「palette→photoshop→02_tone→02_vivid.ACO」

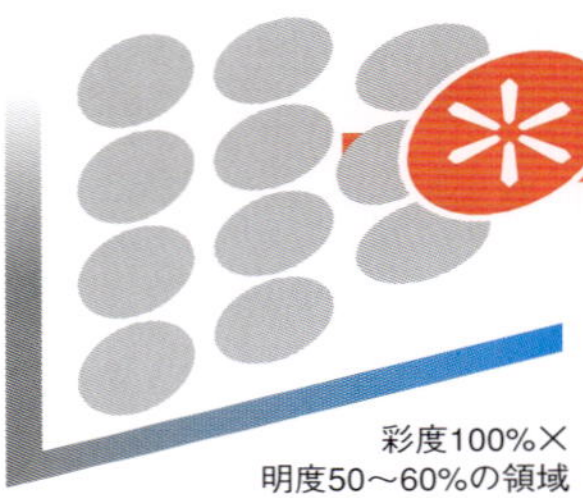

「鮮やかな」トーン

純色（無彩色の混ざらない高彩度色）またはそれに近い色で、鮮やかでエネルギッシュな印象です。このトーンの強さを生かすには同トーン配色が有効ですが、主張が強いので組み合わせる色相のコントロールが必要です。

彩度100%×明度50〜60%の領域

見本サイト ☀「MIKIHOUSE Web」
http://www.mikihouse.co.jp/

Color Chart / トーン別

配色のルール (→P.166)

Main:Sub 
[中差]

+1 Color

#FFFF00
R:255
G:255
B:00

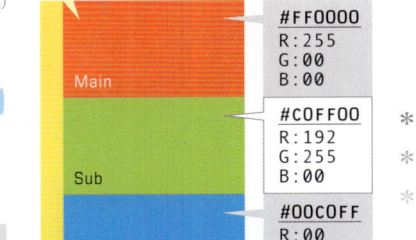

配色チャート

Main — #FF0000 / R:255 / G:00 / B:00
Sub — #C0FF00 / R:192 / G:255 / B:00
Balance — #00C0FF / R:00 / G:192 / B:255
Accent

適用サンプル

Pattern 1
Pattern 2

◆ メインカラー（タイトルバック）
◆ アクセントカラー
◆ バランスカラー（調整色）
◆ サブカラー（メニュー・テキストエリア）

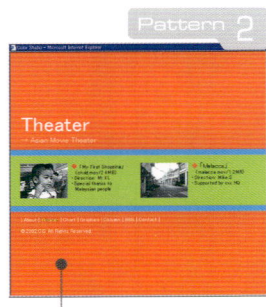

◆ 同じ配色を別デザインに適用

①原色の赤（#FF0000）に明るい黄緑（#C0FF00）、バランスカラーにシアン（#00C0FF）を組み合わせた対比の強い鮮やかな配色です。
②バランスカラーがアクセントの役割にもなっています。

アクセントカラー（4色目）追加のポイント

高彩度のVividトーンでは、色相差がはっきりでるので、同トーン内の色もアクセントカラーになり得ます。ここでは、原色の黄色（#FFFF00）をアクセントにして同トーン配色を強調しています。
他トーンでは、高明度色、高彩度色がアクセントとして有効です。

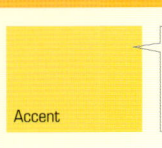

Accent — #FFFF00 / R:255 / G:255 / B:00

Web Coloring Book

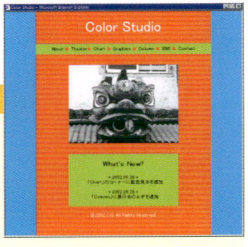

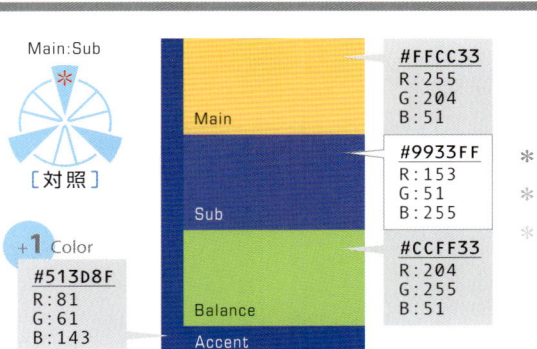

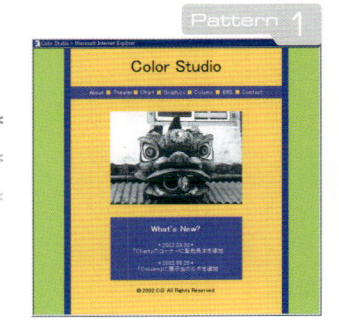

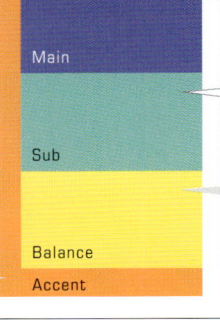

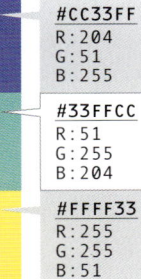

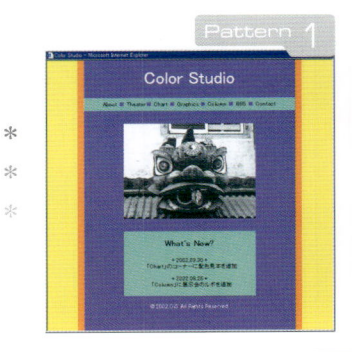

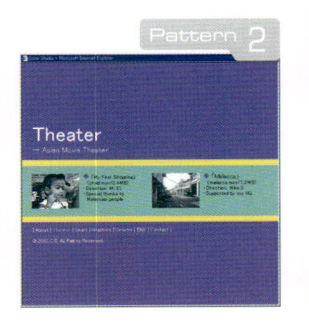

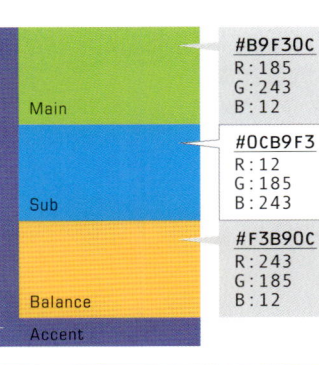

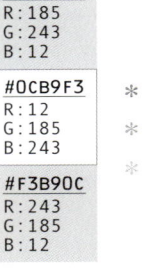

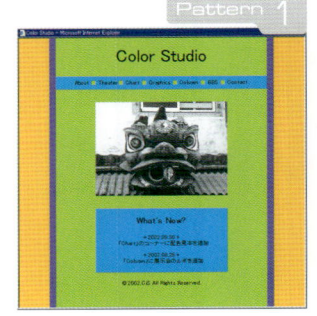

Color tone 2 鮮やかな / vivid

[対照] Main:Sub

Main #FFCC33 R:255 G:204 B:51
Sub #9933FF R:153 G:51 B:255
Balance #CCFF33 R:204 G:255 B:51

+1 Color #513D8F R:81 G:61 B:143

[対照] Main:Sub

Main #CC33FF R:204 G:51 B:255
Sub #33FFCC R:51 G:255 B:204
Balance #FFFF33 R:255 G:255 B:51

+1 Color #FF8C19 R:255 G:140 B:25

[対照] Main:Sub

Main #B9F30C R:185 G:243 B:12
Sub #0CB9F3 R:12 G:185 B:243
Balance #F3B90C R:243 G:185 B:12

+1 Color #CC33FF R:204 G:51 B:255

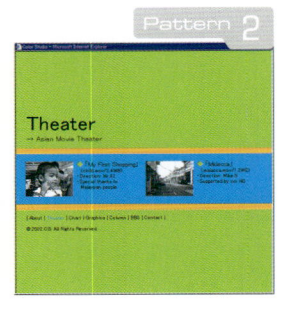

※チャートは、Web表示したものを印刷用にCMYK変換しているため、色味が変化しているものがあります。
　実際の色表示は、CD-ROM収録のデータを参照してください。

Web配色事典　071

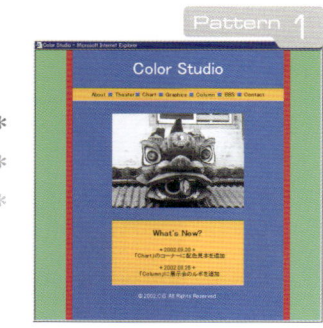

Color Chart トーン別

[中差]

Main:Sub

Main #F53D99
R:245 G:61 B:153

Sub #FFC000
R:255 G:192 B:00

Balance #C7F53D
R:199 G:245 B:61

Accent +1 Color #51BDE1
R:81 G:189 B:225

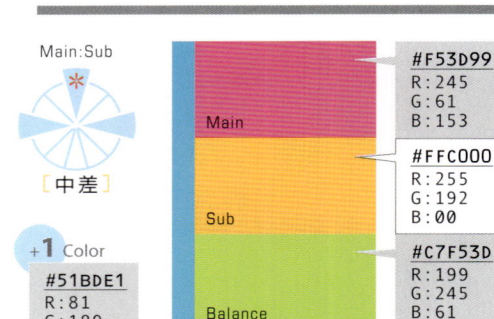

[補色]

Main:Sub

Main #0080FF
R:00 G:128 B:255

Sub #FFC000
R:255 G:192 B:00

Balance #00FF80
R:00 G:255 B:128

Accent +1 Color #CC0044
R:204 G:00 B:68

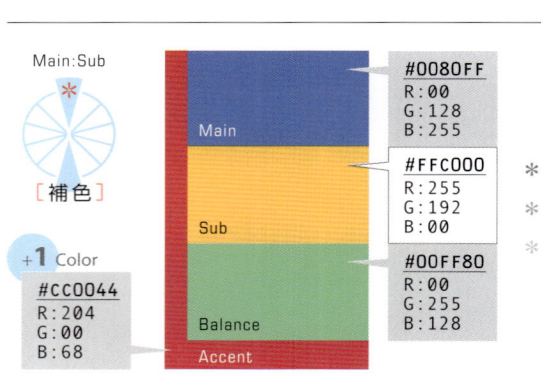

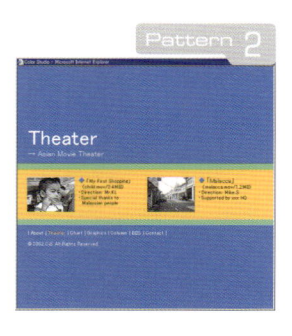

[対照]

Main:Sub

Main #F53DF5
R:245 G:61 B:245

Sub #3DF5C7
R:61 G:245 B:199

Balance #F5F53D
R:245 G:245 B:61

Accent +1 Color #B3B34C
R:179 G:179 B:76

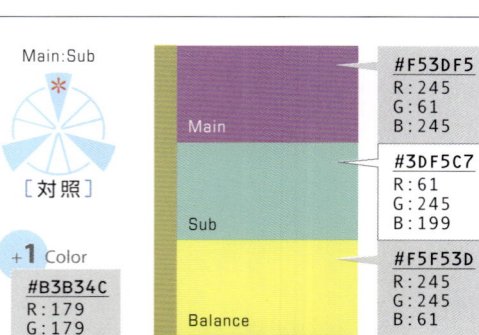

072　Web Coloring Book

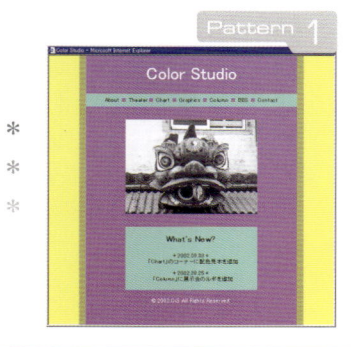

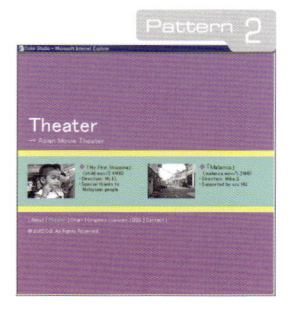

Main:Sub [対照]

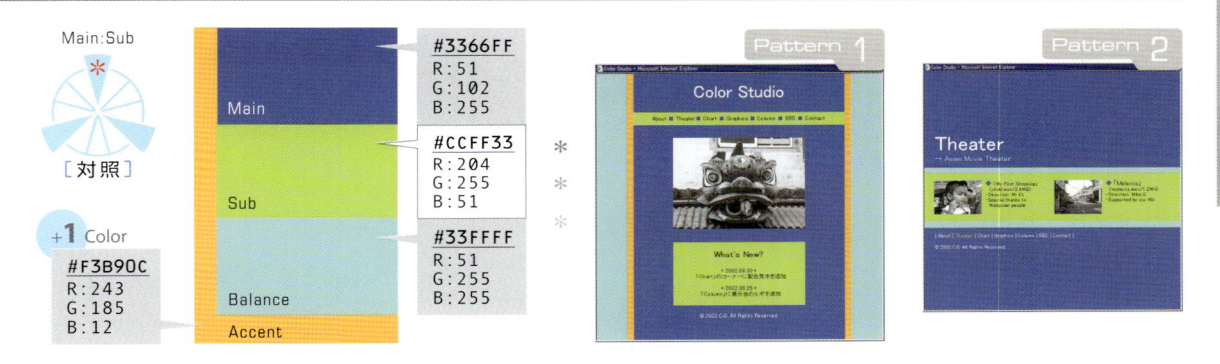

Main
#3366FF
R:51
G:102
B:255

Sub
#CCFF33
R:204
G:255
B:51

Balance / Accent
#33FFFF
R:51
G:255
B:255

+1 Color
#F3B90C
R:243
G:185
B:12

Pattern 1 / Pattern 2

Main:Sub [中差]

Main
#FF8000
R:255
G:128
B:00

Sub
#80FF00
R:128
G:255
B:00

Balance / Accent
#FFFF00
R:255
G:255
B:00

+1 Color
#66D9FF
R:102
G:217
B:255

Pattern 1 / Pattern 2

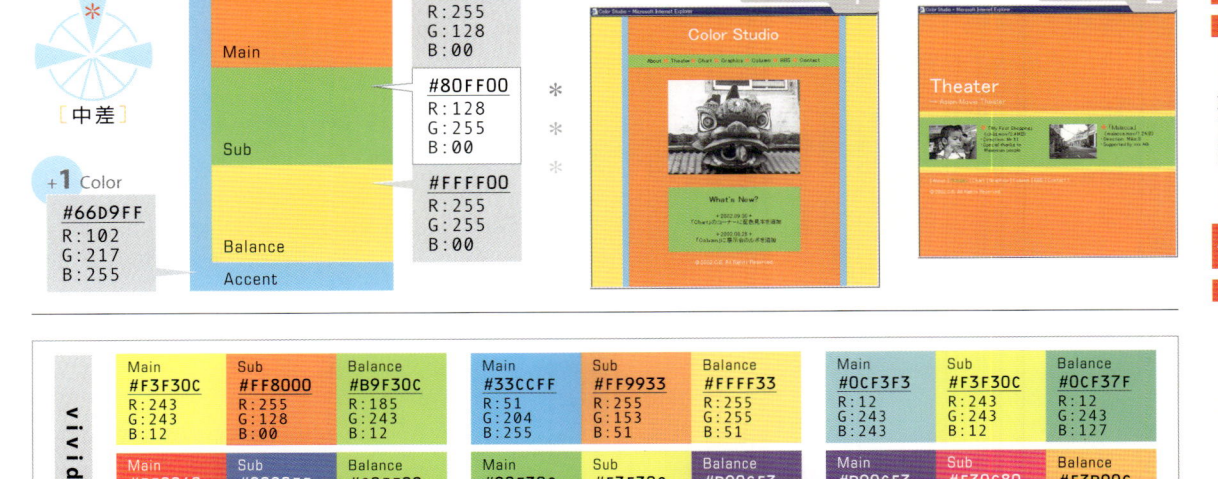

vivid その他

Main	Sub	Balance
#F3F30C R:243 G:243 B:12	#FF8000 R:255 G:128 B:00	#B9F30C R:185 G:243 B:12
#33CCFF R:51 G:204 B:255	#FF9933 R:255 G:153 B:51	#FFFF33 R:255 G:255 B:51
#0CF3F3 R:12 G:243 B:243	#F3F30C R:243 G:243 B:12	#0CF37F R:12 G:243 B:127
#FF0040 R:255 G:00 B:64	#0080FF R:00 G:128 B:255	#C0FF00 R:192 G:255 B:00
#80F30C R:128 G:243 B:12	#F3F30C R:243 G:243 B:12	#B90CF3 R:185 G:12 B:243
#B90CF3 R:185 G:12 B:243	#F30C80 R:243 G:12 B:128	#F3B90C R:243 G:185 B:12
#0CF37F R:12 G:243 B:127	#7F0CF3 R:127 G:12 B:243	#0CB9F3 R:12 G:185 B:243
#FF6633 R:255 G:102 B:51	#3399FF R:51 G:153 B:255	#CCFF33 R:204 G:255 B:51
#3333FF R:51 G:51 B:255	#33CCFF R:51 G:204 B:255	#FFFF33 R:255 G:255 B:51

※「その他」の配色については、CD-ROMの収録データで適用サンプルを見ることができます。

color tone 3 — strong

▶ 適用サンプル「index.html」から [配色チャート] へ
▶ 色見本「palette→photoshop→02_tone→03_strong.ACO」

「強い」トーン

印象としてはvividに近く、より力強いイメージです。彩度が低くなった分、色に深みが出る一方で、くどくなる可能性も。他トーンとの配色では、類似トーンよりも対照トーン、または無彩色とのコンビが効果的です。

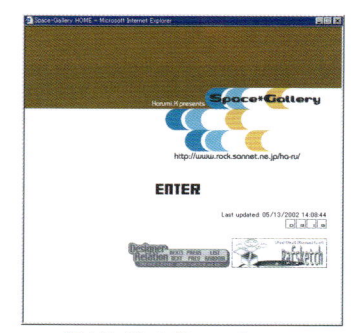

彩度70～90%×
明度40～70%未満の領域

見本サイト ❋「Space-Gallery」
http://www.rock.sannet.ne.jp/ha-ru/

配色のルール (→P.166)

Main:Sub
[中差]

+1 Color
#E1E151
R:225
G:225
B:81

配色チャート

Main — #26ACD9
R:38
G:172
B:217

Sub — #80E619
R:128
G:230
B:25

Balance — #AC26D9
R:172
G:38
B:217

Accent

適用サンプル

Pattern 1 / Pattern 2

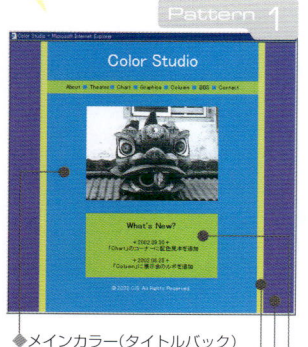

◆メインカラー(タイトルバック)
◆アクセントカラー
◆バランスカラー(調整色)
◆サブカラー(メニュー・テキストエリア)

◆同じ配色を別デザインに適用

①メインカラーにシアン(#26ACD9)、サブカラーに黄緑(#80E619)を組み合わせた寒色系を中心にした配色。サイドを紫(#AC26D9)ではさんで安定感を出しています。
②黄緑と紫の対照が印象的な色使いです。

アクセントカラー(4色目)追加のポイント

strongトーン配色でのアクセントカラーは、vividと近い傾向を持ちます。ただし、このトーンそのものが彩度がやや抑えられたものなので、vividトーンよりも濁色が使いやすくなります。ここでは、同トーン内で輝度の高い黄色(#E1E151)を加えています。

Accent — #E1E151
R:225
G:225
B:81

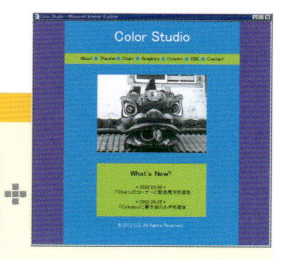

Pattern 1 / Pattern 2

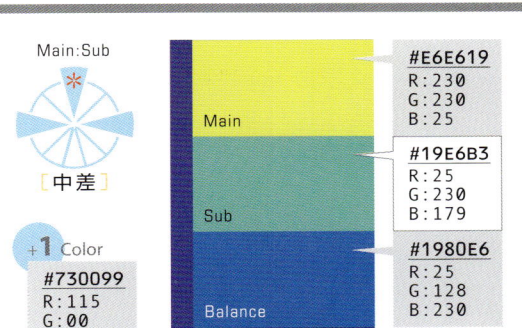

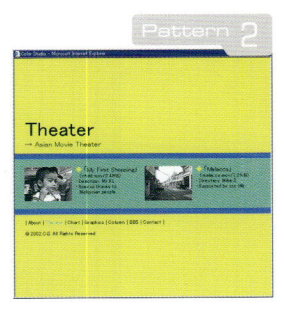

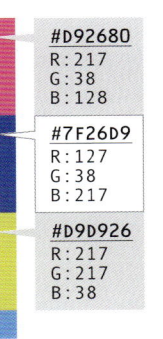

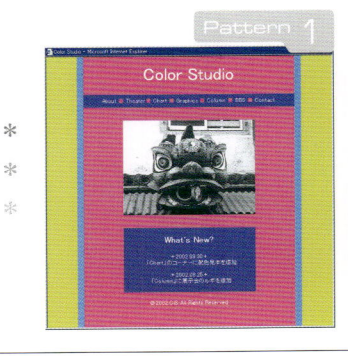

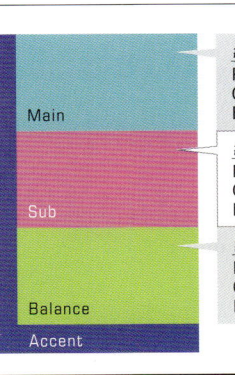

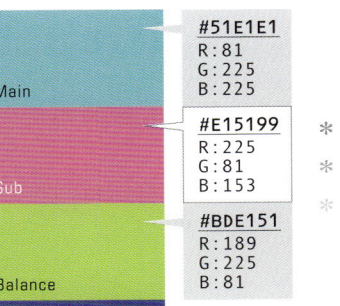

[中差]

Main:Sub

Main #E6E619 R:230 G:230 B:25
Sub #19E6B3 R:25 G:230 B:179
Balance #1980E6 R:25 G:128 B:230
Accent

+1 Color #730099 R:115 G:00 B:153

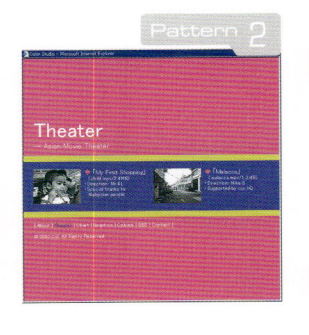

[中差]

Main:Sub

Main #D92680 R:217 G:38 B:128
Sub #7F26D9 R:127 G:38 B:217
Balance #D9D926 R:217 G:217 B:38
Accent

+1 Color #75B3F0 R:117 G:179 B:240

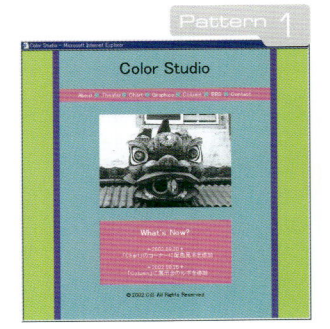

[対照]

Main:Sub

Main #51E1E1 R:81 G:225 B:225
Sub #E15199 R:225 G:81 B:153
Balance #BDE151 R:189 G:225 B:81
Accent

+1 Color #8F14B8 R:143 G:20 B:184

Color tone 3 強い ☀ strong

Web配色事典　075

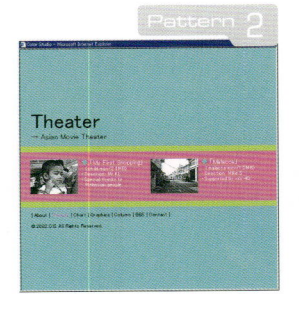

※チャートは、Web表示したものを印刷用にCMYK変換しているため、色味が変化しているものがあります。
　実際の色表示は、CD-ROM収録のデータを参照してください。

Color Chart — トーン別

Main:Sub ［類似］

- Main: **#E67F19** R:230 G:127 B:25
- Sub: **#B3E619** R:179 G:230 B:25
- Balance: **#E6B319** R:230 G:179 B:25

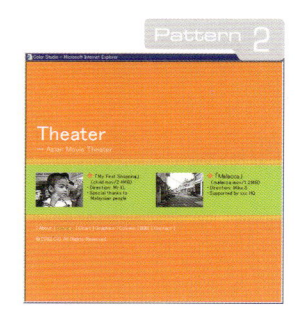

+1 Color
Accent: **#265973** R:38 G:89 B:115

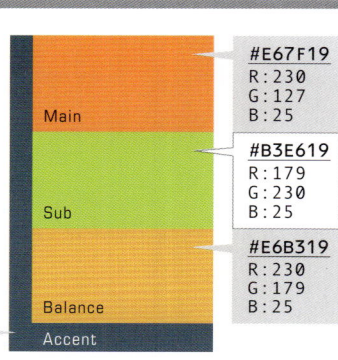

Pattern 1 / Pattern 2

Main:Sub ［対照］

- Main: **#E151E1** R:225 G:81 B:225
- Sub: **#E1E151** R:225 G:225 B:81
- Balance: **#99E151** R:153 G:225 B:81

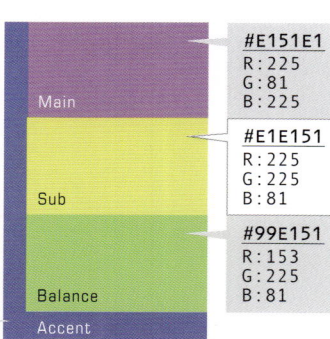

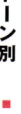

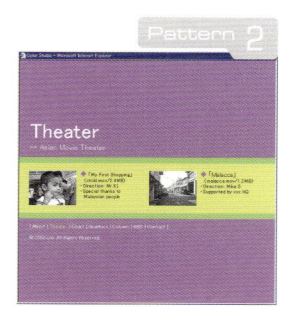

+1 Color
Accent: **#6666CC** R:102 G:102 B:204

Pattern 1 / Pattern 2

Main:Sub ［類似］

- Main: **#8FB814** R:143 G:184 B:20
- Sub: **#B88F14** R:184 G:143 B:20
- Balance: **#14B8B8** R:20 G:184 B:184

+1 Color
Accent: **#664785** R:102 G:71 B:133

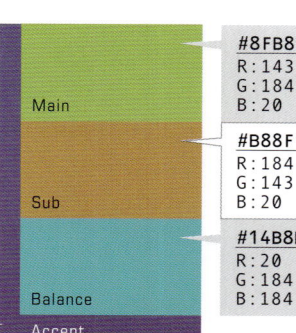

Pattern 1 / Pattern 2

076 Web Coloring Book

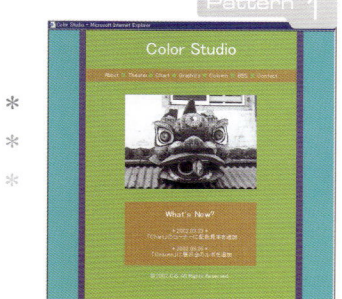

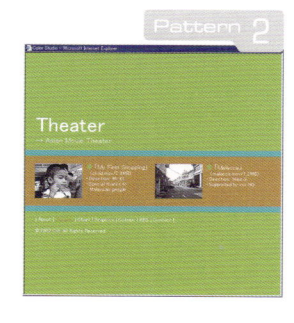

Main:Sub ［中差］

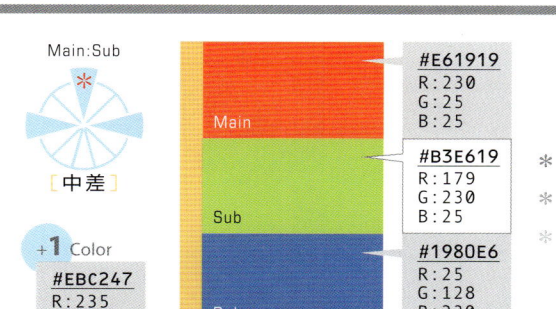

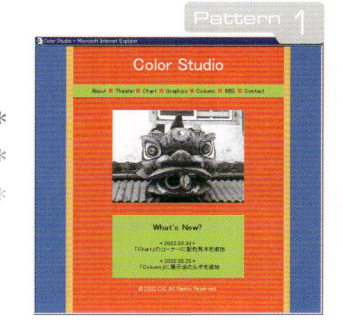

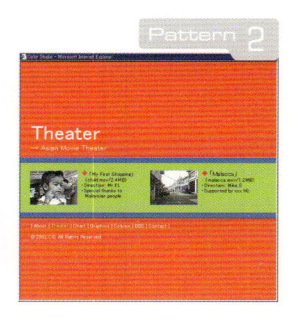

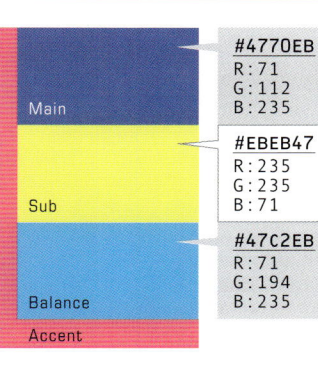

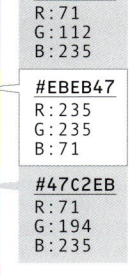

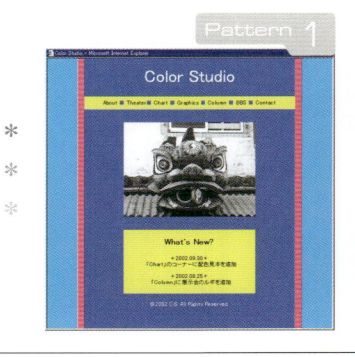

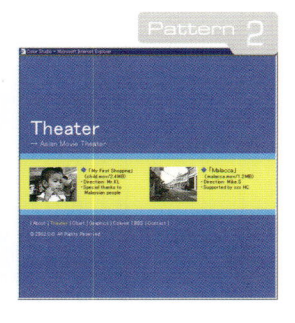

Main #E61919 R:230 G:25 B:25
Sub #B3E619 R:179 G:230 B:25
Balance / Accent #1980E6 R:25 G:128 B:230

+1 Color #EBC247 R:235 G:194 B:71

Main:Sub ［補色］

Main #4770EB R:71 G:112 B:235
Sub #EBEB47 R:235 G:235 B:71
Balance / Accent #47C2EB R:71 G:194 B:235

+1 Color #FF3388 R:255 G:51 B:136

strong ✱ その他

	Main	Sub	Balance
	#26D97F R:38 G:217 B:127	#26ACD9 R:38 G:172 B:217	#D9D926 R:217 G:217 B:38
	#148FB8 R:20 G:143 B:184	#14B88F R:20 G:184 B:143	#B814B8 R:184 G:20 B:184
	#E151BD R:225 G:81 B:189	#51E1BD R:81 G:225 B:189	#5175E1 R:81 G:117 B:225
	#D9AC26 R:217 G:172 B:38	#26ACD9 R:38 G:172 B:217	#D926AC R:217 G:38 B:172
	#E17551 R:225 G:117 B:81	#BDE151 R:189 G:225 B:81	#51BDE1 R:81 G:189 B:225
	#14B88F R:20 G:184 B:143	#B814B8 R:184 G:20 B:184	#B8B814 R:184 G:184 B:20
	#D92653 R:217 G:38 B:83	#26D9D9 R:38 G:217 B:217	#D9D926 R:217 G:217 B:38
	#19E64C R:25 G:230 B:76	#E67F19 R:230 G:127 B:25	#E6E619 R:230 G:230 B:25
	#5151E1 R:81 G:81 B:225	#5199E1 R:81 G:153 B:225	#BDE151 R:189 G:225 B:81

※「その他」の配色については、CD-ROMの収録データで適用サンプルを見ることができます。

color tone 4 / deep

▶ 適用サンプル「index.html」から[配色チャート]へ
▶ 色見本 「palette→photoshop→02_tone→04_deep.ACO」

「濃い」トーン

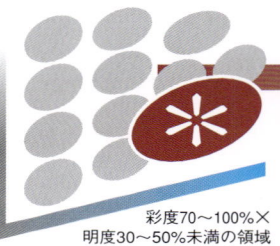

純色の明度を低くした高彩度・低明度色。深みのある色合いで、力強く・濃いイメージをもっています。彩度が高いため、同トーン配色でメリハリを出すことも可能ですが、高明度色を合わせると、より印象的になります。

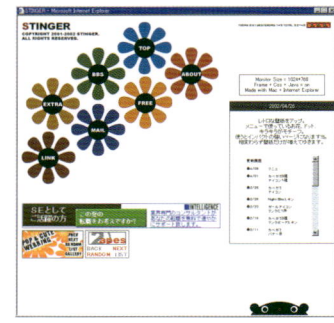

彩度70〜100%×
明度30〜50%未満の領域

見本サイト ❋「STINGER」
http://blackcat.milkcafe.to/stinger.html

配色のルール (→P.166)

Main:Sub

[中差]

+1 Color

#AEE5EB
R:174
G:229
B:235

配色チャート

Main — #C2660A R:194 G:102 B:10
Sub — #940AC2 R:148 G:10 B:194
Balance / Accent — #C2C20A R:194 G:194 B:10

適用サンプル

Pattern 1 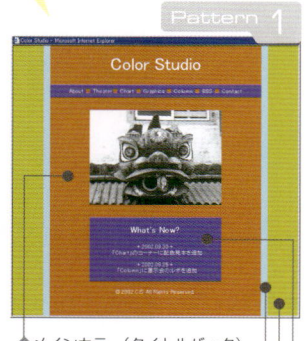
メインカラー(タイトルバック)
アクセントカラー
バランスカラー(調整色)
サブカラー(メニュー・テキストエリア)

Pattern 2 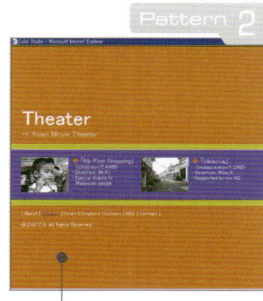
同じ配色を別デザインに適用

①メインに茶系(#C2660A)、サブに紫(#940AC2)を使した配色。サイドは同トーン内でも見た目の明度が高い黄色系(#C2C20A)でバランスをとっています。
②黄色はセパレーションカラーの役割も。

アクセントカラー(4色目)追加のポイント

明度が低い一方で高彩度のdeepトーンでは、アクセントカラーとしては対照的に高明度色または低彩度の強い色が有効です。ここでは、彩度をやや抑えた明るい水色(#AEE5EB)をアクセントカラーとして組み合わせました。

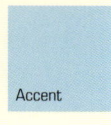

Accent
#AEE5EB
R:174
G:229
B:235

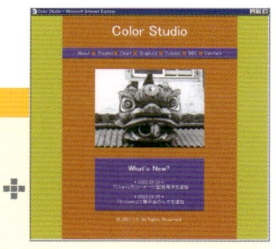

Main:Sub
[対照]

+1 Color
#CCCC00
R:204
G:204
B:00

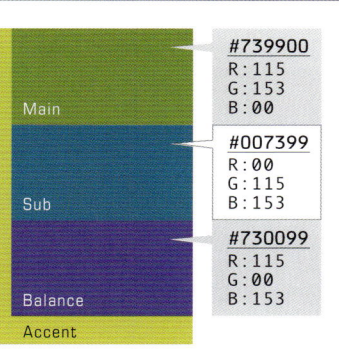

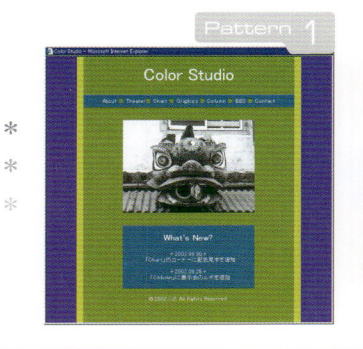

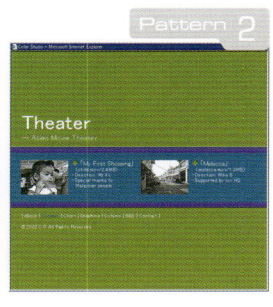

Main #739900
R:115
G:153
B:00

Sub #007399
R:00
G:115
B:153

Balance #730099
R:115
G:00
B:153

Accent

Main:Sub
[対照]

+1 Color
#000866
R:00
G:08
B:102

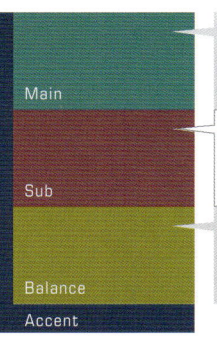

Main #0F8A8A
R:15
G:138
B:138

Sub #8A0F4C
R:138
G:15
B:76

Balance #8A8A0F
R:138
G:138
B:15

Accent

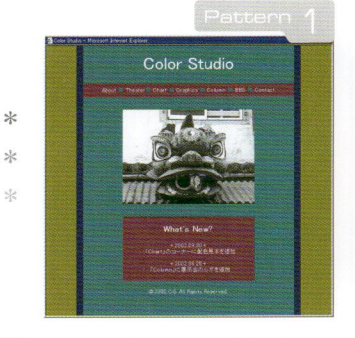

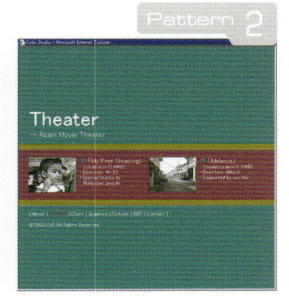

Main:Sub
[補色]

+1 Color
#D9D98C
R:217
G:217
B:140

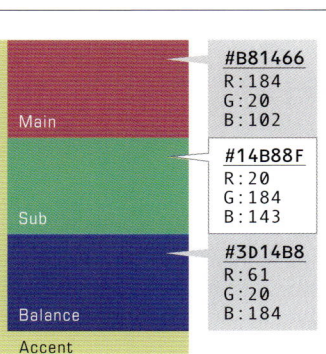

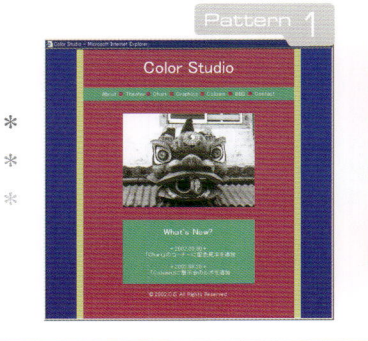

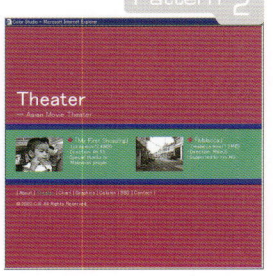

Main #B81466
R:184
G:20
B:102

Sub #14B88F
R:20
G:184
B:143

Balance #3D14B8
R:61
G:20
B:184

Accent

※チャートは、Web表示したものを印刷用にCMYK変換しているため、色味が変化しているものがあります。
実際の色表示は、CD-ROM収録のデータを参照してください。

Color tone / 4 / 濃い / ☀ / deep

Web配色事典　079

Color Chart — トーン別

［補色］

Main:Sub

Main
#AE8A1E
R：174
G：138
B：30

Sub
#1E66AE
R：30
G：102
B：174

Balance / Accent
#AEAE1E
R：174
G：174
B：30

+1 Color
#7F0099
R：127
G：00
B：153

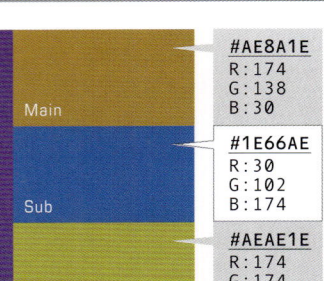

Pattern 1 / Pattern 2

［中差］

Main:Sub

Main
#074C91
R：07
G：76
B：145

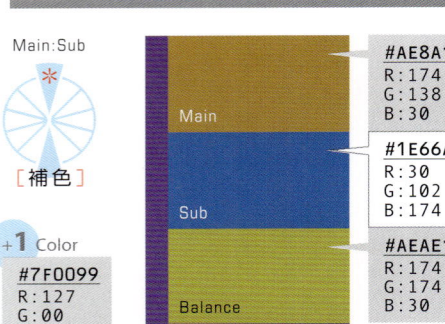

Sub
#91076F
R：145
G：07
B：111

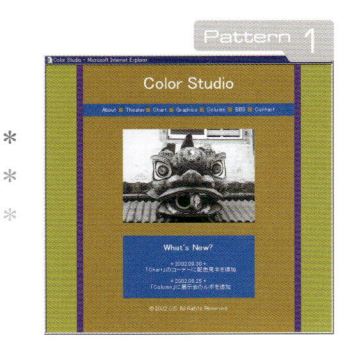

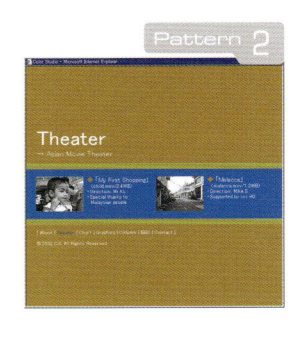

Balance / Accent
#6F9107
R：111
G：145
B：07

+1 Color
#FFD966
R：255
G：217
B：102

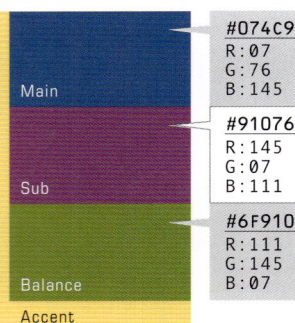

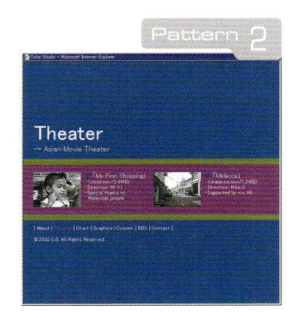

Pattern 1 / Pattern 2

［対照］

Main:Sub

Main
#990026
R：153
G：00
B：38

Sub
#004C99
R：00
G：76
B：153

Balance / Accent
#999900
R：153
G：153
B：00

+1 Color
#99D75C
R：153
G：215
B：92

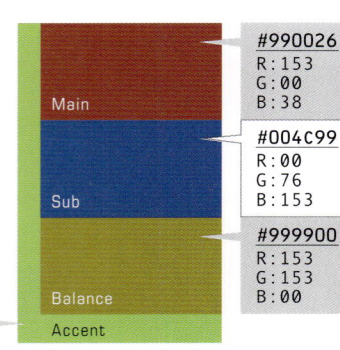

Pattern 1 / Pattern 2

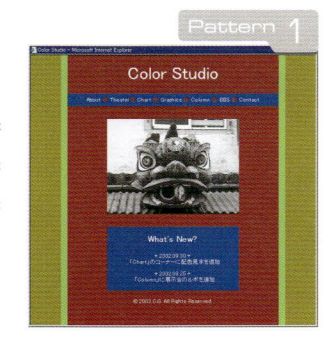

Web Coloring Book

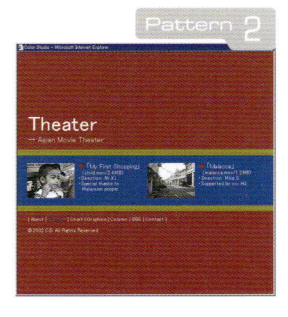

Main:Sub [対照]

#B8B814
R:184
G:184
B:20

#14B8B8
R:20
G:184
B:184

#B8143D
R:184
G:20
B:61

+1 Color
#190066
R:25
G:00
B:102

Main / Sub / Balance / Accent

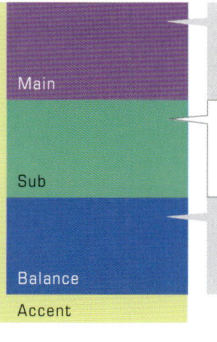

Pattern 1 / Pattern 2

Main:Sub [対照]

#C20AC2
R:194
G:10
B:194

#0AC294
R:10
G:194
B:148

#0A66C2
R:10
G:102
B:194

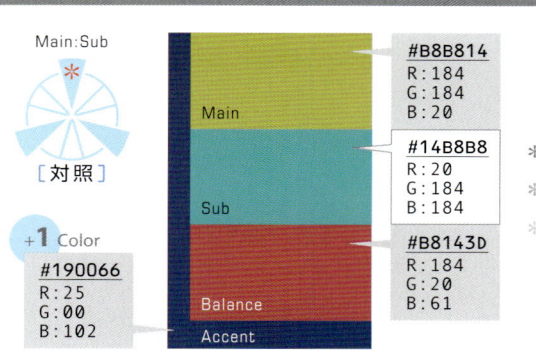

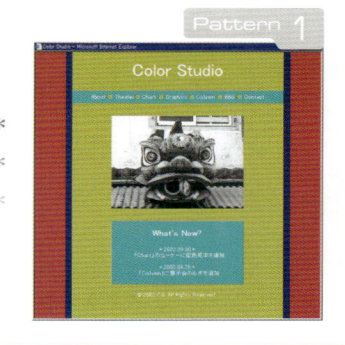

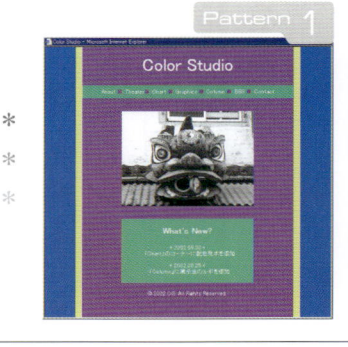

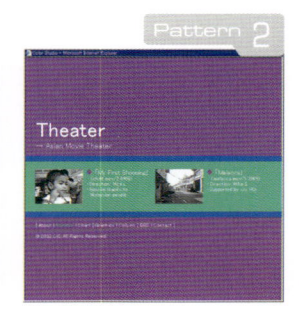

+1 Color
#E1E185
R:225
G:225
B:133

Main / Sub / Balance / Accent

Pattern 1 / Pattern 2

---

deep

Main	Sub	Balance	Main	Sub	Balance	Main	Sub	Balance
#4C8217 R:76 G:130 B:23	#823117 R:130 G:49 B:23	#CCCC00 R:204 G:204 B:00	#CC0099 R:204 G:00 B:153	#739900 R:115 G:153 B:00	#CCCC00 R:204 G:204 B:00	#997300 R:153 G:115 B:00	#009973 R:00 G:153 B:115	#004C99 R:00 G:76 B:153

deep その他

Main	Sub	Balance	Main	Sub	Balance	Main	Sub	Balance
#CC3300 R:204 G:51 B:00	#99CC00 R:153 G:204 B:00	#CC9900 R:204 G:153 B:00	#0A0AC2 R:10 G:10 B:194	#C20AC2 R:194 G:10 B:194	#0AC294 R:10 G:194 B:148	#821717 R:130 G:23 B:23	#678217 R:103 G:130 B:23	#176782 R:23 G:103 B:130
#1E8AAE R:30 G:138 B:174	#1EAE66 R:30 G:174 B:102	#8A1EAE R:138 G:30 B:174	#0F8A6B R:15 G:138 B:107	#8A0F4C R:138 G:15 B:76	#8A6B0F R:138 G:107 B:15	#0F8A0F R:15 G:138 B:15	#0F4C8A R:15 G:76 B:138	#8A0F2E R:138 G:15 B:46

※「その他」の配色については、CD-ROMの収録データで適用サンプルを見ることができます。

color tone 5 / light

▶ 適用サンプル「index.html」から［配色チャート］へ
▶ 色見本「palette→photoshop→02_tone→05_light.ACO」

「浅い」トーン

いわゆるパステルカラーに属するトーンで、淡くやさしい印象。幼くかわいらしいイメージや軽やかな表現に多用されます。多くの色味を使用してもまとまりやすく、グレイッシュな色など比較的渋い色との相性も可です。

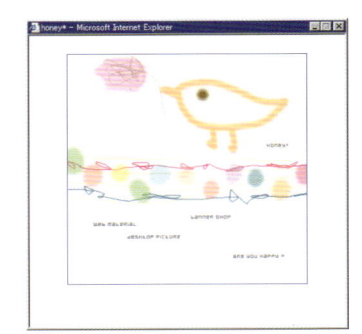

彩度40～70％×
明度80～90％の領域

見本サイト ✳ 「honey*」
http://homepage2.nifty.com/honey38/

配色のルール（→P.166）

Main:Sub

中差

+1 Color

#66CC00
R:102
G:204
B:00

配色チャート

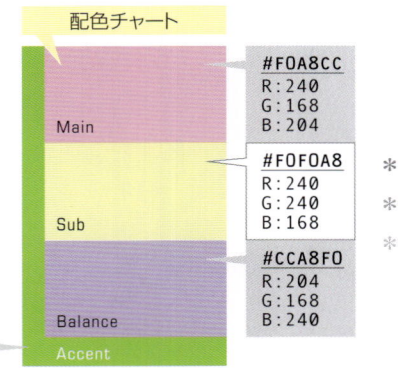

Main — #F0A8CC / R:240 G:168 B:204
Sub — #F0F0A8 / R:240 G:240 B:168
Balance — #CCA8F0 / R:204 G:168 B:240
Accent

適用サンプル

Pattern 1
メインカラー（タイトルバック）
アクセントカラー
バランスカラー（調整色）
サブカラー（メニュー・テキストエリア）

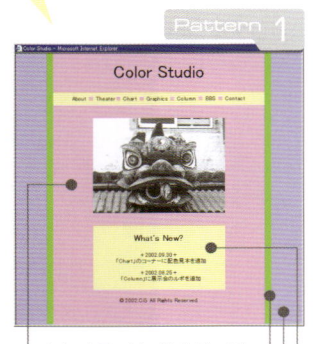

Pattern 2
◆同じ配色を別デザインに適用

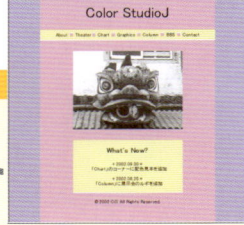

①メインのピンク（#F0A8CC）に、黄色（#F0F0A8）をサブカラーとして配色。バランスカラーもメインに近い紫（#CCA8F0）を合わせたやさしい印象の組み合わせです。
②より穏やかで甘い印象になります。

アクセントカラー（4色目）追加のポイント

やさしい印象をもつこのトーンでは、アクセントカラーも雰囲気を壊さないものを選択。鮮やかすぎたり重くなりないように配慮します。ここでは、明度を抑えた黄緑（#66CC00）を加えて安定感をプラスしています。

Accent — #66CC00 / R:102 G:204 B:00

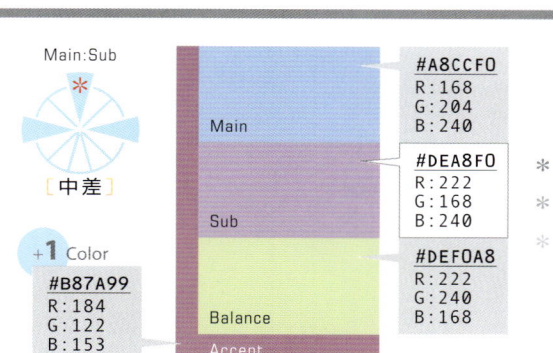

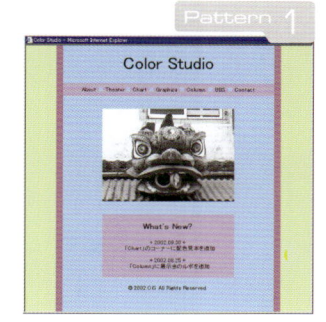

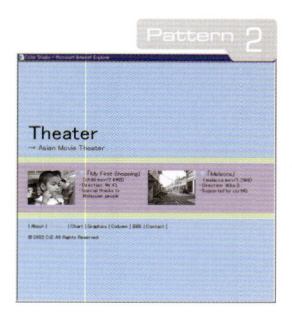

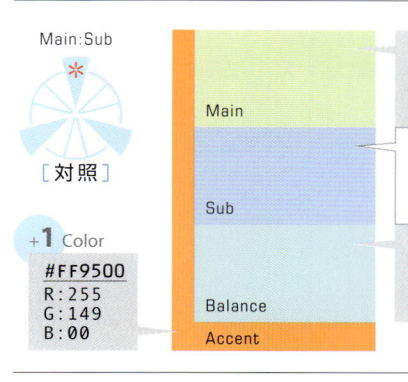

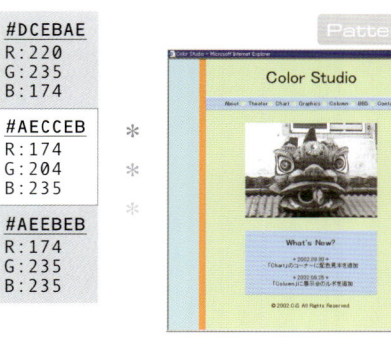

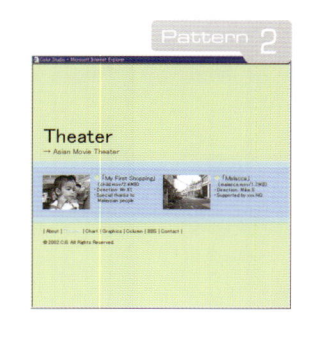

Color tone 5 / 浅い / light

［中差］

Main:Sub

+1 Color
#B87A99
R:184
G:122
B:153

Main #A8CCF0
R:168
G:204
B:240

Sub #DEA8F0
R:222
G:168
B:240

Balance / Accent #DEF0A8
R:222
G:240
B:168

Pattern 1 / Pattern 2

［対照］

Main:Sub

+1 Color
#FF9500
R:255
G:149
B:00

Main #DCEBAE
R:220
G:235
B:174

Sub #AECCEB
R:174
G:204
B:235

Balance / Accent #AEEBEB
R:174
G:235
B:235

Pattern 1 / Pattern 2

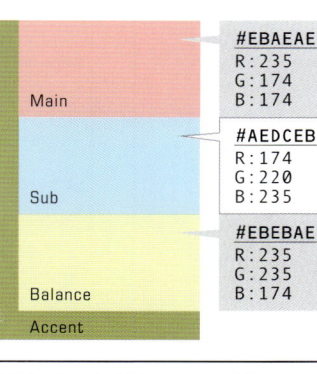

［補色］

Main:Sub

+1 Color
#93A659
R:147
G:166
B:89

Main #EBAEAE
R:235
G:174
B:174

Sub #AEDCEB
R:174
G:220
B:235

Balance / Accent #EBEBAE
R:235
G:235
B:174

Pattern 1 / Pattern 2

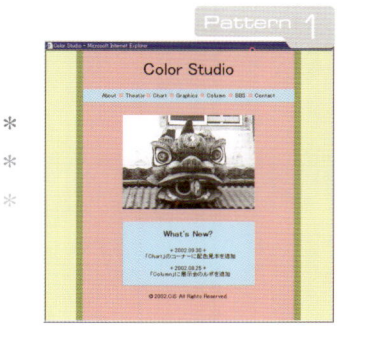

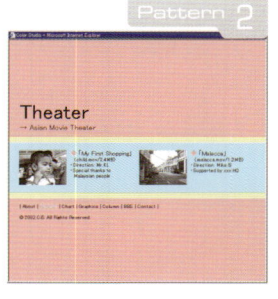

※チャートは、Web表示したものを印刷用にCMYK変換しているため、色味が変化しているものがあります。
実際の色表示は、CD-ROM収録のデータを参照してください。

Web配色事典

Color Chart / **トーン別**

Main:Sub [補色]

+1 Color
#906EF8
R:144
G:110
B:248

Main
#D9B3E6
R:217
G:179
B:230

Sub
#C0E6B3
R:192
G:230
B:179

Balance / Accent
#B3D9E6
R:179
G:217
B:230

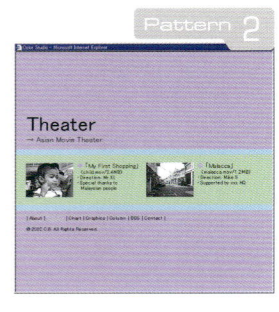

Main:Sub [中差]

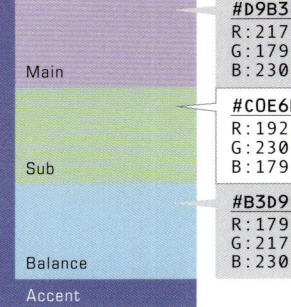

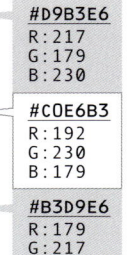

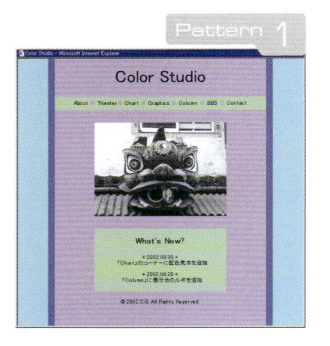

+1 Color
#33A6CC
R:51
G:166
B:204

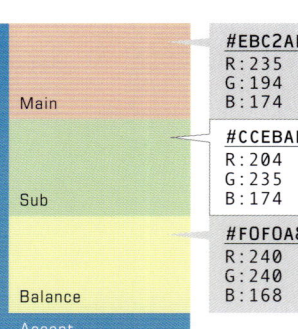

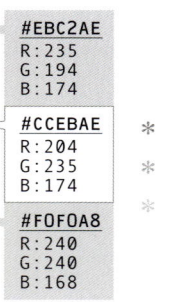

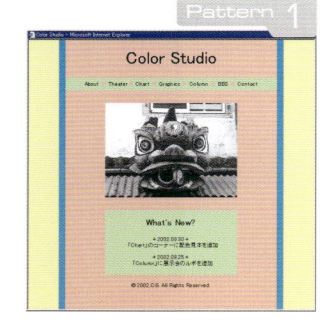

Main
#EBC2AE
R:235
G:194
B:174

Sub
#CCEBAE
R:204
G:235
B:174

Balance / Accent
#F0F0A8
R:240
G:240
B:168

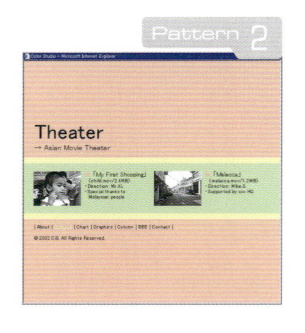

Main:Sub [補色]

+1 Color
#CC9900
R:204
G:153
B:00

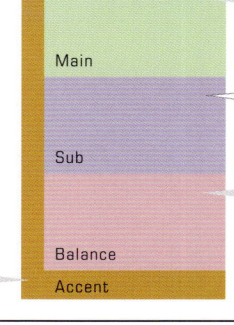

Main
#CCE6B3
R:204
G:230
B:179

Sub
#CCB3E6
R:204
G:179
B:230

Balance / Accent
#E6B3BF
R:230
G:179
B:191

084 Web Coloring Book

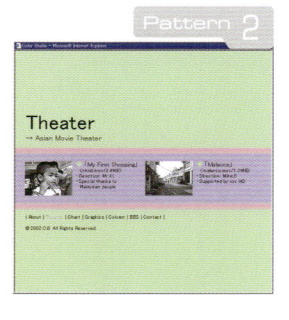

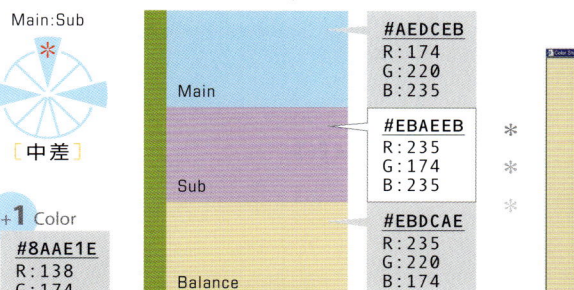

Main:Sub [中差]

Main #AEDCEB
R:174
G:220
B:235

Sub #EBAEEB
R:235
G:174
B:235

Balance #EBDCAE
R:235
G:220
B:174

Accent

+1 Color #8AAE1E
R:138
G:174
B:30

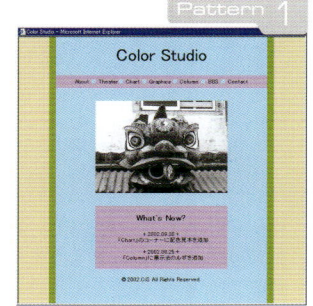

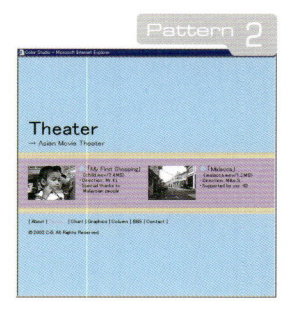

Main:Sub [対照]

Main #F5D7DE
R:245
G:215
B:222

Sub #D7EEF5
R:215
G:238
B:245

Balance #F5F5D7
R:245
G:245
B:215

Accent

+1 Color #E39EFA
R:227
G:158
B:250

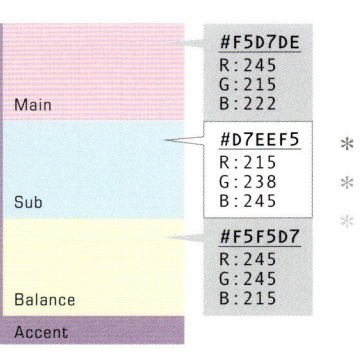

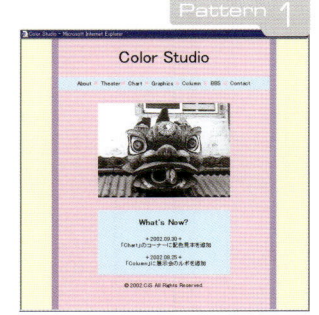

light ※ その他

Main	Sub	Balance	Main	Sub	Balance	Main	Sub	Balance
#E6D9B3 R:230 G:217 B:179	#B3E6D9 R:179 G:230 B:217	#BFB3E6 R:191 G:179 B:230	#A8BAF0 R:168 G:186 B:240	#F3D9E6 R:243 G:217 B:230	#F3F3D9 R:243 G:243 B:217	#E6B3BF R:230 G:179 B:191	#D9E6B3 R:217 G:230 B:179	#E6D9B3 R:230 G:217 B:179
#A8CCF0 R:168 G:204 B:240	#CCF0A8 R:204 G:240 B:168	#F0A8A8 R:240 G:168 B:168	#AEEBBD R:174 G:235 B:189	#AECCEB R:174 G:204 B:235	#EBCCAE R:235 G:204 B:174	#BAA8F0 R:186 G:168 B:240	#A8DEF0 R:168 G:222 B:240	#DEF0A8 R:222 G:240 B:168
#F0F0A8 R:240 G:240 B:168	#CCA8F0 R:204 G:168 B:240	#A8DEF0 R:168 G:222 B:240	#E6B3D9 R:230 G:179 B:217	#E6D9B3 R:230 G:217 B:179	#B3D9E6 R:179 G:217 B:230	#B3E6D9 R:179 G:230 B:217	#E6B3B3 R:230 G:179 B:179	#E6E6B3 R:230 G:230 B:179

※「その他」の配色については、CD-ROMの収録データで適用サンプルを見ることができます。

Web配色事典　085

Color tone　5　浅い　※　light

color tone 6 / soft

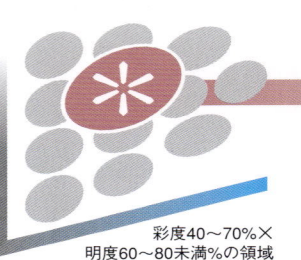

▶ 適用サンプル「index.html」から［配色チャート］へ
▶ 色見本「palette→photoshop→02_tone→06_soft.ACO」

「柔らかな」トーン

中彩度・高〜中明度色で、穏やかでソフトな印象をもつトーンです。やや渋みをもった色調で、女性らしさを表現する場合によく使用されます。低彩度色と高彩度色のいずれと組み合わせてもなじみやすい領域です。

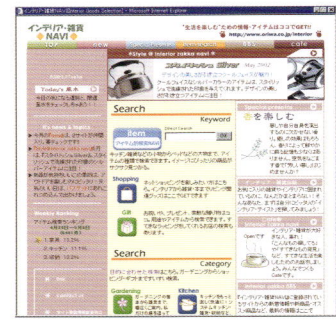

彩度40〜70%×
明度60〜80未満%の領域

見本サイト ✳︎「インテリア・雑貨NAVI」
http://www.oriwa.co.jp/interior/

Color Chart / トーン別

配色のルール（→P.166）

Main:Sub
［類似］
+1 Color

#336699
R:51
G:102
B:153

配色チャート

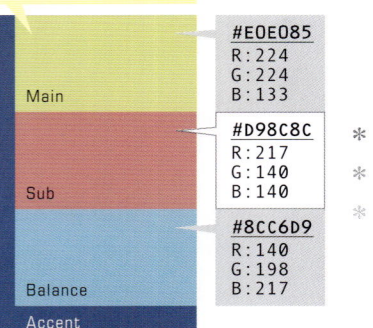

Main — #E0E085　R:224　G:224　B:133
Sub — #D98C8C　R:217　G:140　B:140
Balance — #8CC6D9　R:140　G:198　B:217
Accent

① 同トーン内では比較的彩度の高い黄色（#E0E085）をメインに、赤系（#D98C8C）、シアン（#8CC6D9）を組み合わせた対照的な配色です。
② 3角形型の3色対照がよりはっきりする色使いです。

適用サンプル

Pattern 1
メインカラー（タイトルバック）
アクセントカラー
バランスカラー（調整色）
サブカラー（メニュー・テキストエリア）

Pattern 2
同じ配色を別デザインに適用

アクセントカラー（4色目）追加のポイント

使用する色相の組み合わせによって、明暗のアクセントカラーを使い分けます。この配色では、寒暖色とりまぜた明るい配色のため、サブカラーのシアンの類似色を強くした青（#336699）をアクセントに加えて全体を引き締めています。

Accent — #336699　R:51　G:102　B:153

Color tone 6 柔らかな ☀ soft

［中差］

Main:Sub

+1 Color
#FF7F00
R:255
G:127
B:00

Main #8CC6D9
R:140
G:198
B:217

Sub #C68CD9
R:198
G:140
B:217

Balance #C6D98C
R:198
G:217
B:140

Accent

Pattern 1 / Pattern 2

［対照］

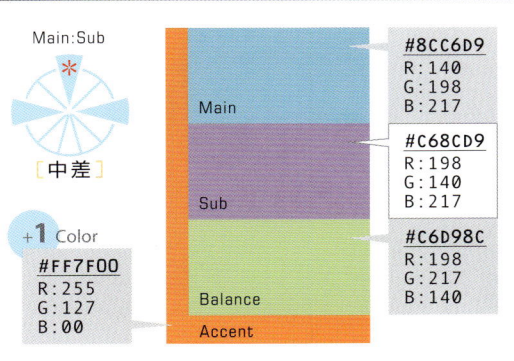

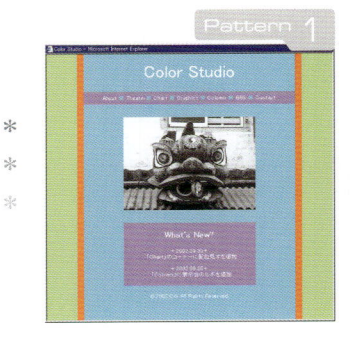

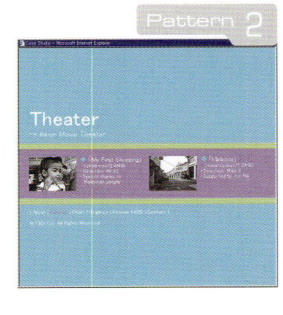

Main:Sub

+1 Color
#8AAE1E
R:138
G:174
B:30

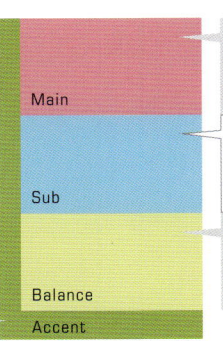

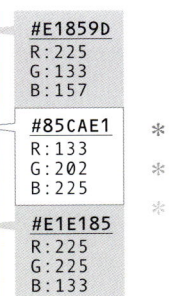

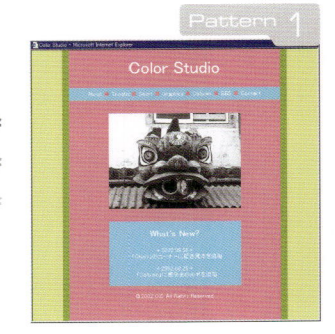

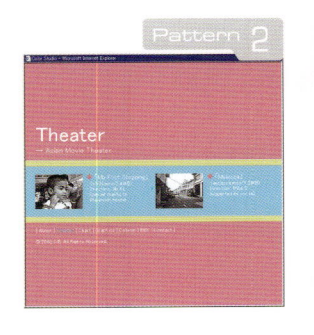

Main #E1859D
R:225
G:133
B:157

Sub #85CAE1
R:133
G:202
B:225

Balance #E1E185
R:225
G:225
B:133

Accent

Pattern 1 / Pattern 2

［対照］

Main:Sub

+1 Color
#C27085
R:194
G:112
B:133

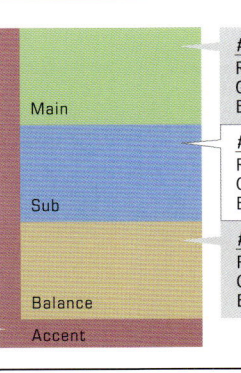

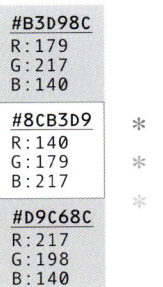

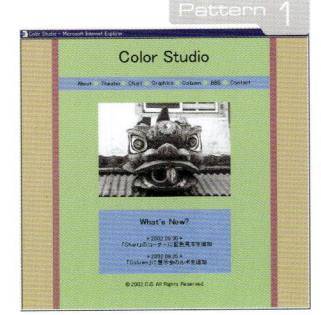

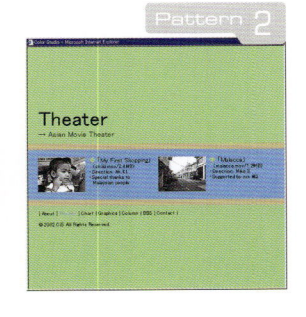

Main #B3D98C
R:179
G:217
B:140

Sub #8CB3D9
R:140
G:179
B:217

Balance #D9C68C
R:217
G:198
B:140

Accent

Pattern 1 / Pattern 2

※チャートは、Web表示したものを印刷用にCMYK変換しているため、色味が変化しているものがあります。
実際の色表示は、CD-ROM収録のデータを参照してください。

Web配色事典　087

Color Chart — トーン別

Main:Sub [類似]

- Main: **#85E1E1** — R:133 G:225 B:225
- Sub: **#85B3E1** — R:133 G:179 B:225
- Balance: **#CAE185** — R:202 G:225 B:133

+1 Color
- Accent: **#E1859D** — R:225 G:133 B:157

Pattern 1 / Pattern 2

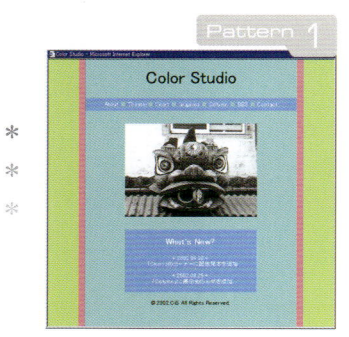

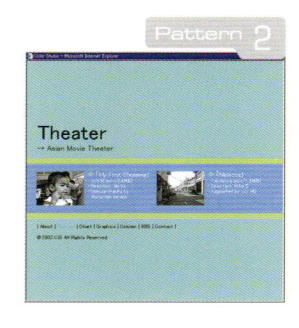

Main:Sub [類似]

- Main: **#E19C85** — R:225 G:156 B:133
- Sub: **#E1E185** — R:225 G:225 B:133
- Balance: **#9DE185** — R:157 G:225 B:133

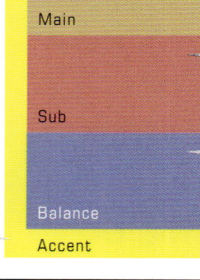

+1 Color
- Accent: **#9970C2** — R:153 G:112 B:194

Pattern 1 / Pattern 2

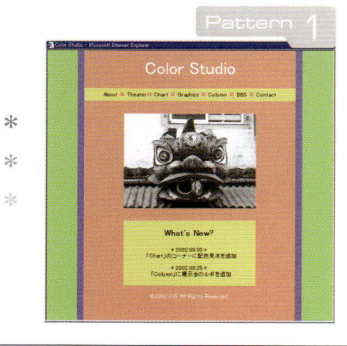

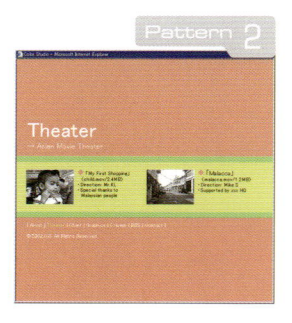

Main:Sub [類似]

- Main: **#D9C68C** — R:217 G:198 B:140
- Sub: **#D98C8C** — R:217 G:140 B:140
- Balance: **#8CA0D9** — R:140 G:160 B:217

+1 Color
- Accent: **#F5F53D** — R:245 G:245 B:61

Pattern 1 / Pattern 2

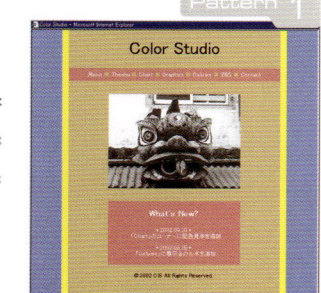

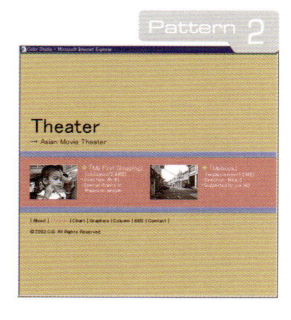

088 Web Coloring Book

Main:Sub [中差]

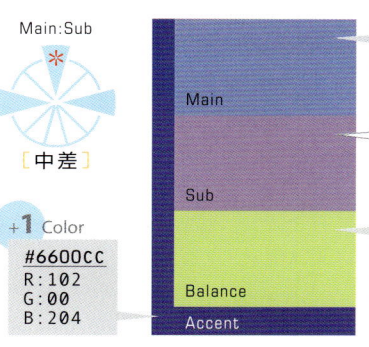

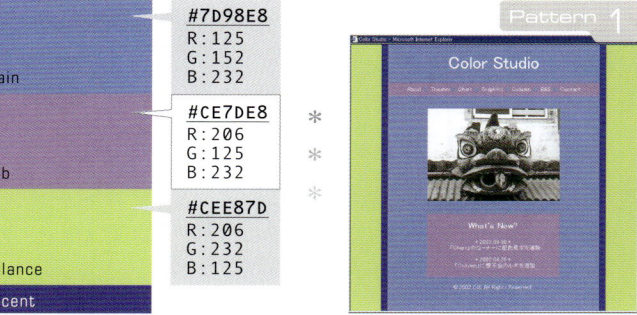

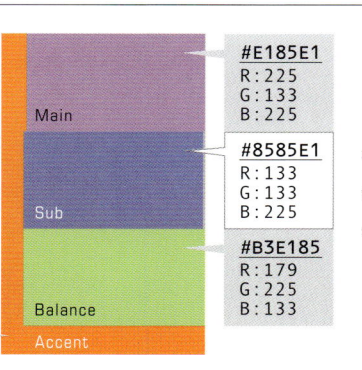

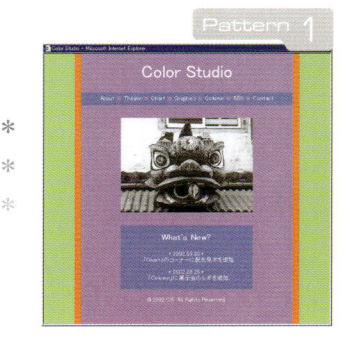

Main #7D98E8 R:125 G:152 B:232
Sub #CE7DE8 R:206 G:125 B:232
Balance #CEE87D R:206 G:232 B:125

+1 Color #6600CC R:102 G:00 B:204

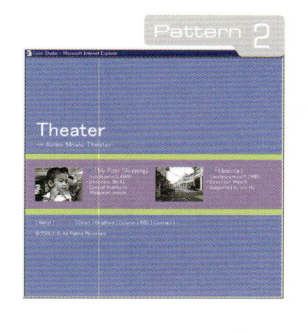

Main:Sub [中差]

Main #E185E1 R:225 G:133 B:225
Sub #8585E1 R:133 G:133 B:225
Balance #B3E185 R:179 G:225 B:133

+1 Color #FF7F00 R:255 G:127 B:00

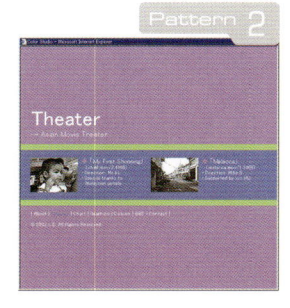

soft その他

	Main	Sub	Balance	Main	Sub	Balance	Main	Sub	Balance
	#E8B37D R:232 G:179 B:125	#E87D98 R:232 G:125 B:152	#CEE87D R:206 G:232 B:125	#BDE151 R:189 G:225 B:81	#51BDE1 R:81 G:189 B:225	#E1BD51 R:225 G:189 B:81	#66CCB3 R:102 G:204 B:179	#6680CC R:102 G:128 B:204	#CCB366 R:204 G:179 B:102
	#D98CB3 R:217 G:140 B:179	#D9D98C R:217 G:217 B:140	#A0D98C R:160 G:217 B:140	#987DE8 R:152 G:125 B:232	#7DB3E8 R:125 G:179 B:232	#E8E87D R:232 G:232 B:125	#C68CD9 R:198 G:140 B:217	#D99F8C R:217 G:159 B:140	#C6D98C R:198 G:217 B:140
	#85B3E1 R:133 G:179 B:225	#E185B3 R:225 G:133 B:179	#E1CA85 R:225 G:202 B:133	#E87DCE R:232 G:125 B:206	#E8CE7D R:232 G:206 B:125	#B3E87D R:179 G:232 B:125	#CCCC66 R:204 G:204 B:102	#66B3CC R:102 G:179 B:204	#CC8066 R:204 G:128 B:102

※「その他」の配色については、CD-ROMの収録データで適用サンプルを見ることができます。

color tone 7 / dull

▶ 適用サンプル「index.html」から［配色チャート］へ
▶ 色見本「palette→photoshop→02_tone→07_dull.ACO」

「くすんだ」トーン

中彩度・中明度色の領域で、落ち着いたシックな印象を生み出します。和風・ナチュラルなイメージの演出に使用されます。白・黒や低明度色との相性がよく、組み合わせることによってこのトーンがより印象的に。

彩度40〜70%×
明度40〜60未満%の領域

見本サイト ❋「宗家 源 吉兆庵」
http://www.kitchoan.co.jp/

配色のルール (→P.166)

Main:Sub
［中差］
+1 Color

#FF5500
R:255
G:85
B:00

配色チャート

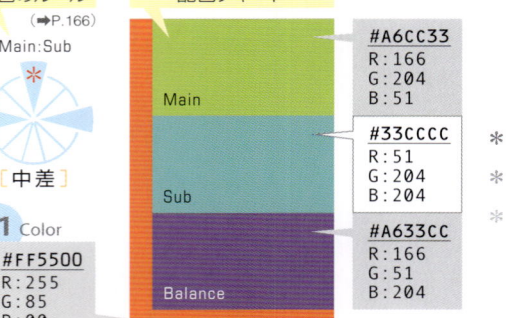

Main
#A6CC33
R:166
G:204
B:51

Sub
#33CCCC
R:51
G:204
B:204

Balance
#A633CC
R:166
G:51
B:204

Accent

適用サンプル

Pattern 1
Pattern 2

①メインの黄緑（#A6CC33）に、サブカラーとしてシアン（#33CCCC）を組み合わせた寒色系の配色。バランスカラーには、中性的な紫（#A633CC）を合わせています。
②サブカラーが引き立てられた印象に。

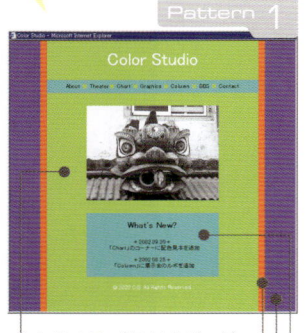

◆メインカラー(タイトルバック)
アクセントカラー
バランスカラー(調整色)
サブカラー(メニュー・テキストエリア)

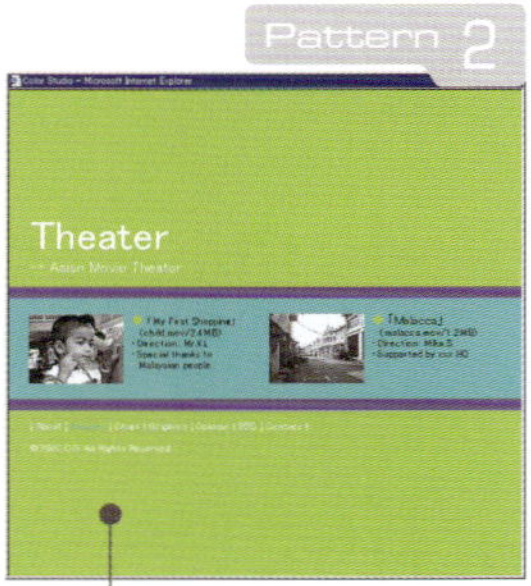

同じ配色を別デザインに適用

アクセントカラー（4色目）追加のポイント

中彩度・中明度に位置するこのトーンでは、高低多方面のトーンがアクセントとして使えます。ここでは、同トーンと明度差が少ない高彩度のオレンジ（#FF5500）をアクセントと加えて、アクティブな印象にしています。

Accent
#FF5500
R:255
G:85
B:00

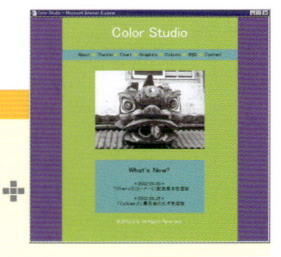

090 Web Coloring Book

中差

Main:Sub

+1 Color
#004466
R:00
G:68
B:102

Main #C04040
R:192
G:64
B:64

Sub #A0C040
R:160
G:192
B:64

Balance #C0A040
R:192
G:160
B:64

Accent

類似

Main:Sub

+1 Color
#996699
R:153
G:102
B:153

Main #33A6CC
R:51
G:166
B:204

Sub #33CCA6
R:51
G:204
B:166

Balance #CCCC33
R:204
G:204
B:51

Accent

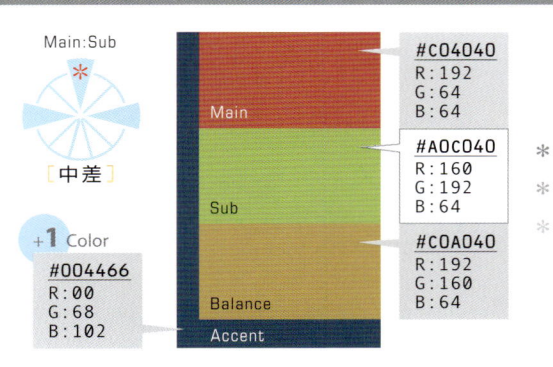

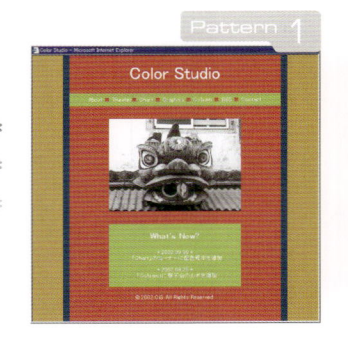

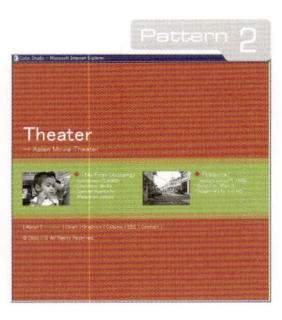

対照

Main:Sub

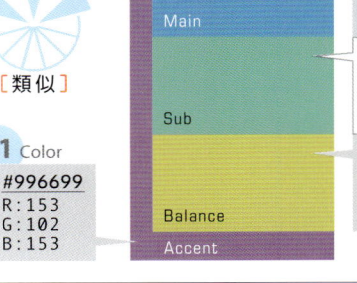

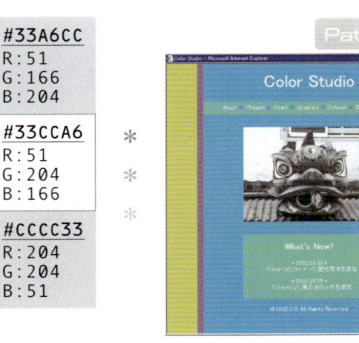

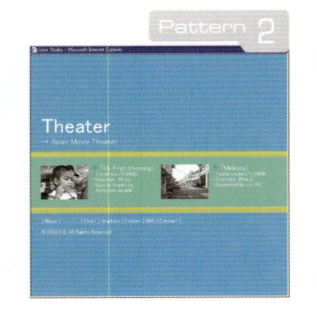

+1 Color
#B3F86E
R:179
G:248
B:110

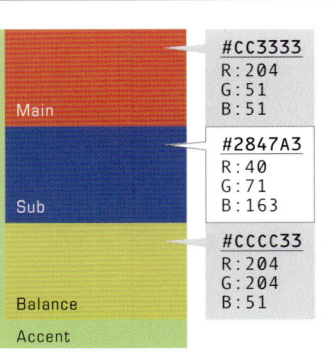

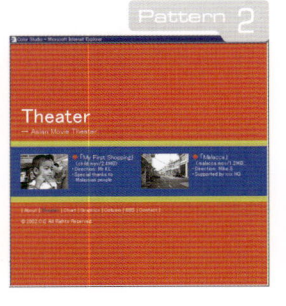

Main #CC3333
R:204
G:51
B:51

Sub #2847A3
R:40
G:71
B:163

Balance #CCCC33
R:204
G:204
B:51

Accent

Color tone 7 / くすんだ / dull

※チャートは、Web表示したものを印刷用にCMYK変換しているため、色味が変化しているものがあります。
実際の色表示は、CD-ROM収録のデータを参照してください。

Web配色事典　091

Color Chart トーン別

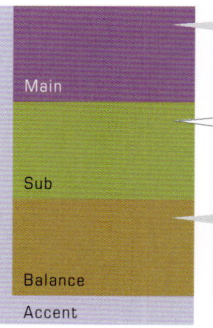

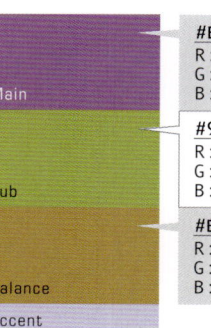

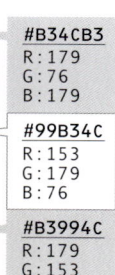

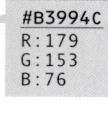

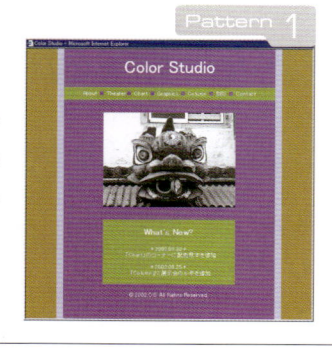

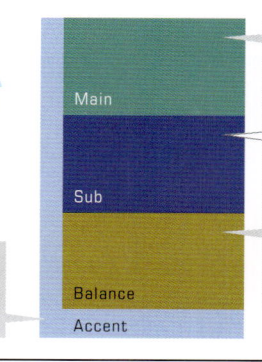

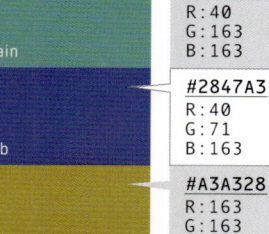

Main:Sub [類似]

Main #CCCC33 R:204 G:204 B:51
Sub #CC5933 R:204 G:89 B:51
Balance #7F33CC R:127 G:51 B:204

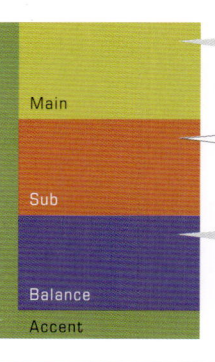

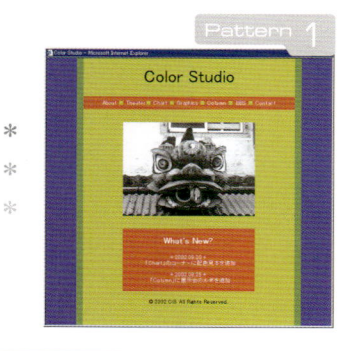

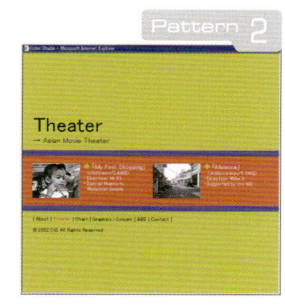

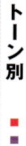

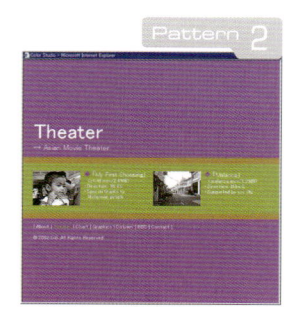

+1 Color #80A659 R:128 G:166 B:89

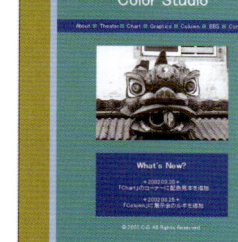

Main:Sub [対照]

Main #B34CB3 R:179 G:76 B:179
Sub #99B34C R:153 G:179 B:76
Balance #B3994C R:179 G:153 B:76

+1 Color #D5CCFF R:213 G:204 B:255

Main:Sub [類似]

Main #28A3A3 R:40 G:163 B:163
Sub #2847A3 R:40 G:71 B:163
Balance #A3A328 R:163 G:163 B:40

+1 Color #A8CCF0 R:168 G:204 B:240

092 Web Coloring Book

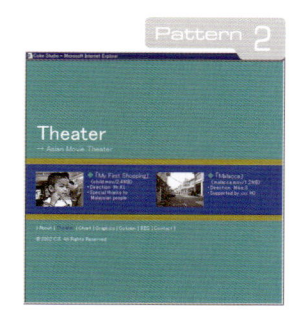

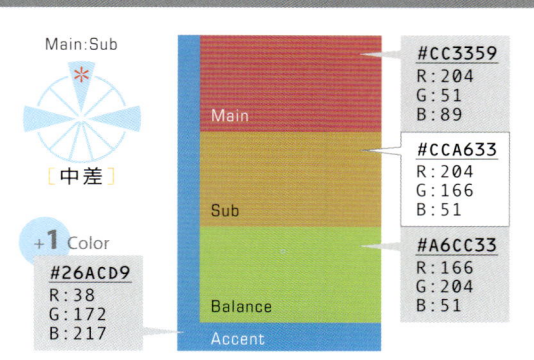

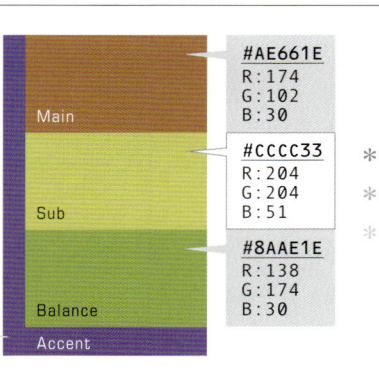

Main:Sub

[中差]

+1 Color

#26ACD9
R:38
G:172
B:217

Main	**#CC3359** R:204 G:51 B:89
Sub	**#CCA633** R:204 G:166 B:51
Balance	**#A6CC33** R:166 G:204 B:51
Accent	

Pattern 1 / Pattern 2

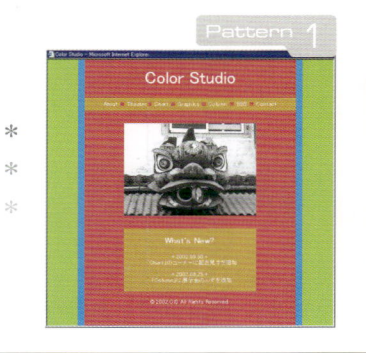

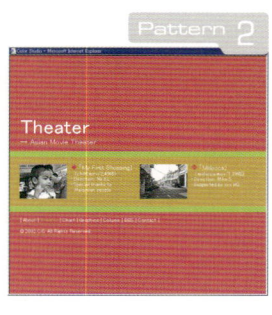

Main:Sub

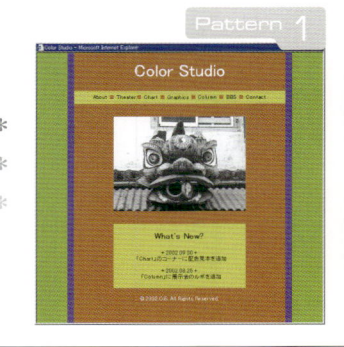

[類似]

+1 Color

#8A1EAE
R:138
G:30
B:174

Main	**#AE661E** R:174 G:102 B:30
Sub	**#CCCC33** R:204 G:204 B:51
Balance	**#8AAE1E** R:138 G:174 B:30
Accent	

Pattern 1 / Pattern 2

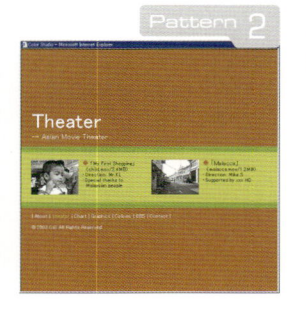

その他

Main	Sub	Balance
#A633CC R:166 G:51 B:204	**#A6CC33** R:166 G:204 B:51	**#CCA633** R:204 G:166 B:51
#7F33CC R:127 G:51 B:204	**#33CCCC** R:51 G:204 B:204	**#CCA633** R:204 G:166 B:51
#4C80B3 R:76 G:128 B:179	**#B34C4C** R:179 G:76 B:76	**#B3994C** R:179 G:153 B:76
#40C0A0 R:64 G:192 B:160	**#40A0C0** R:64 G:160 B:192	**#4060C0** R:64 G:96 B:192
#CCA633 R:204 G:166 B:51	**#A6CC33** R:166 G:204 B:51	**#33A6CC** R:51 G:166 B:204
#6040C0 R:96 G:64 B:192	**#40C0A0** R:64 G:192 B:160	**#C0C040** R:192 G:192 B:64
#A0C040 R:160 G:192 B:64	**#40A0C0** R:64 G:160 B:192	**#C040B0** R:192 G:64 B:128
#C040A0 R:192 G:64 B:160	**#40C0C0** R:64 G:192 B:192	**#C0C040** R:192 G:192 B:64
#AE1E66 R:174 G:30 B:102	**#1EAE8A** R:30 G:174 B:138	**#AEAE1E** R:174 G:174 B:30

Color tone 7 くすんだ ☀ dull

※「その他」の配色については、CD-ROMの収録データで適用サンプルを見ることができます。

Web配色事典 093

color tone 8 / dark

▶ 適用サンプル「index.html」から［配色チャート］へ
▶ 色見本「palette→photoshop→02_tone→08_dark.ACO」

「暗い」トーン

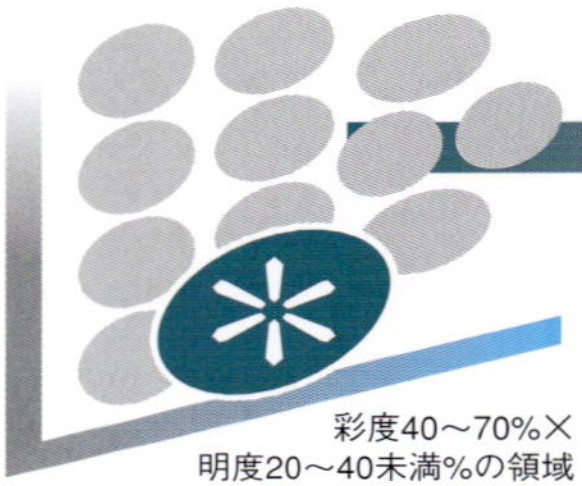

中彩度・低明度の領域で、「dull」よりいっそう深く、落ち着きのあるトーンです。濃さが強まり重厚感のあるイメージを生み出します。また、「dull」と組み合わせて、エスニックな表現に使われることもあります。

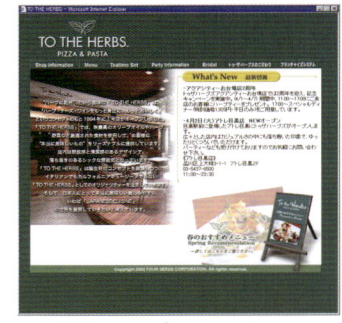

彩度40〜70%×
明度20〜40未満%の領域

見本サイト ❋「TO THE HERBS」
http://www.four-seeds.co.jp/herbs/

配色のルール (→P.166)

Main:Sub 
［対照］
+1 Color

#D7D75C
R:215
G:215
B:92

配色チャート

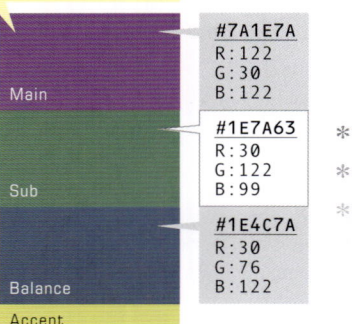

Main — **#7A1E7A** R:122 G:30 B:122
Sub — **#1E7A63** R:30 G:122 B:99
Balance — **#1E4C7A** R:30 G:76 B:122
Accent

適用サンプル

Pattern 1 
◆メインカラー（タイトルバック）
◆アクセントカラー
◆バランスカラー（調整色）
◆サブカラー（メニュー・テキストエリア）

Pattern 2 
◆同じ配色を別デザインに適用

①紫（#7A1E7A）をメインカラーに、対照色相にあたる緑（#1E7A63）をサブカラーに配色。中間の青（#1E4C7A）をサイドに配置してバランスをとっています。
②紫の比率が高まり、重厚な印象に。

アクセントカラー（4色目）追加のポイント

暗く力強いこのトーンでは、アクセントカラーは基本的に明度をあげた色を使用します。対比が強すぎると浮いた感じになってしまうので、適度な彩度・明度調整をします。ここでは、中明度・中彩度の黄色（#D7D75C）をポイントとして加えています。

Accent — **#D7D75C** R:215 G:215 B:92

Main:Sub [対照]

+1 Color
#80CC33
R:128
G:204
B:51

Main #828217
R:130
G:130
B:23

Sub #178282
R:23
G:130
B:130

Balance #82174C
R:130
G:23
B:76

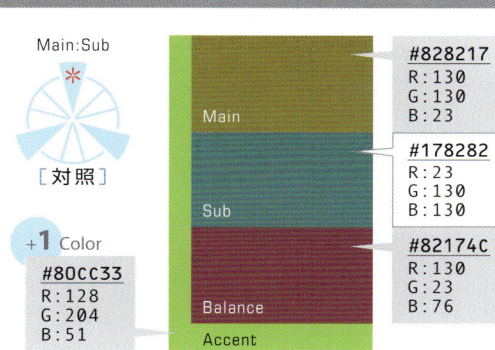

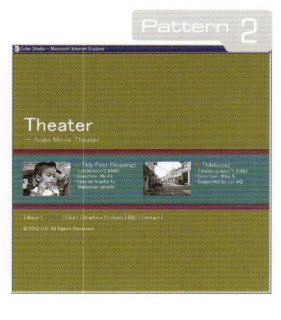

Main:Sub [中差]

+1 Color
#D9AC26
R:217
G:172
B:38

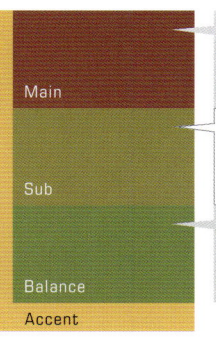

Main #7A1E1E
R:122
G:30
B:30

Sub #7A7A1E
R:122
G:122
B:30

Balance #4C7A1E
R:76
G:122
B:30

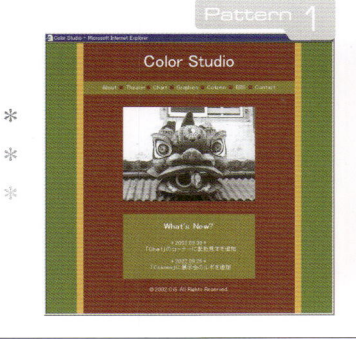

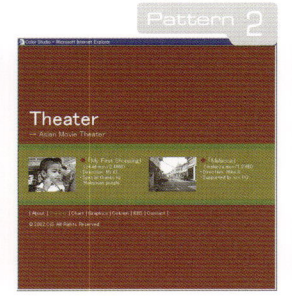

Main:Sub [中差]

+1 Color
#CC3380
R:204
G:51
B:128

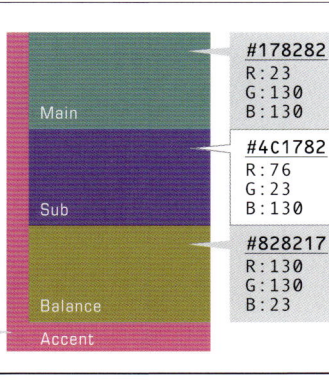

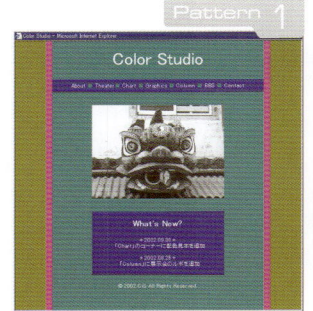

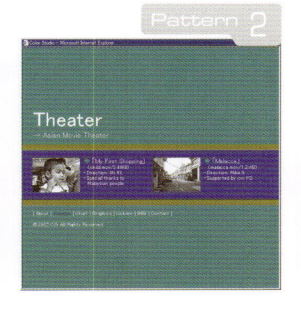

Main #178282
R:23
G:130
B:130

Sub #4C1782
R:76
G:23
B:130

Balance #828217
R:130
G:130
B:23

※チャートは、Web表示したものを印刷用にCMYK変換しているため、色味が変化しているものがあります。
　実際の色表示は、CD-ROM収録のデータを参照してください。

Color tone 8 暗い dark

Web配色事典 095

Color Chart　トーン別

Main:Sub ［対照］

+1 Color

#CCCC00
R:204
G:204
B:00

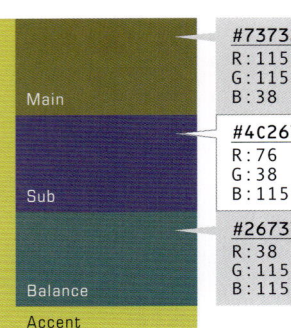

- Main: #737326 R:115 G:115 B:38
- Sub: #4C2673 R:76 G:38 B:115
- Balance: #267373 R:38 G:115 B:115
- Accent

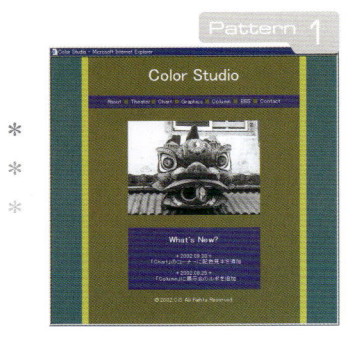

Pattern 1 — Color Studio
Pattern 2 — Theater → Asian Movie Theater

Main:Sub ［対照］

+1 Color

#FFDD33
R:255
G:221
B:51

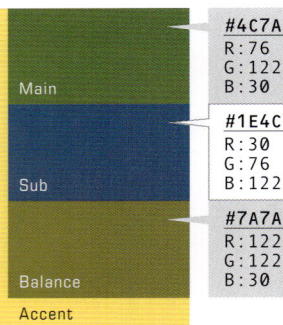

- Main: #4C7A1E R:76 G:122 B:30
- Sub: #1E4C7A R:30 G:76 B:122
- Balance: #7A7A1E R:122 G:122 B:30
- Accent

Pattern 1 — Color Studio
Pattern 2 — Theater → Asian Movie Theater

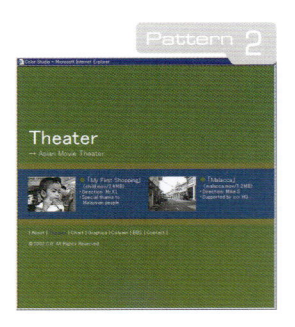

Main:Sub ［中差］

+1 Color

#8AAE1E
R:138
G:174
B:30

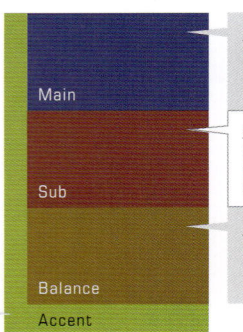

- Main: #171782 R:23 G:23 B:130
- Sub: #821731 R:130 G:23 B:49
- Balance: #826717 R:130 G:103 B:23
- Accent

Pattern 1 — Color Studio
Pattern 2 — Theater → Asian Movie Theater

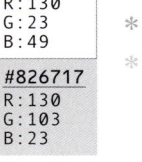

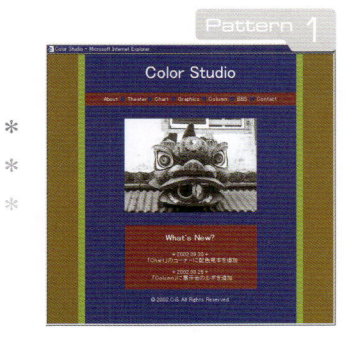

096　Web Coloring Book

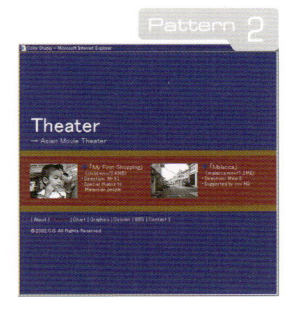

Main:Sub [中差]

Main	#736026 R:115 G:96 B:38
Sub	#732673 R:115 G:38 B:115
Balance / Accent	#267360 R:38 G:115 B:96

+1 Color
#F0EBDC R:240 G:235 B:220

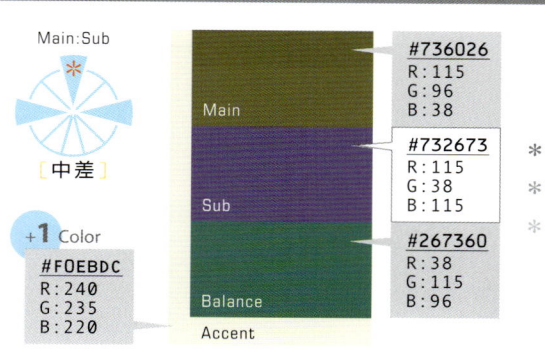

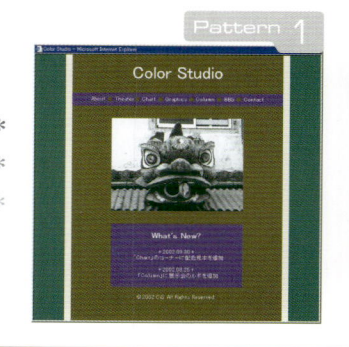

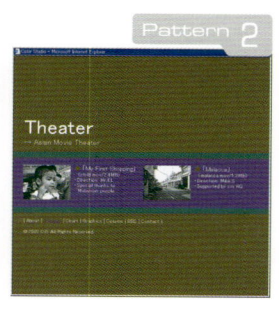

Main:Sub [類似]

Main	#1E7A4C R:30 G:122 B:76
Sub	#1E7A7A R:30 G:122 B:122
Balance / Accent	#631E7A R:99 G:30 B:122

+1 Color
#D9D926 R:217 G:217 B:38

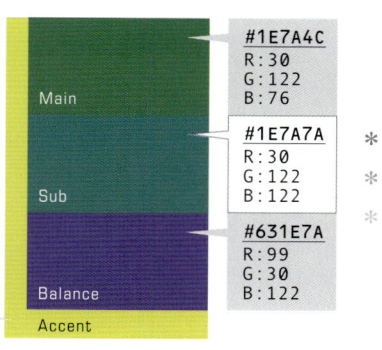

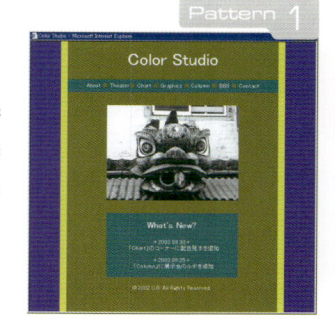

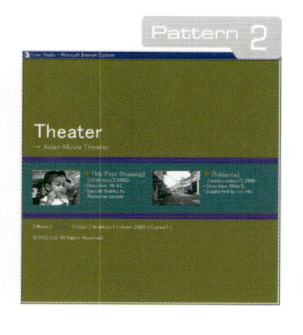

dark ☀ その他

Main	Sub	Balance
#1E357A R:30 G:53 B:122	#7A1E4C R:122 G:30 B:76	#7A7A1E R:122 G:122 B:30
#821731 R:130 G:23 B:49	#678217 R:103 G:130 B:23	#176782 R:23 G:103 B:130
#7A7A1E R:122 G:122 B:30	#732639 R:115 G:38 B:57	#267373 R:38 G:115 B:115
#6B5C2E R:107 G:92 B:46	#264C73 R:38 G:76 B:115	#6B2E6B R:107 G:46 B:107
#2E6B5C R:46 G:107 B:92	#732626 R:115 G:38 B:38	#4C2E6B R:76 G:46 B:107
#823117 R:130 G:49 B:23	#17824C R:23 G:130 B:76	#671782 R:103 G:23 B:130
#266073 R:38 G:96 B:115	#737326 R:115 G:115 B:38	#732626 R:115 G:38 B:38
#4C2673 R:76 G:38 B:115	#26734C R:38 G:115 B:76	#73264C R:115 G:38 B:76
#262673 R:38 G:38 B:115	#607326 R:96 G:115 B:38	#267373 R:38 G:115 B:115

※「その他」の配色については、CD-ROMの収録データで適用サンプルを見ることができます。

Web配色事典

color tone 9 / pale

▶ 適用サンプル「index.html」から [配色チャート] へ
▶ 色見本「palette→photoshop→02_tone→09_pale.ACO」

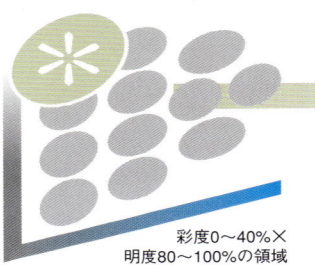

「薄い」トーン

低彩度・高明度の領域で、lightトーンよりもいっそう穏やかでやさしい印象です。彩度が低く淡い色同士の組み合わせでは、色の境界差がつけづらくなるため、白とのコンビネーションやアクセントカラーが有効です。

彩度0〜40%×
明度80〜100%の領域

見本サイト ※「WEATHER HEART」
http://www.weatherheart.com/

配色のルール (→P.166)

Main:Sub

[補色]

+1 Color
#CC9900
R:204
G:153
B:00

配色チャート

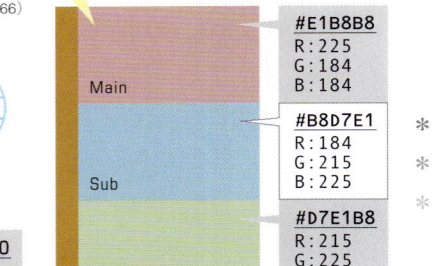

Main — #E1B8B8
R:225
G:184
B:184

Sub — #B8D7E1
R:184
G:215
B:225

Balance — #D7E1B8
R:215
G:225
B:184

Accent

適用サンプル

Pattern 1
- メインカラー(タイトルバック)
- アクセントカラー
- バランスカラー(調整色)
- サブカラー(メニュー・テキストエリア)

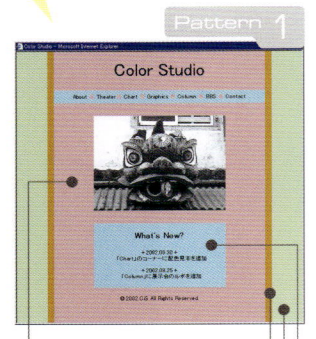

Pattern 2
◆同じ配色を別デザインに適用

①メインカラーに赤系(#E1B8B8)、サブカラーにシアン(#B8D7E1)を組み合わせた補色関係の配色。その中間色相(#D7E1B8)をバランスカラーにしてまとめています。
②色相の対比で境界を出した配色になっています。

アクセントカラー(4色目)追加のポイント

淡く低彩度のpaleトーンでは、中彩度・中明度色がアクセントとしてよく使用されます。濃く・鮮やかなトーンの使用は、対比が強くなりすぎないように調整が必要です。ここでは、高彩度・低明度のオレンジ(#CC9900)を加えています。

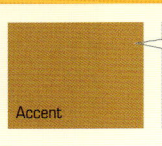

Accent
#CC9900
R:204
G:153
B:00

Main:Sub [中差]

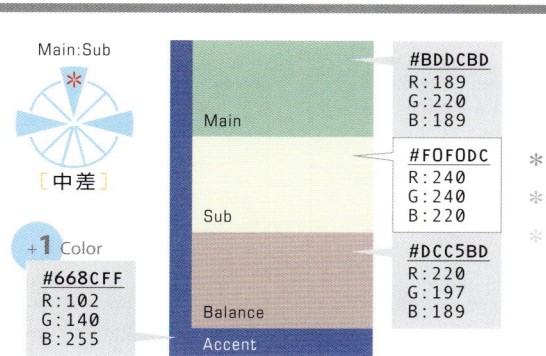

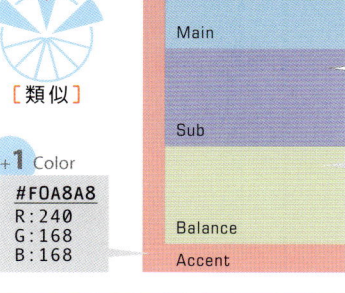

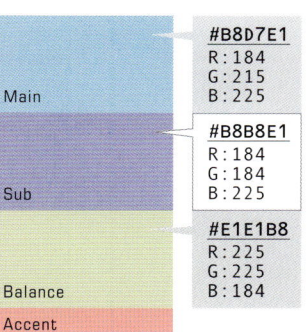

+1 Color
#668CFF
R:102
G:140
B:255

Main #BDDCBD
R:189
G:220
B:189

Sub #F0F0DC
R:240
G:240
B:220

Balance #DCC5BD
R:220
G:197
B:189

Accent

Pattern 1 / Pattern 2

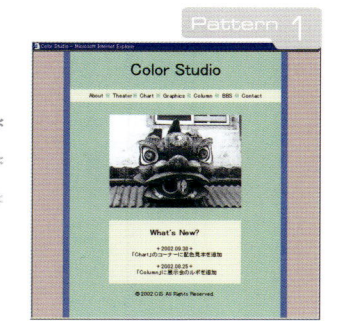

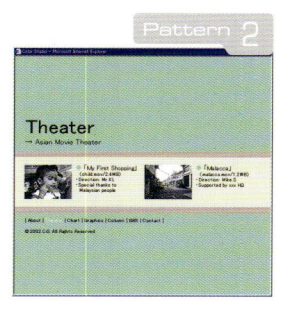

Main:Sub [類似]

+1 Color
#F0A8A8
R:240
G:168
B:168

Main #B8D7E1
R:184
G:215
B:225

Sub #B8B8E1
R:184
G:184
B:225

Balance #E1E1B8
R:225
G:225
B:184

Accent

Pattern 1 / Pattern 2

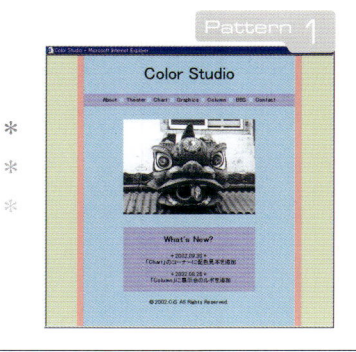

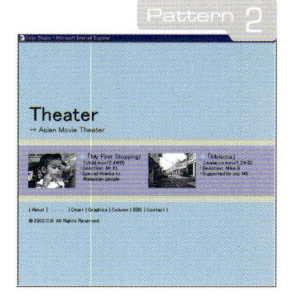

Main:Sub [中差]

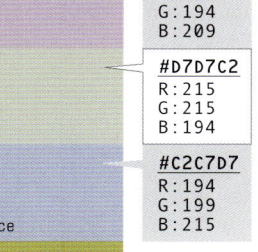

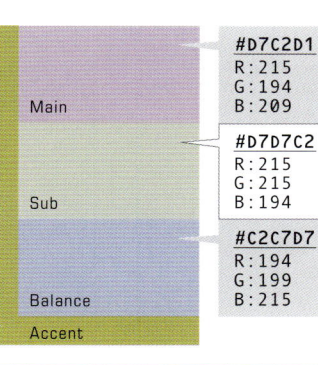

+1 Color
#BFBF40
R:191
G:191
B:64

Main #D7C2D1
R:215
G:194
B:209

Sub #D7D7C2
R:215
G:215
B:194

Balance #C2C7D7
R:194
G:199
B:215

Accent

Pattern 1 / Pattern 2

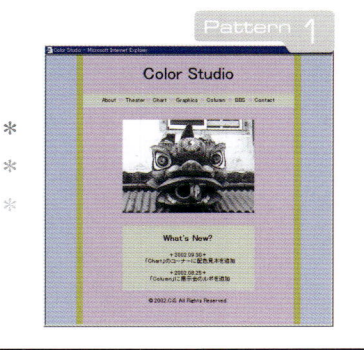

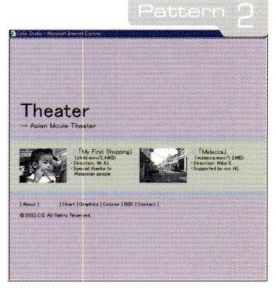

※チャートは、Web表示したものを印刷用にCMYK変換しているため、色味が変化しているものがあります。
　実際の色表示は、CD-ROM収録のデータを参照してください。

Color tone 9 薄い / pale

Web配色事典 099

Color Chart トーン別

[対照]

Main : Sub

Main #E1D7B8
R : 225
G : 215
B : 184

Sub #B8E1E1
R : 184
G : 225
B : 225

Balance #F0E1DC
R : 240
G : 225
B : 220

Accent +1 Color
#C27099
R : 194
G : 112
B : 153

[中差]

Main : Sub

Main #CCBDDC
R : 204
G : 189
B : 220

Sub #DCF0EB
R : 220
G : 240
B : 235

Balance #DCD4BD
R : 220
G : 212
B : 189

Accent +1 Color
#FFF799
R : 255
G : 247
B : 153

[対照]

Main : Sub

Main #DCBDC5
R : 220
G : 189
B : 197

Sub #CED3E5
R : 206
G : 211
B : 229

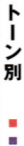

Balance #BDDCBD
R : 189
G : 220
B : 189

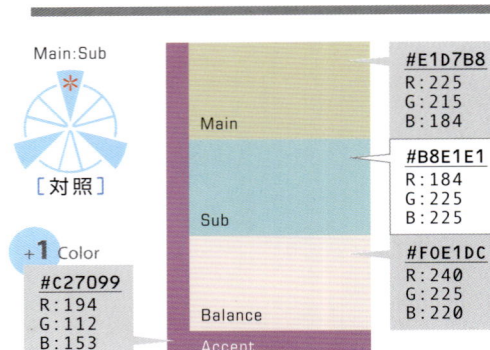

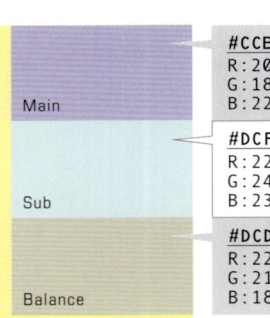

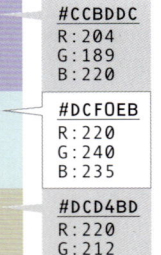

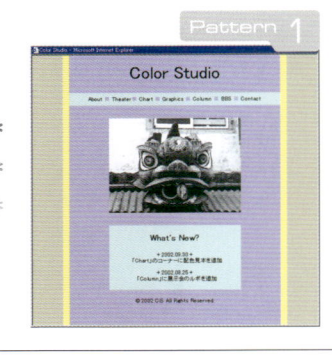

Accent +1 Color
#8F85AE
R : 143
G : 133
B : 174

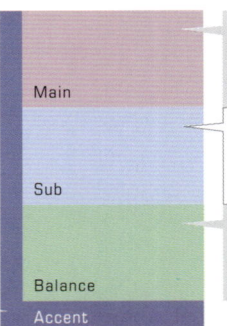

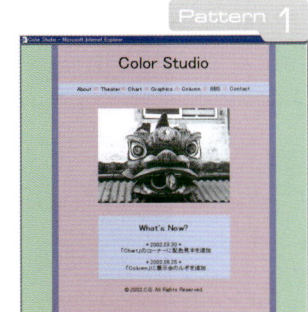

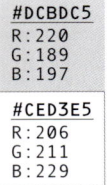

100　Web Coloring Book

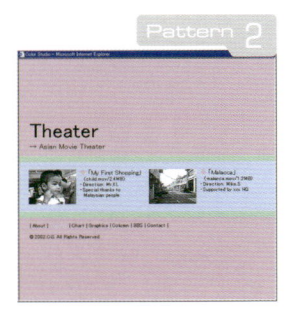

Main:Sub [対照]

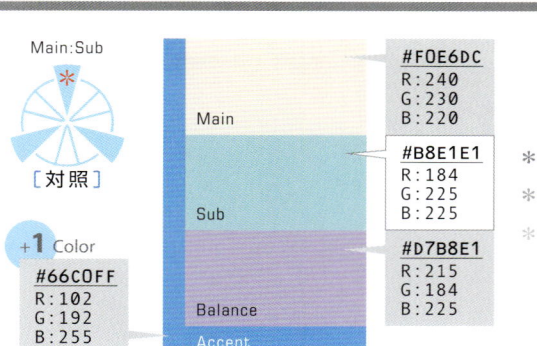

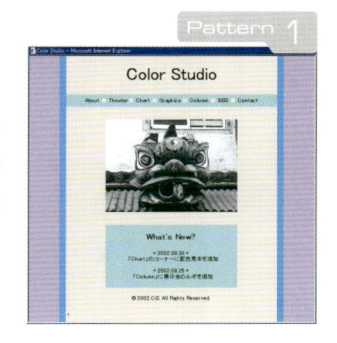

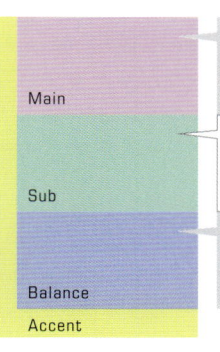

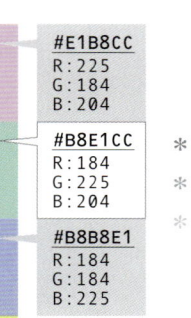

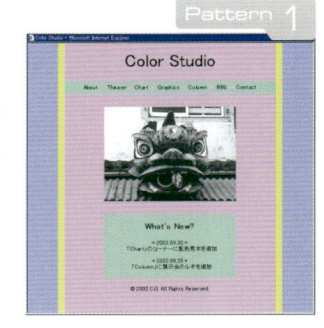

Main
#F0E6DC
R:240
G:230
B:220

Sub
#B8E1E1
R:184
G:225
B:225

Balance
#D7B8E1
R:215
G:184
B:225

+1 Color
#66C0FF
R:102
G:192
B:255

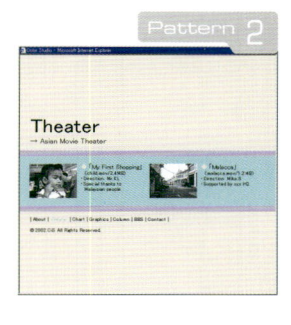

Main:Sub [補色]

Main
#E1B8CC
R:225
G:184
B:204

Sub
#B8E1CC
R:184
G:225
B:204

Balance
#B8B8E1
R:184
G:184
B:225

+1 Color
#E8E87D
R:232
G:232
B:125

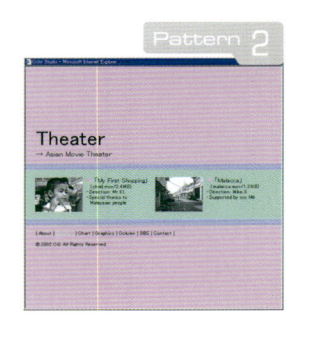

pale その他

Main	Sub	Balance	Main	Sub	Balance	Main	Sub	Balance
#C2C2D7 R:194 G:194 B:215	#DCF0DC R:220 G:240 B:220	#D7D1C2 R:215 G:209 B:194	#E1B8E1 R:225 G:184 B:225	#CCE1B8 R:204 G:225 B:184	#B8B8E1 R:184 G:184 B:225	#D7D1C2 R:215 G:209 B:194	#DCEBF0 R:220 G:235 B:240	#D7C2C2 R:215 G:194 B:194
#F0DCDC R:240 G:220 B:220	#CCBDDC R:204 G:189 B:220	#D4DCBD R:212 G:220 B:189	#B8E1CC R:184 G:225 B:204	#E1C2B8 R:225 G:194 B:184	#D7E1B8 R:215 G:225 B:184	#DCBDC5 R:220 G:189 B:197	#DEEEE6 R:222 G:238 B:230	#D4DCBD R:212 G:220 B:189
#C7D7C2 R:199 G:215 B:194	#C2C2D7 R:194 G:194 B:215	#D7C2C7 R:215 G:194 B:199	#BDC5DC R:189 G:197 B:220	#F0F0DC R:240 G:240 B:220	#BDDCDC R:189 G:220 B:220	#E1C2B8 R:225 G:194 B:184	#E1D7B8 R:225 G:215 B:184	#B8D7E1 R:184 G:215 B:225

※「その他」の配色については、CD-ROMの収録データで適用サンプルを見ることができます。

color tone 10 / light grayish

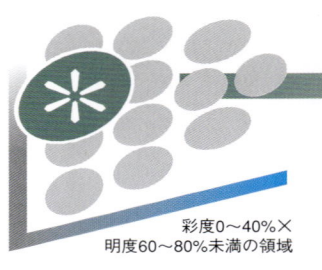

▶ 適用サンプル「index.html」から［配色チャート］へ
▶ 色見本 「palette→photoshop→02_tone→10_l-gray.ACO」

「落ち着いた」トーン

低彩度・中〜高明度の領域で、おとなしく上品なイメージ。クラシックな印象や、おしゃれな感じを生みだします。他トーンとも合わせやすいですが、このトーンの印象を生かすには、同・類似トーンでまとめるのも効果的。

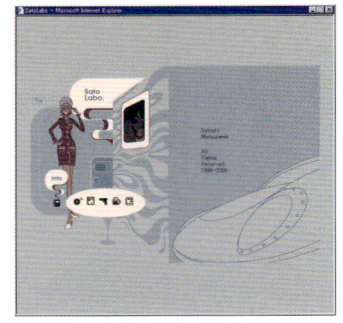

彩度0〜40%×
明度60〜80%未満の領域

見本サイト ※「SatoLabo.」
http://www.sunfield.ne.jp/%7Esaru/

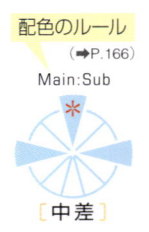

配色のルール（→P.166）

Main:Sub
［中差］

+1 Color
#E1E151
R:225
G:225
B:81

配色チャート

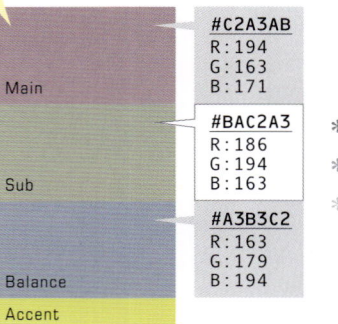

Main
#C2A3AB
R:194
G:163
B:171

Sub
#BAC2A3
R:186
G:194
B:163

Balance
#A3B3C2
R:163
G:179
B:194

Accent
#E1E151
R:225
G:225
B:81

①メインの渋いピンク（#C2A3AB）に中差色相にあたる黄緑（#BAC2A3）を組み合わせました。バランスカラーには青系（#A3B3C2）をもってきてまとめています。
②いっそうシックな印象になります。

適用サンプル

Pattern 1 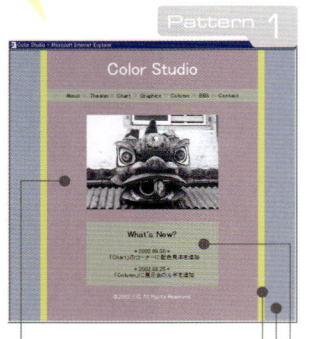
◆メインカラー（タイトルバック）
◆アクセントカラー
◆バランスカラー（調整色）
◆サブカラー（メニュー・テキストエリア）

Pattern 2 
◆同じ配色を別デザインに適用

アクセントカラー（4色目）追加のポイント

地味な印象にまとまりやすいこのトーンでは、アクセントカラーは鮮やかなトーンもしくは強いトーンが有効です。とくに黄色〜オレンジの色相はよく使用される色です。ここでも、彩度の高い黄色系（#E1E151）をアクセントとして加えました。

Accent
#E1E151
R:225
G:225
B:81

Pattern 1 / Pattern 2

Main:Sub [対照]

Main: #C270AE R:194 G:112 B:174
Sub: #99B87A R:153 G:184 B:122
Balance: #B8A87A R:184 G:168 B:122

+1 Color
#CC4400 R:204 G:68 B:00

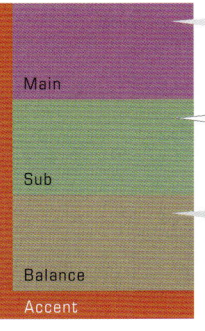

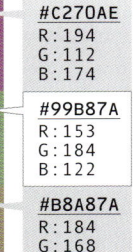

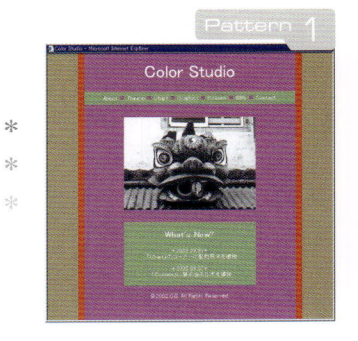

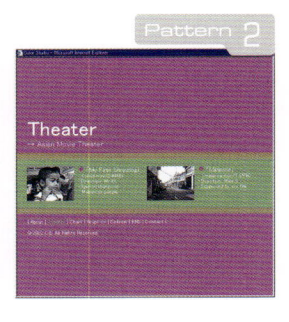

Main:Sub [類似]

Main: #9CBECA R:156 G:190 B:202
Sub: #9C9CCA R:156 G:156 B:202
Balance: #9CCA9C R:156 G:202 B:156

+1 Color
#E87D98 R:232 G:125 B:152

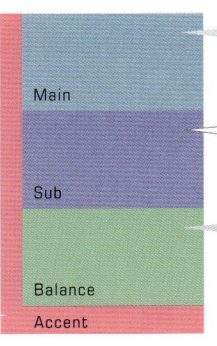

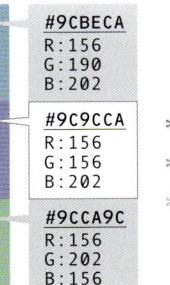

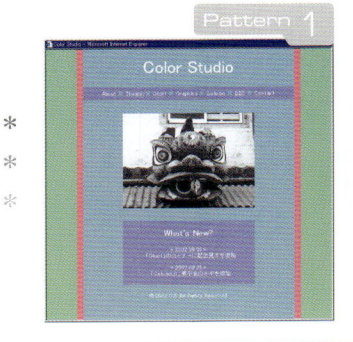

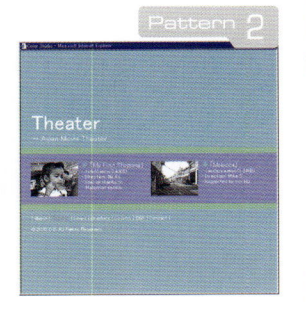

Main:Sub [類似]

Main: #C2AE70 R:194 G:174 B:112
Sub: #C2D194 R:194 G:209 B:148
Balance: #C28570 R:194 G:133 B:112

+1 Color
#7A3D8F R:122 G:61 B:143

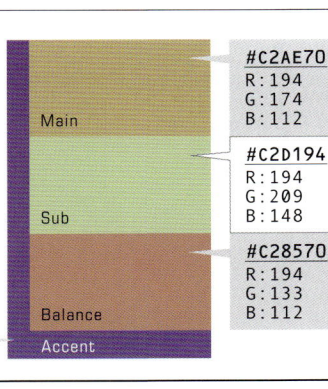

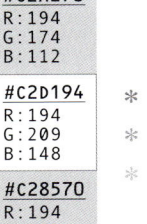

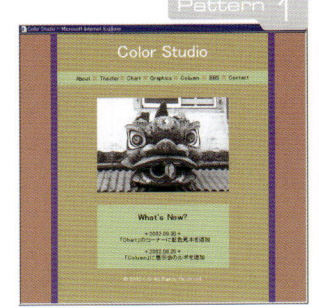

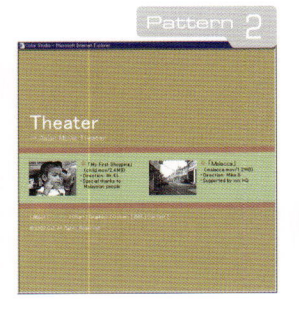

※チャートは、Web表示したものを印刷用にCMYK変換しているため、色味が変化しているものがあります。
　実際の色表示は、CD-ROM収録のデータを参照してください。

Color tone 10 落ち着いた ✽ light grayish

Web配色事典　103

Color Chart／トーン別

Main:Sub ［中差］

- Main: **#99C270** R:153 G:194 B:112
- Sub: **#C27070** R:194 G:112 B:112
- Balance: **#7099C2** R:112 G:153 B:194

+**1** Color
#EBEB47 R:235 G:235 B:71

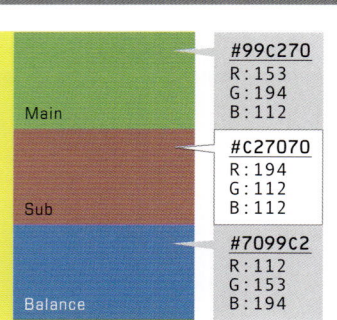

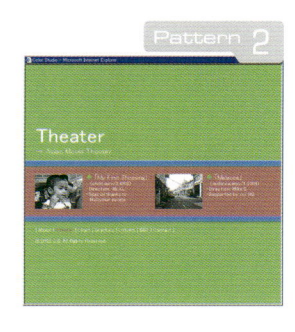

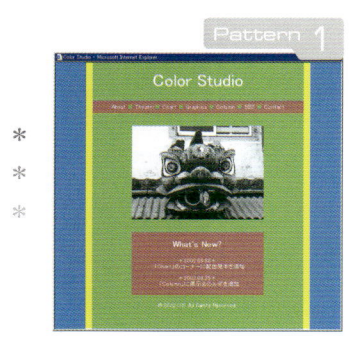

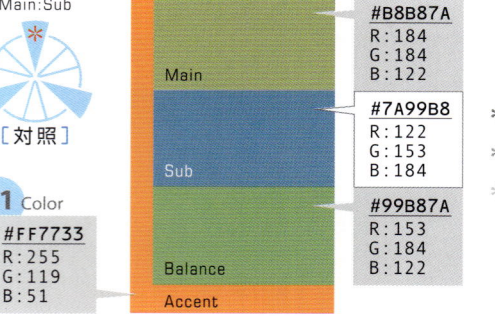

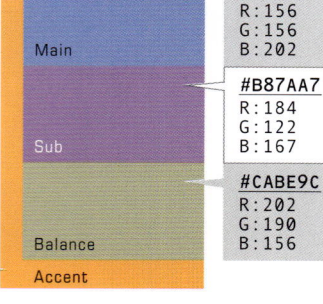

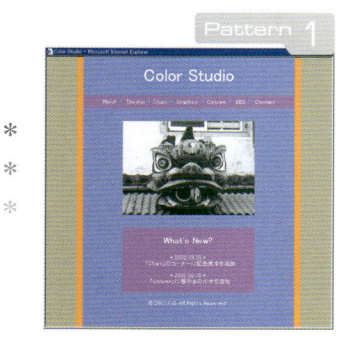

Main:Sub ［対照］

- Main: **#B8B87A** R:184 G:184 B:122
- Sub: **#7A99B8** R:122 G:153 B:184
- Balance: **#99B87A** R:153 G:184 B:122

+**1** Color
#FF7733 R:255 G:119 B:51

Main:Sub ［中差］

- Main: **#9C9CCA** R:156 G:156 B:202
- Sub: **#B87AA7** R:184 G:122 B:167
- Balance: **#CABE9C** R:202 G:190 B:156

+**1** Color
#FF9933 R:255 G:153 B:51

104 Web Coloring Book

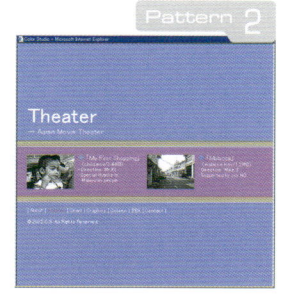

Main:Sub ［補色］

#C2ABA3
R:194
G:171
B:163

#ACC8D3
R:172
G:200
B:211

#B3C2A3
R:179
G:194
B:163

+1 Color
#990026
R:153
G:00
B:38

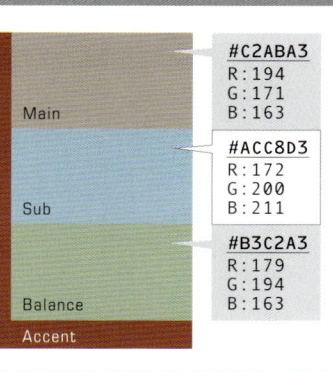

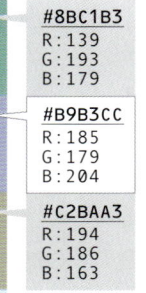

Main / Sub / Balance / Accent

Pattern 1 / Pattern 2

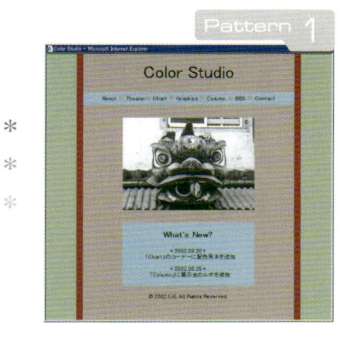

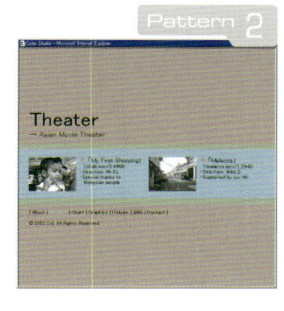

Main:Sub ［中差］

#8BC1B3
R:139
G:193
B:179

#B9B3CC
R:185
G:179
B:204

#C2BAA3
R:194
G:186
B:163

+1 Color
#CCFFFF
R:204
G:255
B:255

Main / Sub / Balance / Accent

Pattern 1 / Pattern 2

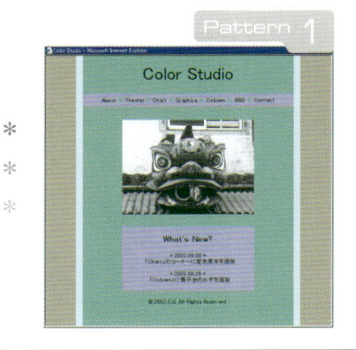

light grayish その他

	Main	Sub	Balance	Main	Sub	Balance	Main	Sub	Balance
	#B8ABBA R:184 G:171 B:186	#CCBF99 R:204 G:191 B:153	#A3C2C2 R:163 G:194 B:194	#85AEAE R:133 G:174 B:174	#CCB399 R:204 G:179 B:153	#CACA9C R:202 G:202 B:156	#AE9A85 R:174 G:154 B:133	#9CCAA7 R:156 G:202 B:167	#CCCC99 R:204 G:204 B:153
	#8FAE85 R:143 G:174 B:133	#8585AE R:133 G:133 B:174	#AE859A R:174 G:133 B:154	#7A9AB8 R:122 G:154 B:184	#A6CC99 R:166 G:204 B:153	#C2A2B3 R:194 G:163 B:179	#7AB8B8 R:122 G:184 B:184	#B8997A R:184 G:153 B:122	#B8B87A R:184 G:184 B:122
	#CA9C9C R:202 G:156 B:156	#BECA9C R:190 G:202 B:156	#9CCACA R:156 G:202 B:202	#7AB88A R:122 G:184 B:138	#A87AB8 R:168 G:122 B:184	#B8B87A R:184 G:184 B:122	#B3C2A3 R:179 G:194 B:163	#CC9999 R:204 G:153 B:153	#A3BAC2 R:163 G:186 B:194

※「その他」の配色については、CD-ROMの収録データで適用サンプルを見ることができます。

color tone 11 / grayish

▶ 適用サンプル「index.html」から［配色チャート］へ
▶ 色見本 「palette→photoshop→02_tone→11_graysh.ACO」

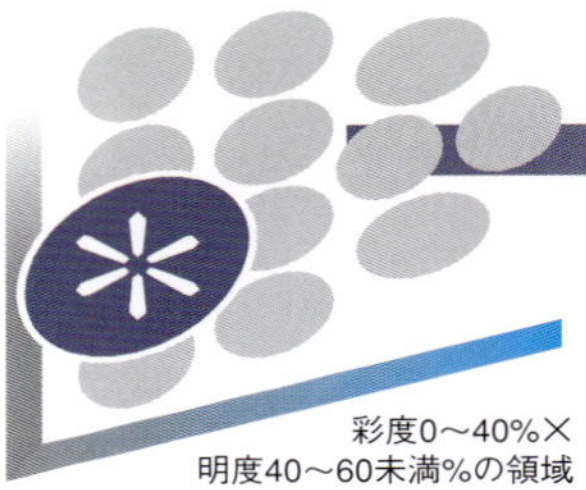

「濁った」トーン

低彩度・中～低明度の領域で、light grayish 同様に渋く、いっそうクラシカルなイメージを生みだします。一見地味なトーンですが、上品な演出をすることが可能で、多色づかいをしても嫌みなくまとめられます。

彩度0～40%×
明度40～60未満%の領域

見本サイト ✴ 「ARTMIX」
http://kokoro.pobox.ne.jp/

Color Chart / トーン別

配色のルール （→P.166）
Main:Sub 
［対照］

+1 Color
#F8D56E
R:248
G:213
B:110

配色チャート

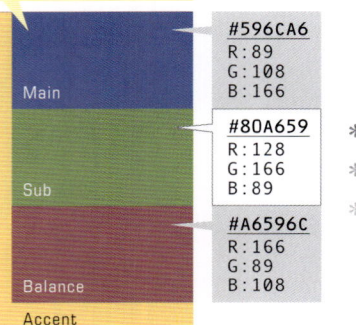

Main — #596CA6 R:89 G:108 B:166
Sub — #80A659 R:128 G:166 B:89
Balance — #A6596C R:166 G:89 B:108
Accent

適用サンプル

Pattern 1
◆メインカラー（タイトルバック）
◆アクセントカラー
◆バランスカラー（調整色）
◆サブカラー（メニュー・テキストエリア）

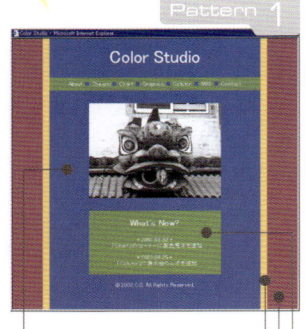

Pattern 2
同じ配色を別デザインに適用

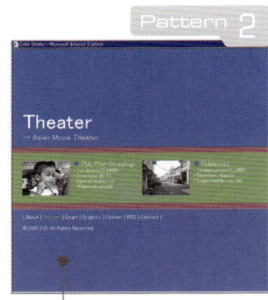

①渋い青（#596CA6）をメインカラーに、対照関係にある緑（#80A659）を組み合わせました。バランスカラーにやはり対照関係にある赤（#A6596C）を合わせています。
②色相差がきれいに出たまとまりある色使いです。

アクセントカラー（4色目）追加のポイント

light grayish同様に、黄色～オレンジ系の見た目の明度が高い色相がアクセントカラーとして効果的。低彩度トーンのため濃いトーンを加える場合も、高彩度を組み合わせたほうが全体が引き締まります。ここでは典型的な高明度オレンジ（#F8D56E）を追加。

#F8D56E
R:248
G:213
B:110
Accent

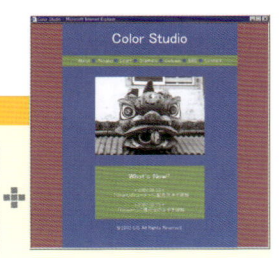

Pattern 1 / Pattern 2

中差 — Main:Sub

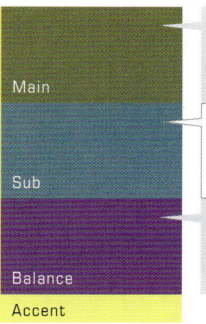

Main: #7A8F3D R:122 G:143 B:61
Sub: #669999 R:102 G:153 B:153
Balance: #8F3D8F R:143 G:61 B:143
Accent (+1 Color): #EBEB47 R:235 G:235 B:71

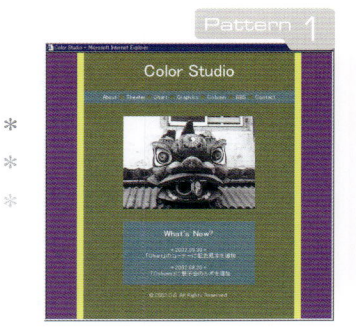

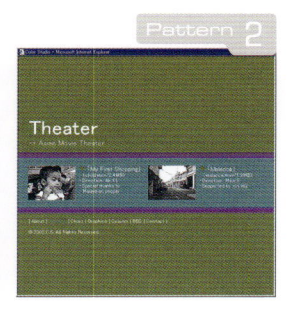

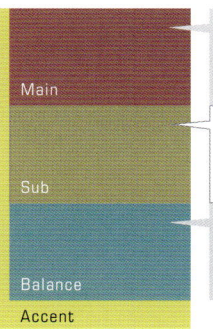

中差 — Main:Sub

Main: #A65959 R:166 G:89 B:89
Sub: #A6A659 R:166 G:166 B:89
Balance: #59A6A6 R:89 G:166 B:166
Accent (+1 Color): #D9D926 R:217 G:217 B:38

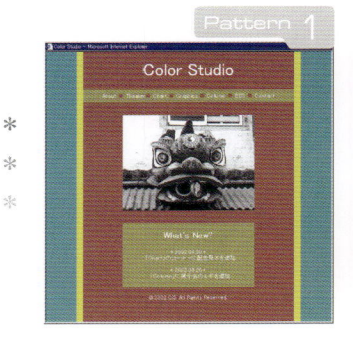

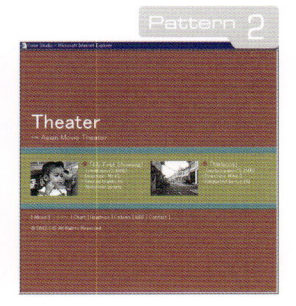

中差 — Main:Sub

Main: #478585 R:71 G:133 B:133
Sub: #574785 R:87 G:71 B:133
Balance: #854785 R:133 G:71 B:133
Accent (+1 Color): #85E1CA R:133 G:225 B:202

Color tone 11　濁った　grayish

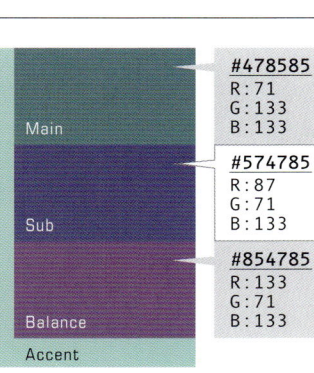

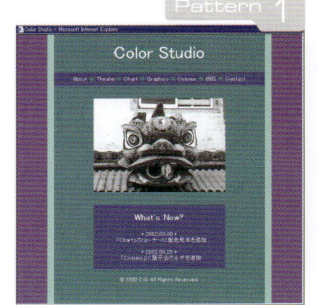

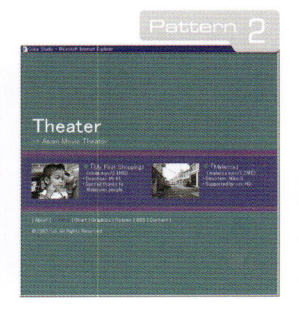

※チャートは、Web表示したものを印刷用にCMYK変換しているため、色味が変化しているものがあります。
　実際の色表示は、CD-ROM収録のデータを参照してください。

Web配色事典

Color Chart トーン別

［対照］

Main:Sub

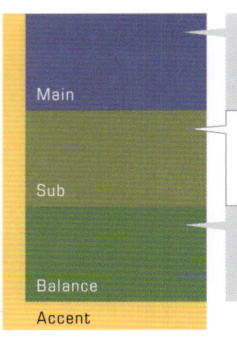

Main #7F6699
R:127
G:102
B:153

Sub #999966
R:153
G:153
B:102

Balance #739966
R:115
G:153
B:102

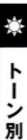

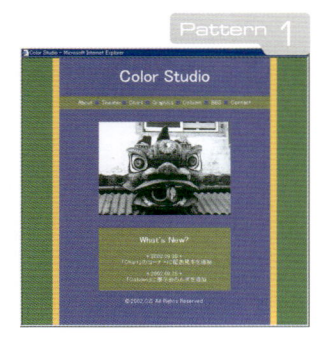

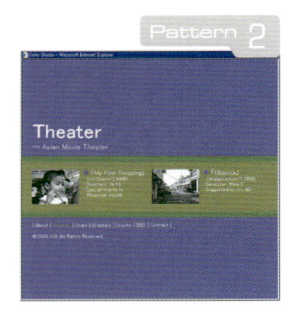

Accent +1 Color #FFCC66
R:255
G:204
B:102

［中差］

Main:Sub

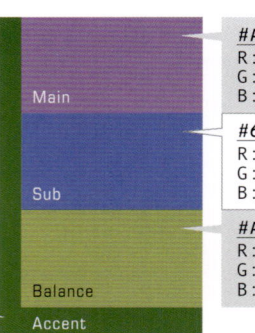

Main #A65993
R:166
G:89
B:147

Sub #6C59A6
R:108
G:89
B:166

Balance #A6A659
R:166
G:166
B:89

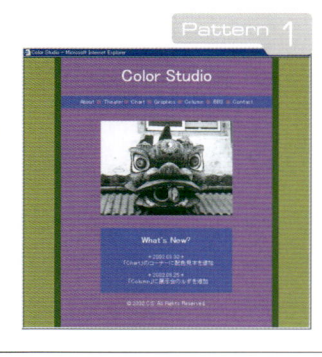

Accent +1 Color #196600
R:25
G:102
B:00

［中差］

Main:Sub

Main #668099
R:102
G:128
B:153

Sub #7BAF6A
R:123
G:175
B:106

Balance #997366
R:153
G:115
B:102

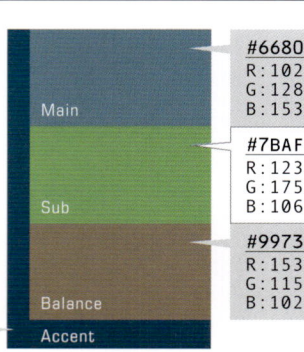

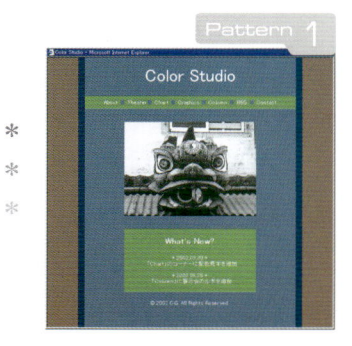

Accent +1 Color #003366
R:00
G:51
B:102

108　Web Coloring Book ● ● ●

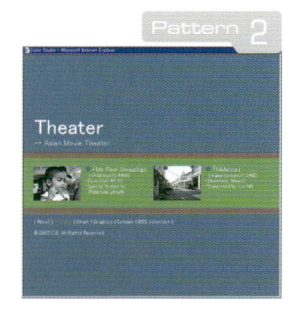

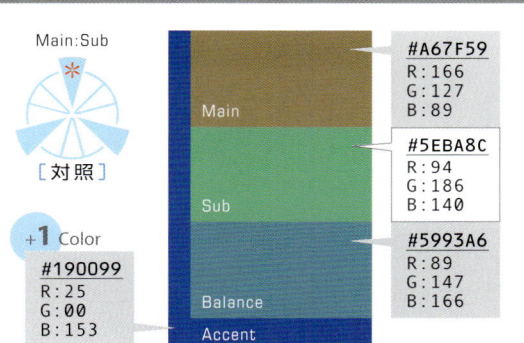

Main:Sub

[対照]

+1 Color
#190099
R:25
G:00
B:153

- Main #A67F59 R:166 G:127 B:89
- Sub #5EBA8C R:94 G:186 B:140
- Balance #5993A6 R:89 G:147 B:166
- Accent

Pattern 1 / Pattern 2

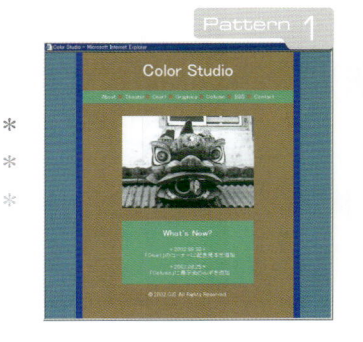

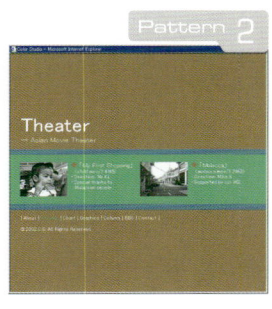

Main:Sub

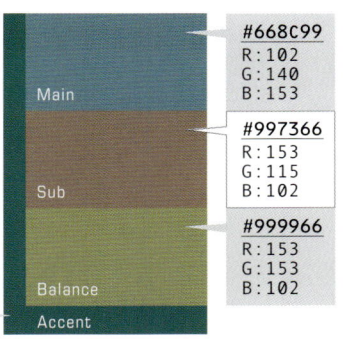

[補色]

+1 Color
#006666
R:00
G:102
B:102

- Main #668C99 R:102 G:140 B:153
- Sub #997366 R:153 G:115 B:102
- Balance #999966 R:153 G:153 B:102
- Accent

Pattern 1 / Pattern 2

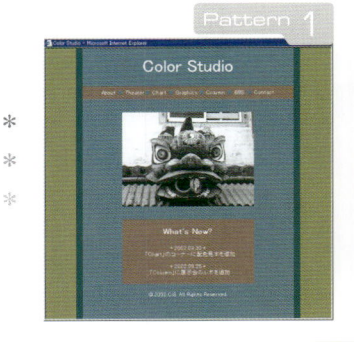

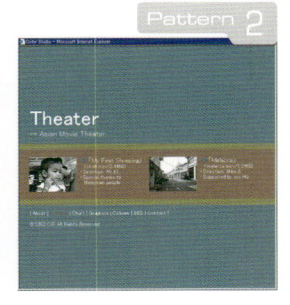

grayish ※ その他

Main	Sub	Balance
#6CA659 R:108 G:166 B:89	#4C80B3 R:76 G:128 B:179	#A69359 R:166 G:147 B:89
#854757 R:133 G:71 B:87	#477585 R:71 G:117 B:133	#857547 R:133 G:117 B:71
#7A3D8F R:122 G:61 B:143	#8F3D51 R:143 G:61 B:81	#8F7A3D R:143 G:122 B:61
#8C738C R:140 G:115 B:140	#666699 R:102 G:102 B:153	#738C7F R:115 G:140 B:127
#996666 R:153 G:102 B:102	#669972 R:102 G:153 B:114	#73798C R:115 G:121 B:140
#677A51 R:103 G:122 B:81	#65517A R:101 G:81 B:122	#669999 R:102 G:153 B:153
#3D668F R:61 G:102 B:143	#3D8F7A R:61 G:143 B:122	#8F8F3D R:143 G:143 B:61
#66998C R:102 G:153 B:140	#667399 R:102 G:115 B:153	#809966 R:128 G:153 B:102
#666699 R:102 G:102 B:153	#3D8F8F R:61 G:143 B:143	#8F8F3D R:143 G:143 B:61

※「その他」の配色については、CD-ROMの収録データで適用サンプルを見ることができます。

Color tone 11 濁った ※ grayish

Web配色事典

color tone 12 / dark grayish

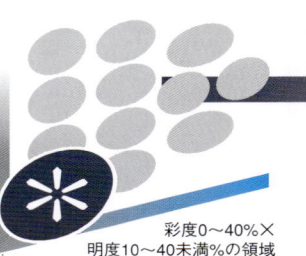

▶ 適用サンプル「index.html」から［配色チャート］へ
▶ 色見本「palette→photoshop→02_tone→12_d-gray.ACO」

「重い」トーン

低彩度・低明度の領域で、重厚で深みのあるトーンです。同トーンでは色相差が出づらく、セパレーションカラーなどをさしはさむ手法が有効です。文字やイメージなどの他要素に対照的なトーンを組み合わせると印象的に。

彩度0〜40%×
明度10〜40未満%の領域

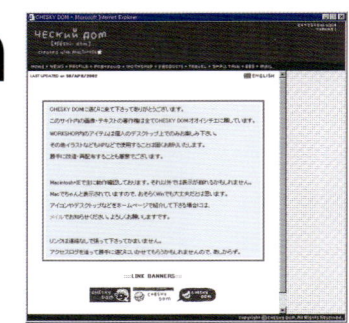

見本サイト ❈「CHESKY DOM」
http://chesky.pos.to/

配色のルール (→P.166)

Main:Sub 
[中差]

+1 Color

#EBEB47
R:235
G:235
B:71

配色チャート

Main — #6B6B2E
R:107
G:107
B:46

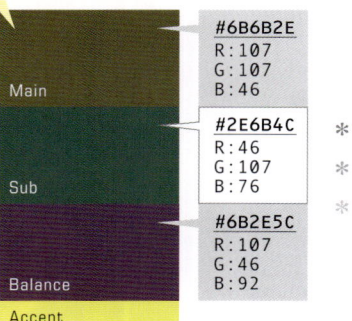

Sub — #2E6B4C
R:46
G:107
B:76

Balance — #6B2E5C
Accent — R:107
G:46
B:92

適用サンプル

Pattern 1

◆メインカラー（タイトルバック）
◆アクセントカラー
◆バランスカラー（調整色）
◆サブカラー（メニュー・テキストエリア）

Pattern 2

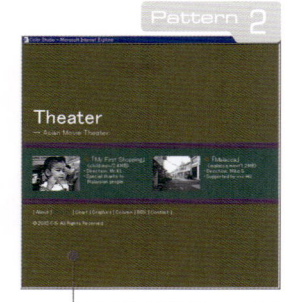

◆同じ配色を別デザインに適用

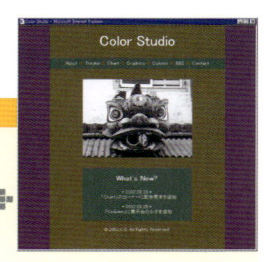

①黄土色（#6B6B2E）をメインに、中差色相にあたる緑（#2E6B4C）を組み合わせました。脇には紫（#6B2E5C）をもってきて色相差でメリハリを出しています。
②重厚ですが力強い印象になります。

アクセントカラー（4色目）追加のポイント

低彩度・低明度のdark grayishトーンでは、アクセントカラーは必須で、高明度トーンを中心に使用します。目立ちすぎを防ぐために、使用面積や彩度で調整します。ここでは、明るい黄色（#EBEB47）を差し色として使っています。

Accent — #EBEB47
R:235
G:235
B:71

Main:Sub
[補色]

+1 Color
#ABABBA
R:171
G:171
B:186

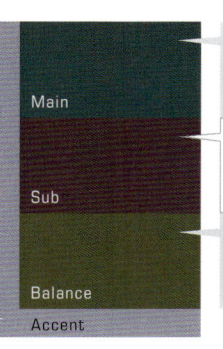

#356358
R:53
G:99
B:88

#633541
R:99
G:53
B:65

#5C6B2E
R:92
G:107
B:46

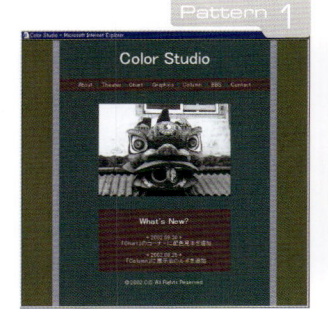

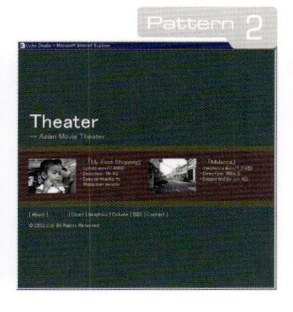

Main:Sub
[対照]

+1 Color
#A0C040
R:160
G:192
B:64

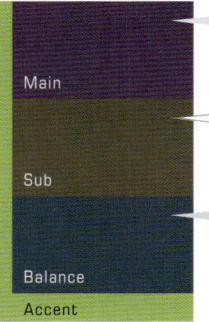

#633563
R:99
G:53
B:99

#636335
R:99
G:99
B:53

#355863
R:53
G:88
B:99

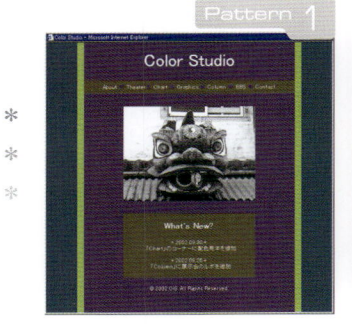

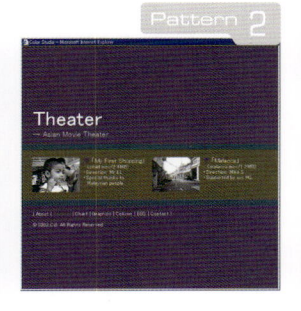

Main:Sub
[中差]

+1 Color
#FFCCCC
R:255
G:204
B:204

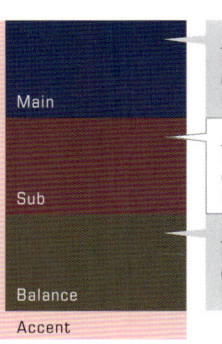

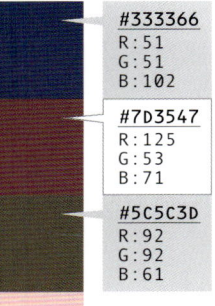

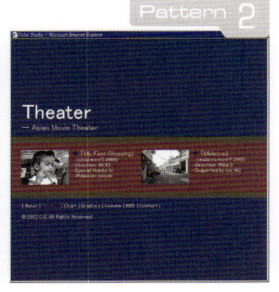

#333366
R:51
G:51
B:102

#7D3547
R:125
G:53
B:71

#5C5C3D
R:92
G:92
B:61

Color tone

12

重い

dark grayish

※ チャートは、Web表示したものを印刷用にCMYK変換しているため、色味が変化しているものがあります。
　実際の色表示は、CD-ROM収録のデータを参照してください。

Web配色事典

Color Chart — トーン別

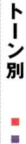

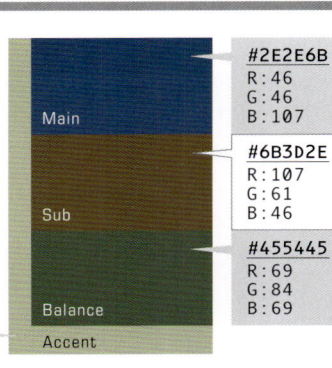

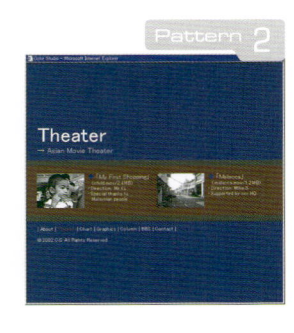

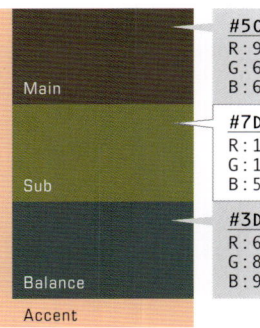

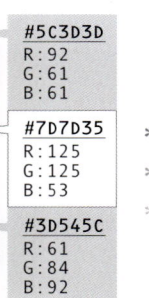

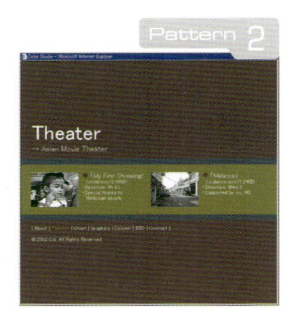

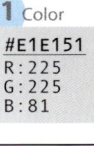

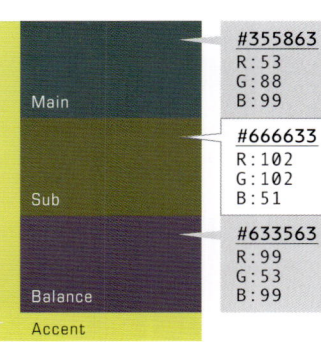

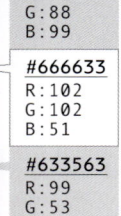

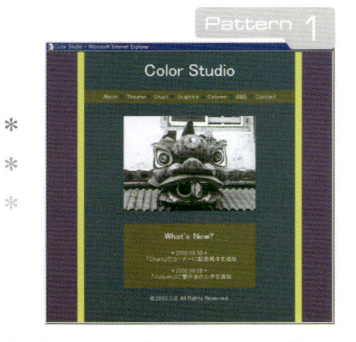

[対照]
Main:Sub

- **#2E2E6B** — R:46 G:46 B:107 (Main)
- **#6B3D2E** — R:107 G:61 B:46 (Sub)
- **#455445** — R:69 G:84 B:69 (Balance / Accent)

+1 Color
- **#C2C2A3** — R:194 G:194 B:163

[中差]
Main:Sub

- **#5C3D3D** — R:92 G:61 B:61 (Main)
- **#7D7D35** — R:125 G:125 B:53 (Sub)
- **#3D545C** — R:61 G:84 B:92 (Balance / Accent)

+1 Color
- **#F5B8A3** — R:245 G:184 B:163

[対照]
Main:Sub

- **#355863** — R:53 G:88 B:99 (Main)
- **#666633** — R:102 G:102 B:51 (Sub)
- **#633563** — R:99 G:53 B:99 (Balance / Accent)

+1 Color
- **#E1E151** — R:225 G:225 B:81

112 Web Coloring Book

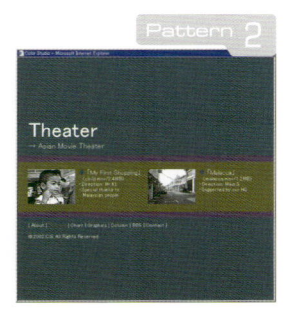

Main:Sub ［対照］

+1 Color
#BFCC99
R:191
G:204
B:153

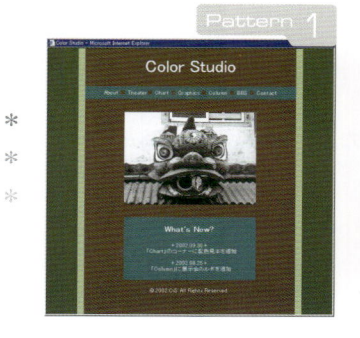

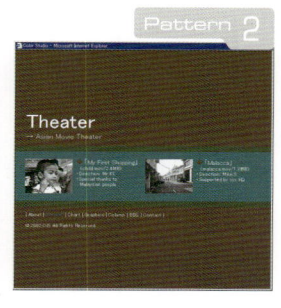

#634C35
R:99
G:76
B:53

Main

#357D7D
R:53
G:125
B:125

Sub

#416335
R:65
G:99
B:53

Balance
Accent

Main:Sub ［対照］

+1 Color
#D7D7C2
R:215
G:215
B:194

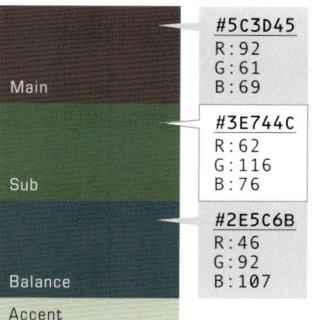

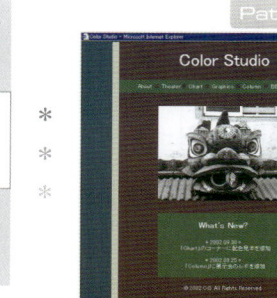

#5C3D45
R:92
G:61
B:69

Main

#3E744C
R:62
G:116
B:76

Sub

#2E5C6B
R:46
G:92
B:107

Balance
Accent

dark grayish ※その他

Main	Sub	Balance	Main	Sub	Balance	Main	Sub	Balance
#63354C R:99 G:53 B:76	#48357D R:72 G:53 B:125	#636335 R:99 G:99 B:53	#4C6335 R:76 G:99 B:53	#354C63 R:53 G:76 B:99	#3D5C5C R:61 G:92 B:92	#5C453D R:92 G:69 B:61	#597D35 R:89 G:125 B:53	#3D4C5C R:61 G:76 B:92
#3D5C5C R:61 G:92 B:92	#7D7D35 R:125 G:125 B:53	#663340 R:102 G:51 B:64	#5C3D54 R:92 G:61 B:84	#356B7D R:53 G:107 B:125	#5C5C3D R:92 G:92 B:61	#5C2E6B R:92 G:46 B:107	#6B6B2E R:107 G:107 B:46	#2E5C6B R:46 G:92 B:107
#7D6B35 R:125 G:107 B:53	#63354C R:99 G:53 B:76	#5C6B2E R:92 G:107 B:46	#3D5C45 R:61 G:92 B:69	#7D3558 R:125 G:53 B:88	#666633 R:102 G:102 B:51	#636335 R:99 G:99 B:53	#633535 R:99 G:53 B:53	#353563 R:53 G:53 B:99

※「その他」の配色については、CD-ROMの収録データで適用サンプルを見ることができます。

Web配色事典

Column

配色のヒント

リンクテキストカラーとアクセス済みリンクカラー

色の誘目性をリンクテキストの機能に使います

　テキストと背景色の関係（P.60）に関連して、Webデザイン特有の要素に、リンクテキストカラー（`<BODY>`タグに対しては LINK 属性で指定、スタイルシートの場合は、`A:link`に対して color プロパティで設定する色です）やアクセス済みリンクカラー（`<BODY>`タグの VLINK 属性、スタイルシートの、`V:link`に color で設定する色）があります。リンクテキストは「関連ページへジャンプ」、アクセス済みリンクテキストは「リンク先は既に訪問済み」という明確な機能をもったものです。では、これに適した色づかいとはどんなものでしょうか？

　この場合は、文字の視認性（P.60）はもちろんのこと、色の「誘目性」の高さもポイントになります。色の「誘目性」とは、「目立つ」こともそのひとつの要因ですが、それだけではなく「人の注意を引きつける」度合いのことをいいます。一般に赤・黄といった暖色系のほうが、緑・青などの寒色系よりも「誘目性」が高いといわれています。また他に比較して彩度が高いことも注意を引く要素となります。Webデザインにおいては、たとえばメニューボタンなどのナビゲーションの役割をもつ要素や重要なお知らせを表示する箇所は、「誘目性」が必要とされます。

　さて、リンクテキストカラーですが、Explorerの標準設定（指定がない場合に適用される色）は、リンクカラーが青（#0000FF）、アクセス済みリンクカラーが紫（#800080／#9900CC）。この青は高彩度の純色で目につきます。一方で紫のほうは、これに比較すると輝きを失った（色あせた）感じで誘目性が低くなっていることがわかります。

　ページ全体の配色関係を保つために、リンクテキストとアクセス済みリンクテキストを同じ色で指定するケースも見かけますが、ブラウズする側にとってはリンク先が既に見たページか否かがわかったほうが便利です。「色の機能」という点では、リンクテキスト＝誘目性の高い色、アクセス済みリンクテキスト＝比較的誘目性の低い色が正解といえます。

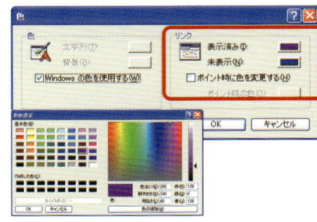

Explorerの「インターネットオプション」にある色のデフォルト設定。リンクカラー（未表示）が比較的「誘目性」の高い青で、アクセス済みリンクカラー（表示済み）が比較的「誘目性」の低い紫に設定されています

とくにこの組み合わせは、多くのサイトで採用されている「おなじみ」なので、より機能を果たしている配色といえます

Section・3
イメージ別 配色チャート
「印象」から選ぶ配色

1 ● さわやか・清潔 (Clear) **P.116**
2 ● 女らしい・フェミニン (Elegant) **P.120**
3 ● 楽しい・にぎやかな (Casual) **P.124**
4 ● 和風・伝統的な (Classic) **P.128**
5 ● エスニック・異国風 (Ethnic) **P.132**
6 ● 真面目な・堅実な (Formal) **P.136**
7 ● くつろぎ・のどかな (Natural) **P.140**
8 ● 幽玄・神秘的な (Mysterious) **P.144**
9 ● 元気な・活動的な (Sporty) **P.148**
10 ● かわいい・可憐な (Pretty) **P.152**
11 ● 都会的な・洗練された (Urban) **P.156**

color image 1

さわやか・清潔

▶ 適用サンプル「index.html」から［配色チャート］へ
▶ 色見本「palette→photoshop→03_image→01_clear.ACO」

Clear

さわやかさ・清潔さを表現するには、青・シアン系で、明るく澄んだ色を中心に配色します。初夏を思わせるような明るい黄緑系を合わせるのも効果的。濁色は、澄んだイメージを一蹴してしまうので、控えた方が賢明です。

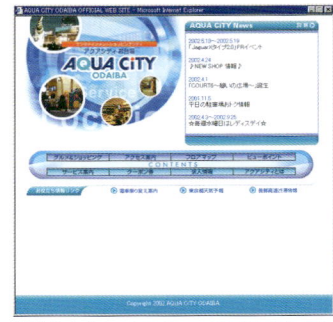

見本サイト ❋「AQUA CITY ODAIBA OFFICIAL WEB SITE」
http://www.aquacity.co.jp/

配色チャート

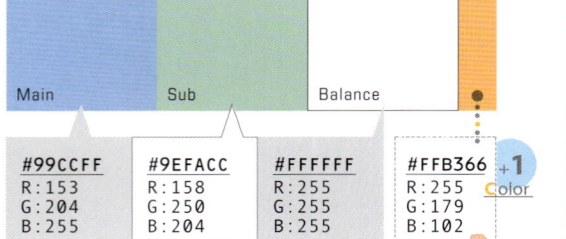

Accent / Main / Sub / Balance

#99CCFF	#9EFACC	#FFFFFF	#FFB366
R:153	R:158	R:255	R:255
G:204	G:250	G:255	G:179
B:255	B:204	B:255	B:102

+1 Color

① 澄んだ水色（#99CCFF）をメインに、ボタンの色には淡いシアン系（#9EFACC）を配色。白（#FFFFFF）を背景色として使った、典型的な配色です。
② サブカラーの淡さが全体の印象を左右する色使いです。

適用サンプル

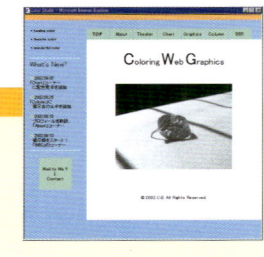

Pattern 1
メインカラー（テキストエリア）
サブカラー（メニュー・ボタン）
バランスカラー（調整色）

Pattern 2
同じ配色を別デザインに適用

アクセントカラー（4色目）追加のポイント

アクセントカラーとしては、「さわやか」系の配色にはあまり登場しない暖色も効果的です。その場合、クリアな雰囲気を壊さないように濁色は避けた方が無難です。ここでは、明るいオレンジ（#FFB366）をアクセントとして使っています。

Accent

#FFB366
R:255
G:179
B:102

さわやか・清潔

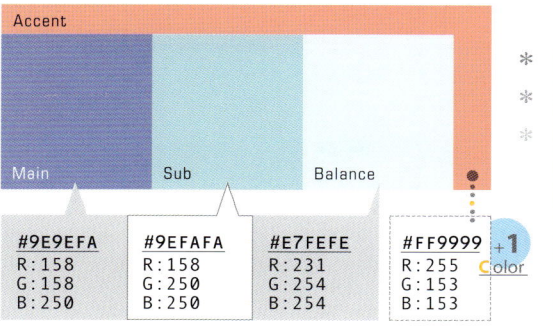

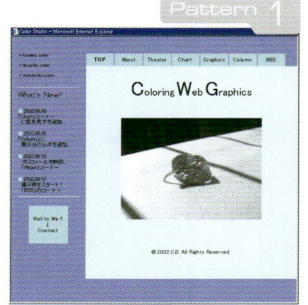

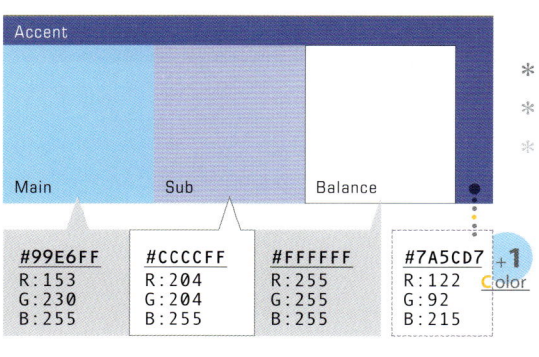

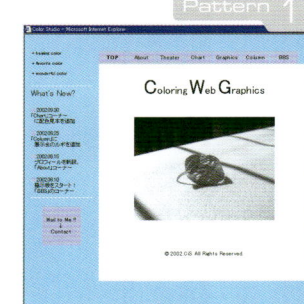

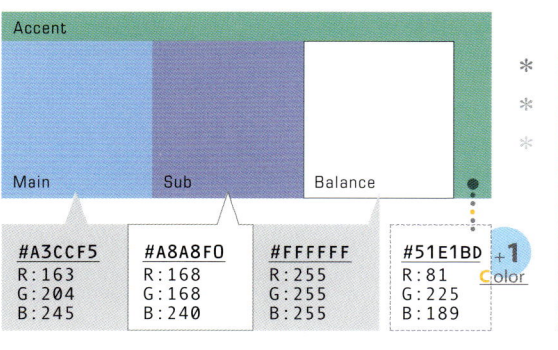

Clear

Pattern 1 | **Pattern 2**

Accent / Main / Sub / Balance / +1 Color

	Main	Sub	Balance	+1 Color
	#9E9EFA R:158 G:158 B:250	#9EFAFA R:158 G:250 B:250	#E7FEFE R:231 G:254 B:254	#FF9999 R:255 G:153 B:153
	#99E6FF R:153 G:230 B:255	#CCCCFF R:204 G:204 B:255	#FFFFFF R:255 G:255 B:255	#7A5CD7 R:122 G:92 B:215
	#A3CCF5 R:163 G:204 B:245	#A8A8F0 R:168 G:168 B:240	#FFFFFF R:255 G:255 B:255	#51E1BD R:81 G:225 B:189

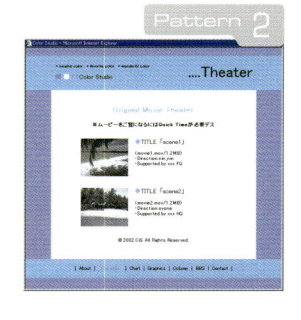

※チャートは、Web表示したものを印刷用にCMYK変換しているため、色味が変化しているものがあります。
　実際の色表示は、CD-ROM収録のデータを参照してください。

Web配色事典　117

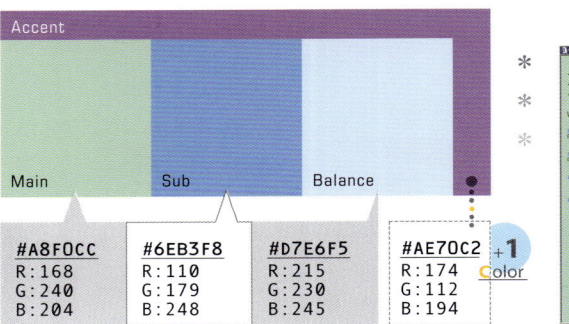

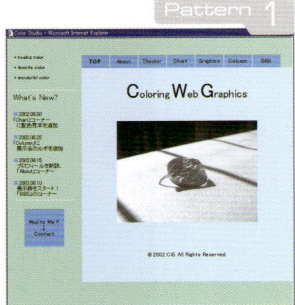

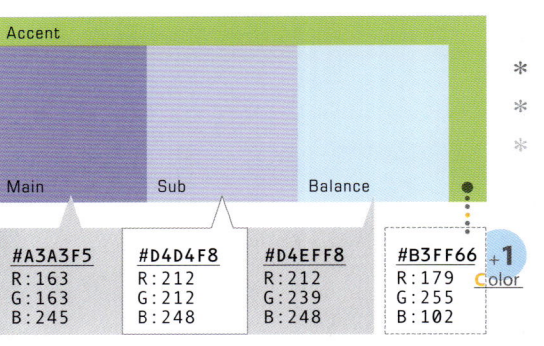

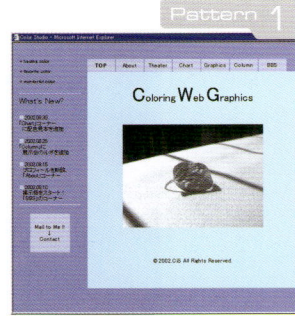

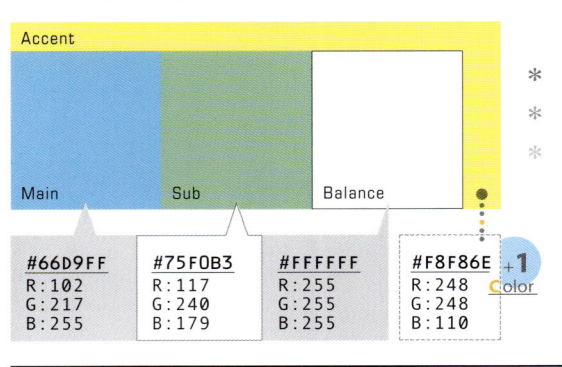

Accent

Main #A8F0CC R:168 G:240 B:204
Sub #6EB3F8 R:110 G:179 B:248
Balance #D7E6F5 R:215 G:230 B:245
+1 Color #AE70C2 R:174 G:112 B:194

Pattern 1 — Pattern 2

Accent

Main #A3A3F5 R:163 G:163 B:245
Sub #D4D4F8 R:212 G:212 B:248
Balance #D4EFF8 R:212 G:239 B:248
+1 Color #B3FF66 R:179 G:255 B:102

Pattern 1 — Pattern 2

Accent

Main #66D9FF R:102 G:217 B:255
Sub #75F0B3 R:117 G:240 B:179
Balance #FFFFFF R:255 G:255 B:255
+1 Color #F8F86E R:248 G:248 B:110

Pattern 1 — Pattern 2

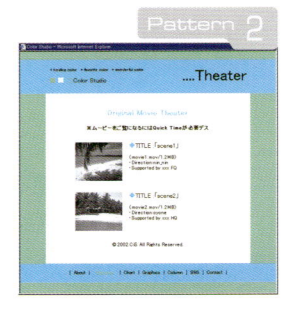

Color Chart / イメージ別

118 Web Coloring Book

Pattern 1 / Pattern 2

Accent | Main | Sub | Balance | +1 Color

- #A8BAF0 R:168 G:186 B:240
- #7DE8B3 R:125 G:232 B:179
- #CFFDFD R:207 G:253 B:253
- #F07594 R:240 G:117 B:148

- #6EF8D5 R:110 G:248 B:213
- #9EB5FA R:158 G:181 B:250
- #CFFDE6 R:207 G:253 B:230
- #4C0099 R:76   G:00   B:153

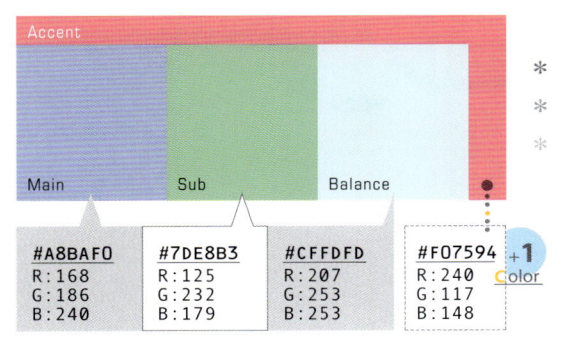

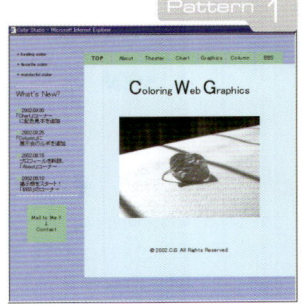

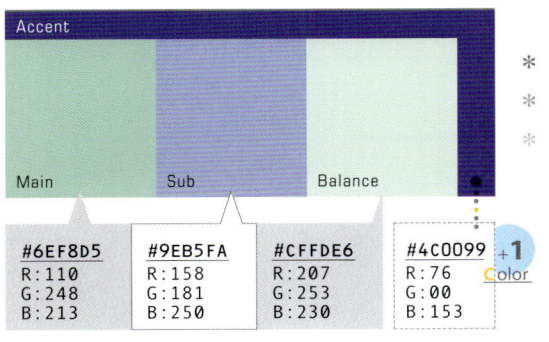

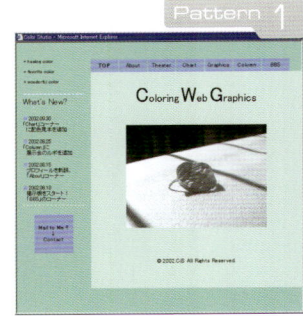

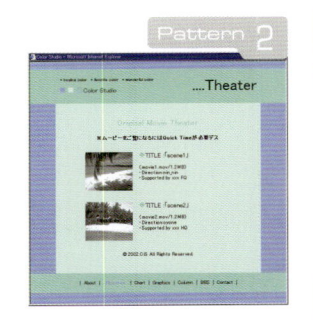

さわやか・清潔 ☀ その他 / Clear

Main	Sub	Balance
#75B3F0 R:117 G:179 B:240	#9EFAE3 R:158 G:250 B:227	#FFFFFF R:255 G:255 B:255
#AEAEEB R:174 G:174 B:235	#A3F5F5 R:163 G:245 B:245	#D1E6FA R:209 G:230 B:250
#75B3F0 R:117 G:179 B:240	#A8F0BA R:168 G:240 B:186	#CFF1FD R:207 G:241 B:253
#6EF8B3 R:110 G:248 B:179	#A8CCF0 R:168 G:204 B:240	#D4E6F8 R:212 G:230 B:248
#7DB3E8 R:125 G:179 B:232	#BEBEF4 R:190 G:190 B:244	#D4E6F8 R:212 G:230 B:248
#A8A8F0 R:168 G:168 B:240	#7DE8CE R:125 G:232 B:206	#D1FAE6 R:209 G:250 B:230
#7D98E8 R:125 G:152 B:232	#A3E1F5 R:163 G:225 B:245	#FFFFFF R:255 G:255 B:255
#7DE898 R:125 G:232 B:152	#A3F5E1 R:163 G:245 B:225	#FFFFFF R:255 G:255 B:255
#75F0D1 R:117 G:240 B:209	#A3F5A3 R:163 G:245 B:163	#FFFFFF R:255 G:255 B:255

※「その他」の配色については、CD-ROMの収録データで適用サンプルを見ることができます。

Web配色事典

color image 2

女らしい・フェミニン

▶適用サンプル「index.html」から［配色チャート］へ
▶色見本「palette→photoshop→03_image→02_elegant.ACO」

Elegant

女らしさの表現では、赤・赤紫・橙などの暖色系が使用色の中心です。紫系の色は、セクシーな雰囲気にならないように要注意。青紫系やグレイッシュな色を組み合わせると、より上品なイメージにすることができます。

見本サイト※「POLA cosmetic future -cofu-」
http://www.cofu.jp/

配色チャート

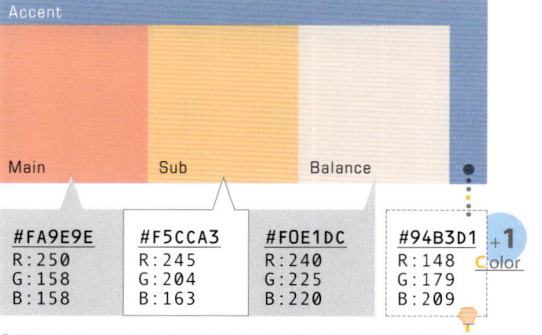

Accent

Main	Sub	Balance
#FA9E9E	#F5CCA3	#F0E1DC
R:250	R:245	R:240
G:158	G:204	G:225
B:158	B:163	B:220

+1 Color

#94B3D1
R:148
G:179
B:209

①柔らかいトーンのピンク（#FA9E9E）をメインカラーに、肌色に近いオレンジ（#F5CCA3）を配色。背景にはごく淡いピンク（#F0E1DC）を使用してソフトな印象に。
②全体にバランスのとれたかわいらしい印象です。

適用サンプル

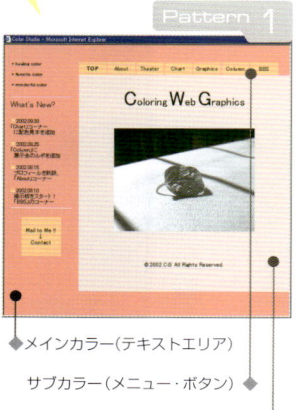

Pattern 1 — メインカラー（テキストエリア）／サブカラー（メニュー・ボタン）／バランスカラー（調整色）

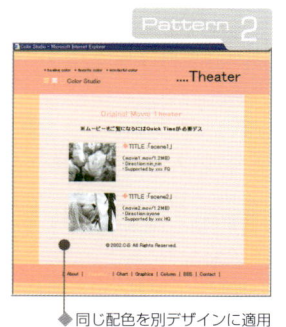

Pattern 2 — 同じ配色を別デザインに適用

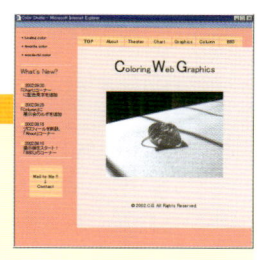

アクセントカラー（4色目）追加のポイント

女性らしさの表現では、トーンを抑えめにすることも特徴です。そのためアクセントカラーは、明るい色でかわいらしさを加えたり、さらに渋い色でドレッシーな感じを出したりします。ここでは後者にあたる青系（#94B3D1）を使用。

Accent

#94B3D1
R:148
G:179
B:209

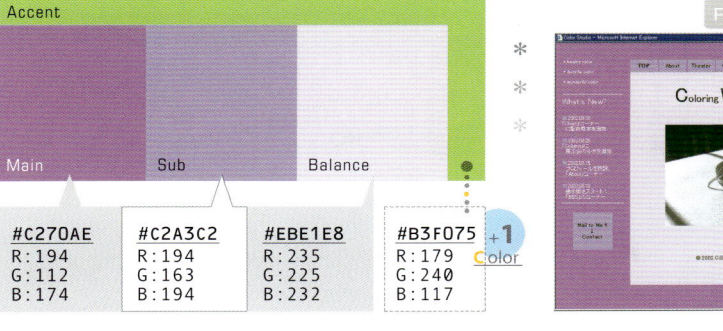

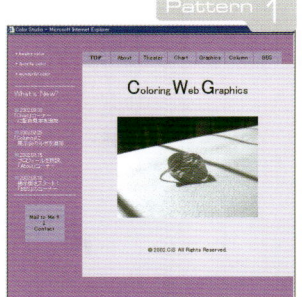

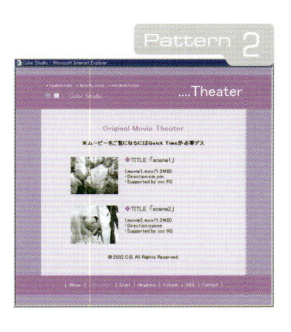

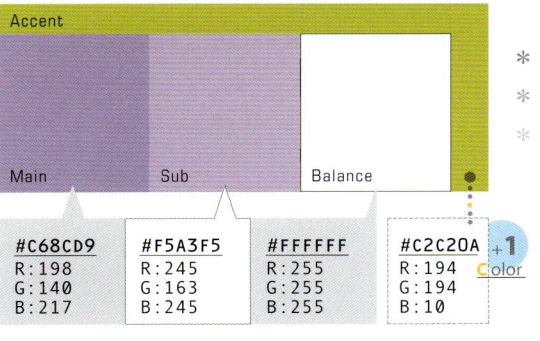

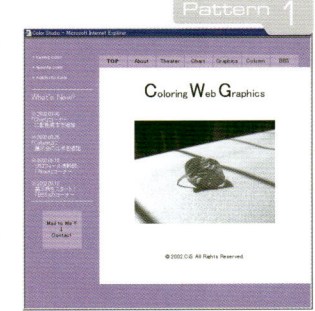

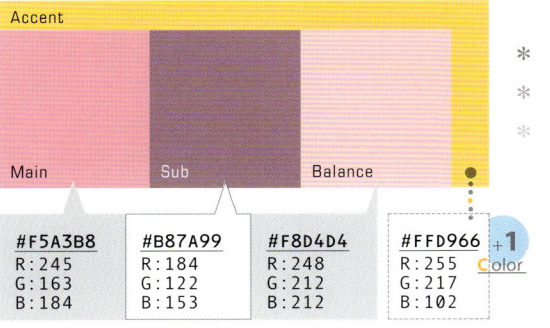

Accent

Main	Sub	Balance	+1 Color
#C270AE R:194 G:112 B:174	#C2A3C2 R:194 G:163 B:194	#EBE1E8 R:235 G:225 B:232	#B3F075 R:179 G:240 B:117

Accent

Main	Sub	Balance	+1 Color
#C68CD9 R:198 G:140 B:217	#F5A3F5 R:245 G:163 B:245	#FFFFFF R:255 G:255 B:255	#C2C20A R:194 G:194 B:10

Accent

Main	Sub	Balance	+1 Color
#F5A3B8 R:245 G:163 B:184	#B87A99 R:184 G:122 B:153	#F8D4D4 R:248 G:212 B:212	#FFD966 R:255 G:217 B:102

Color image

2 女らしい・フェミニン

Elegant

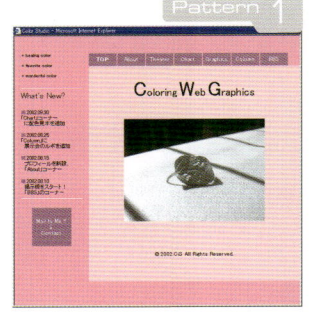

※チャートは、Web表示したものを印刷用にCMYK変換しているため、色味が変化しているものがあります。
　実際の色表示は、CD-ROM収録のデータを参照してください。

Web配色事典

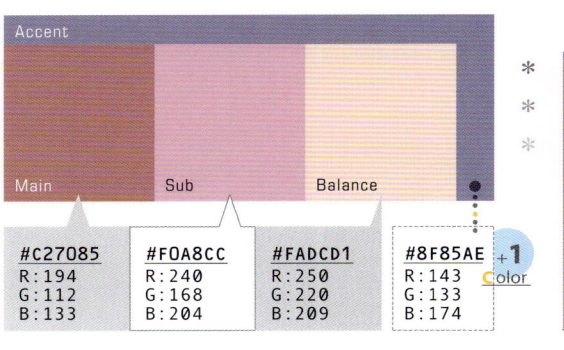

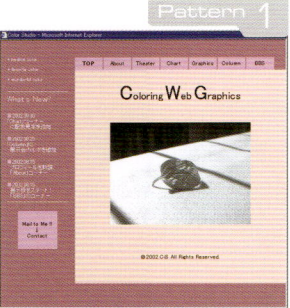

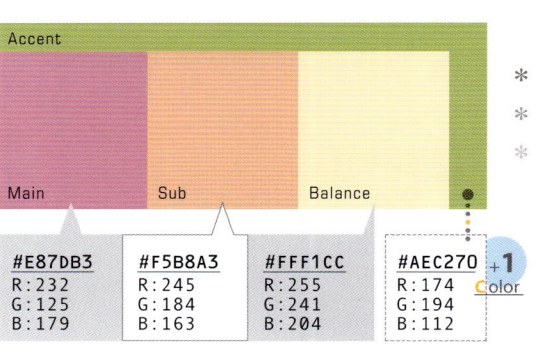

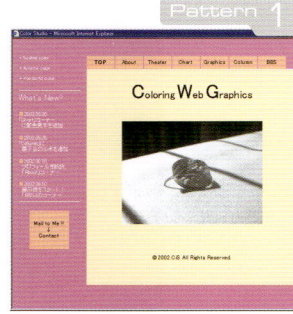

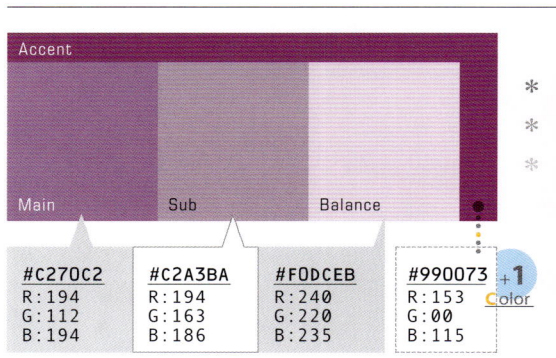

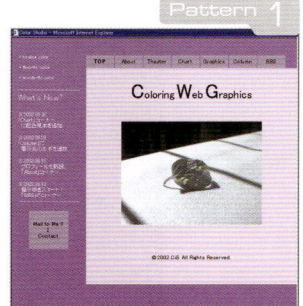

Accent

Main	Sub	Balance	+1 Color
#C27085	#F0A8CC	#FADCD1	#8F85AE
R:194	R:240	R:250	R:143
G:112	G:168	G:220	G:133
B:133	B:204	B:209	B:174

Accent

Main	Sub	Balance	+1 Color
#E87DB3	#F5B8A3	#FFF1CC	#AEC270
R:232	R:245	R:255	R:174
G:125	G:184	G:241	G:194
B:179	B:163	B:204	B:112

Accent

Main	Sub	Balance	+1 Color
#C270C2	#C2A3BA	#F0DCEB	#990073
R:194	R:194	R:240	R:153
G:112	G:163	G:220	G:00
B:194	B:186	B:235	B:115

Color Chart
イメージ別

Web Coloring Book

Accent

Main	Sub	Balance	+1 Color
#FAB59E R:250 G:181 B:158	#E1A3F5 R:225 G:163 B:245	#FAE6D1 R:250 G:230 B:209	#F0F075 R:240 G:240 B:117

Pattern 1 / Pattern 2

Accent

Main	Sub	Balance	+1 Color
#D98CD9 R:217 G:140 B:217	#F5A3CC R:245 G:163 B:204	#FFFFFF R:255 G:255 B:255	#99CC00 R:153 G:204 B:00

Pattern 1 / Pattern 2

女らしい・フェミニン その他

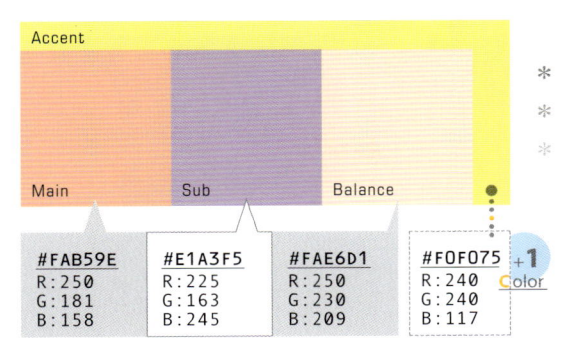

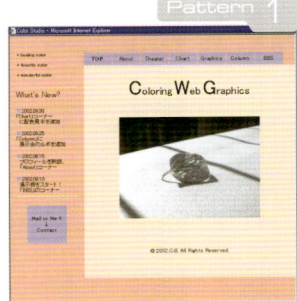

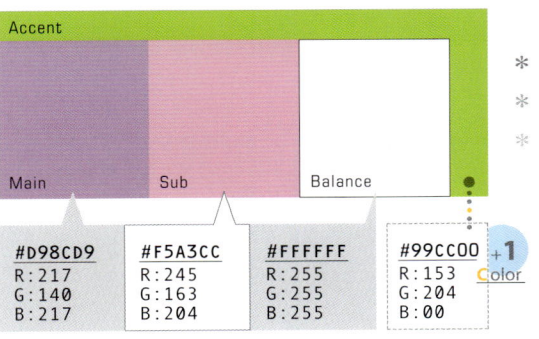

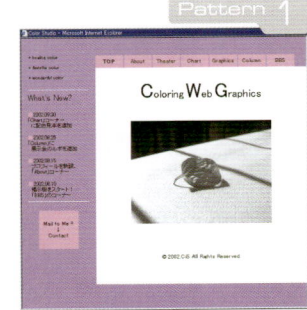

Main	Sub	Balance
#B87A8A R:184 G:122 B:138	#F0A8BA R:240 G:168 B:186	#F0DCE1 R:240 G:220 B:225
#C294D1 R:194 G:148 B:209	#E8B37D R:232 G:179 B:125	#FFFFFF R:255 G:255 B:255
#D98C8C R:217 G:140 B:140	#F0BAA8 R:240 G:186 B:168	#FDE6CF R:253 G:230 B:207

Main	Sub	Balance
#E8987D R:232 G:152 B:125	#FA9EB5 R:250 G:158 B:181	#F8DDD4 R:248 G:221 B:212
#E18585 R:225 G:133 B:133	#CA9C9C R:202 G:156 B:156	#F0DCDC R:240 G:220 B:220
#C68CD9 R:198 G:140 B:217	#FA9ECC R:250 G:158 B:204	#FFFFFF R:255 G:255 B:255

Main	Sub	Balance
#F075B3 R:240 G:117 B:179	#F0A8A8 R:240 G:168 B:168	#F0DEA8 R:240 G:222 B:168
#AE85A3 R:174 G:133 B:163	#D194A3 R:209 G:148 B:163	#E1C2B8 R:225 G:194 B:184
#D2ADF8 R:210 G:173 B:248	#FACC9E R:250 G:204 B:158	#FAF0D1 R:250 G:240 B:209

※「その他」の配色については、CD-ROMの収録データで適用サンプルを見ることができます。

Web配色事典

color image 3

楽しい・にぎやかな

▶ 適用サンプル「index.html」から[配色チャート]へ
▶ 色見本「palette→photoshop→03_image→03_casual.ACO」

Casual

高彩度の明るい清色が配色の中心で、色味は橙・赤・黄などの暖色系。とくに黄色は「にぎやかさ」を強調する色で、反対色である紫系を加えると、動的な印象に。緑と橙の組み合わせで、「愉快」な感じも表現可能です。

見本サイト ❋「うみにん公式ページ」
http://www.umininn.com/

Color Chart / イメージ別

配色チャート

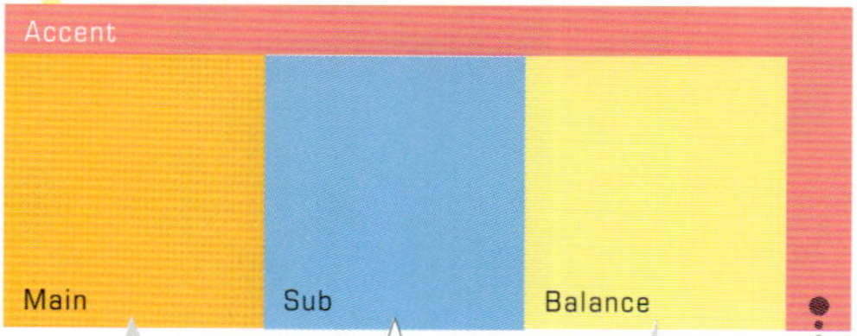

Accent / Main / Sub / Balance

#FFC000
R:255
G:192
B:00

#6ED5F8
R:110
G:213
B:248

#FFFF99
R:255
G:255
B:153

#FF668C
R:255
G:102
B:140
+1 Color

① 鮮やかなオレンジ(#FFC000)をメインに同トーンのシアン(#6ED5F8)を組み合わせ。さらにバックに黄色系(#FFFF99)を配色してポップな感じにまとめます。
② よりメリハリの効いた印象になります。

適用サンプル

Pattern 1 / Pattern 2

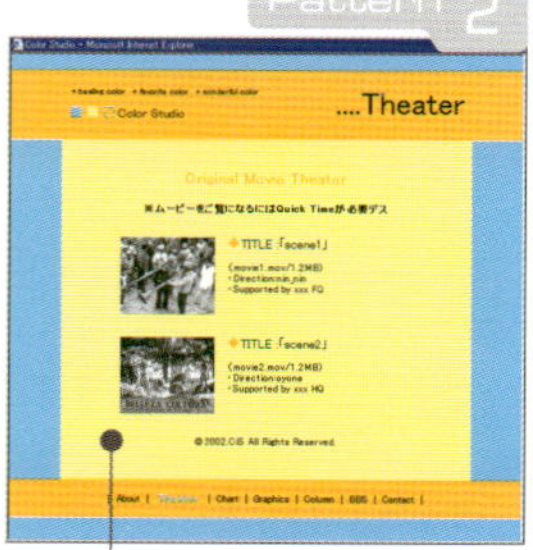

▶ 同じ配色を別デザインに適用

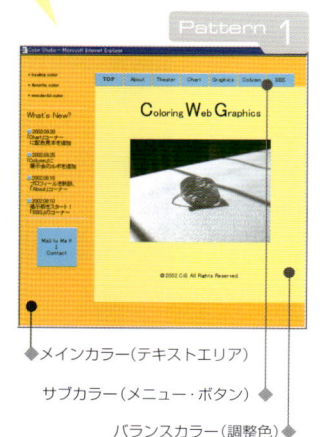

▶ メインカラー(テキストエリア)
▶ サブカラー(メニュー・ボタン)
▶ バランスカラー(調整色)

アクセントカラー(4色目)追加のポイント

鮮やかな色使いが中心となる配色では、それに対抗できるだけの強いインパクトのあるアクセントカラーが必要です。彩度が比較的高く重くなりすぎないことが大切。ここでは、ビビットなピンク(#FF668C)をアクセントにしています。

Accent

#FF668C
R:255
G:102
B:140

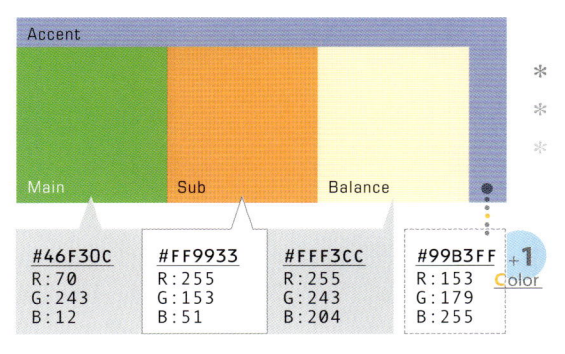

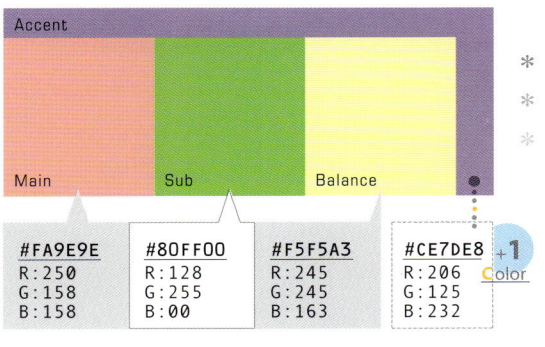

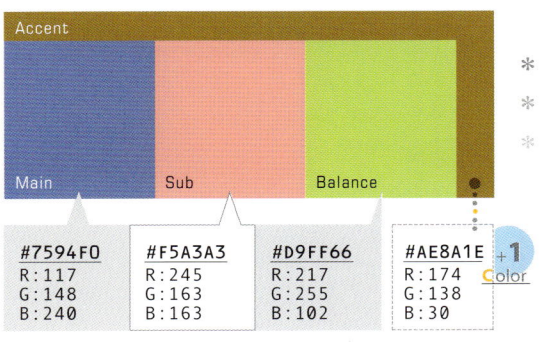

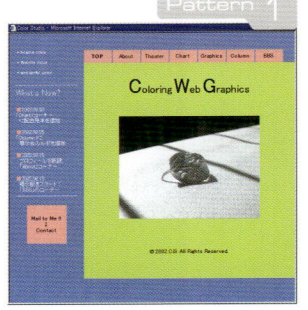

Accent			
Main	Sub	Balance	

#46F30C
R:70
G:243
B:12

#FF9933
R:255
G:153
B:51

#FFF3CC
R:255
G:243
B:204

#99B3FF
R:153
G:179
B:255

+1 Color

Accent			
Main	Sub	Balance	

#FA9E9E
R:250
G:158
B:158

#80FF00
R:128
G:255
B:00

#F5F5A3
R:245
G:245
B:163

#CE7DE8
R:206
G:125
B:232

+1 Color

Accent			
Main	Sub	Balance	

#7594F0
R:117
G:148
B:240

#F5A3A3
R:245
G:163
B:163

#D9FF66
R:217
G:255
B:102

#AE8A1E
R:174
G:138
B:30

+1 Color

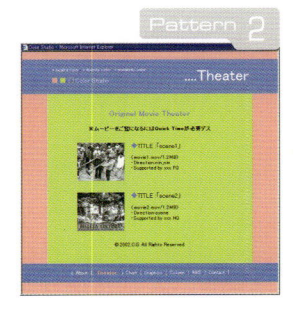

※チャートは、Web表示したものを印刷用にCMYK変換しているため、色味が変化しているものがあります。
　実際の色表示は、CD-ROM収録のデータを参照してください。

Color image

3 楽しい・にぎやかな

Casual

Web配色事典

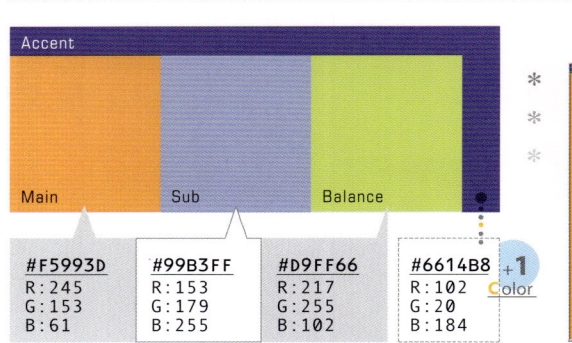

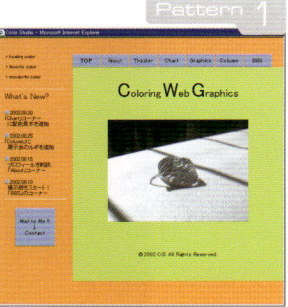

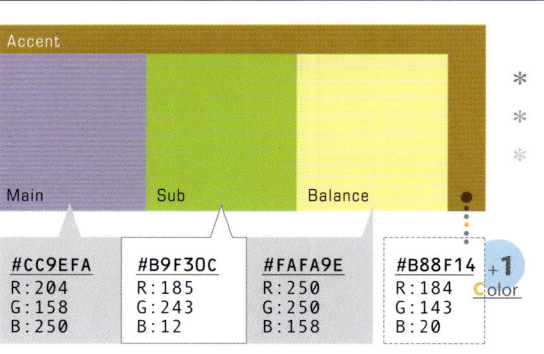

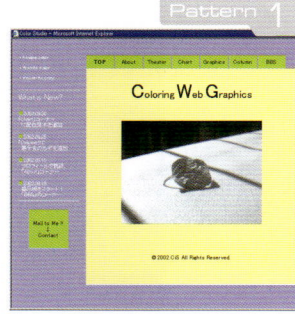

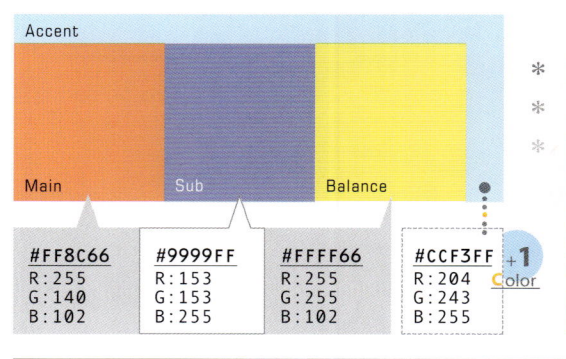

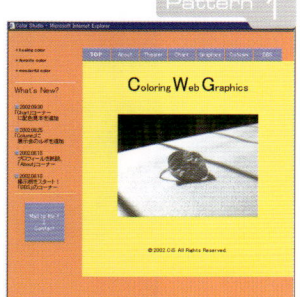

Accent

Main	Sub	Balance	+1 Color
#F5993D R:245 G:153 B:61	**#99B3FF** R:153 G:179 B:255	**#D9FF66** R:217 G:255 B:102	**#6614B8** R:102 G:20 B:184

Accent

Main	Sub	Balance	+1 Color
#CC9EFA R:204 G:158 B:250	**#B9F30C** R:185 G:243 B:12	**#FAFA9E** R:250 G:250 B:158	**#B88F14** R:184 G:143 B:20

Accent

Main	Sub	Balance	+1 Color
#FF8C66 R:255 G:140 B:102	**#9999FF** R:153 G:153 B:255	**#FFFF66** R:255 G:255 B:102	**#CCF3FF** R:204 G:243 B:255

Color Chart — イメージ別

126 Web Coloring Book

Pattern 1 / Pattern 2

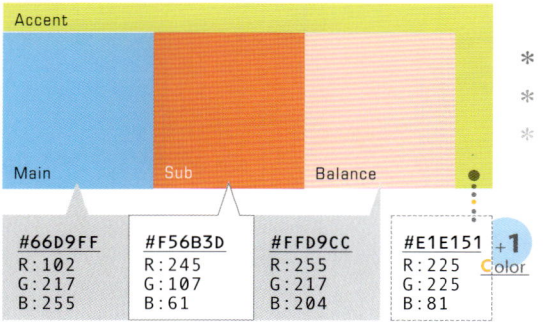

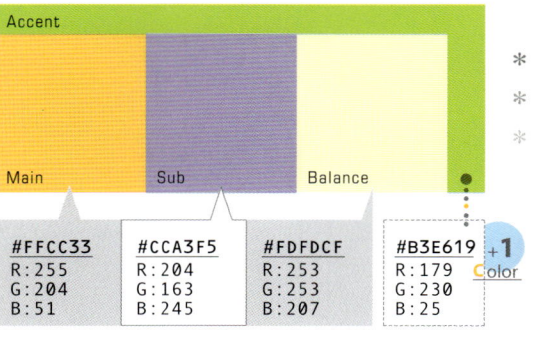

Accent

Main	Sub	Balance	+1 Color
#66D9FF R:102 G:217 B:255	#F56B3D R:245 G:107 B:61	#FFD9CC R:255 G:217 B:204	#E1E151 R:225 G:225 B:81

Accent

Main	Sub	Balance	+1 Color
#FFCC33 R:255 G:204 B:51	#CCA3F5 R:204 G:163 B:245	#FDFDCF R:253 G:253 B:207	#B3E619 R:179 G:230 B:25

楽しい・にぎやかな　その他

Main	Sub	Balance	Main	Sub	Balance	Main	Sub	Balance
#FA9EE3 R:250 G:158 B:227	#F53D99 R:245 G:61 B:153	#FAFA9E R:250 G:250 B:158	#F3B90C R:243 G:185 B:12	#80E619 R:128 G:230 B:25	#E1F86E R:225 G:248 B:110	#F86E90 R:248 G:110 B:144	#A3B8F5 R:163 G:184 B:245	#FFEA7F R:255 G:234 B:127
#F86E6E R:248 G:110 B:110	#D5F86E R:213 G:248 B:110	#F0D175 R:240 G:209 B:117	#9475F0 R:148 G:117 B:240	#F0A8F0 R:240 G:168 B:240	#F5F5A3 R:245 G:245 B:163	#CC33FF R:204 G:51 B:255	#99E6FF R:153 G:230 B:255	#F0F0A8 R:240 G:240 B:168
#F4E10B R:244 G:225 B:11	#4397EB R:67 G:151 B:235	#CCF1A8 R:204 G:241 B:168	#F07575 R:240 G:117 B:117	#B8A3F5 R:184 G:163 B:245	#F6FFCC R:246 G:255 B:204	#FF8000 R:255 G:128 B:00	#A8F0F0 R:168 G:240 B:240	#FFD966 R:255 G:217 B:102

※「その他」の配色については、CD-ROMの収録データで適用サンプルを見ることができます。

Web配色事典

color image 4

和風・伝統的な

▶ 適用サンプル「index.html」から［配色チャート］へ
▶ 色見本「palette→photoshop→03_image→04_classic.ACO」

Classic

赤（茶）系、黄緑系、紫色系の色や彩度の低い黄色などが使用色の中心になります。淡い色が中心の配色ではひなびた感じになり、濃い色が入ると、キリっと締まった感じが出せます。ワンポイント加える場合は明るい色を。

見本サイト✹「京都伝統産業　ふれあい館」
http://web.kyoto-inet.or.jp/org/fureaika/

配色チャート

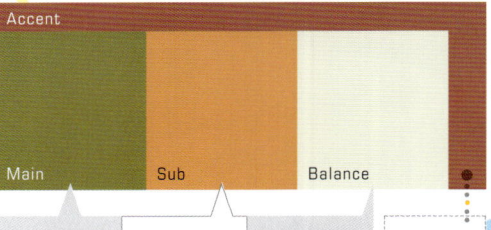

Accent / Main / Sub / Balance

#8F8F3D
R:143
G:143
B:61

#E19951
R:225
G:153
B:81

#EEEEDE
R:238
G:238
B:222

#B34C4C +1 Color
R:179
G:76
B:76

①渋いトーンの緑（#8F8F3D）に、サブカラーとして明るめの茶（#E19951）を配色。背景をグレー（#EEEEDE）でまとめた落ち着いた配色です。
②サブカラーが効いて、地味になりすぎない色使いです。

適用サンプル

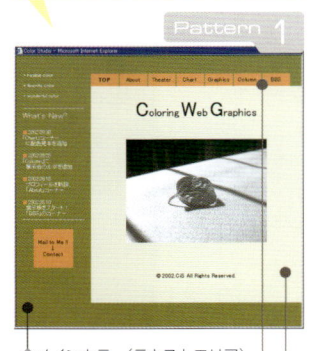

Pattern 1

◆メインカラー（テキストエリア）
◆サブカラー（メニュー・ボタン）
◆バランスカラー（調整色）

Pattern 2

◆同じ配色を別デザインに適用

アクセントカラー（4色目）追加のポイント

「渋さ」や「落ち着き」を表すこのイメージでは、アクセントカラーも鮮やかなものはあまり使いません。明度を落とした高彩度色か、渋みのある中彩度色を使用します。ここでは、強めの赤系（#B34C4C）の色を加えて引き締めました。

Accent

#B34C4C
R:179
G:76
B:76

Accent (1)

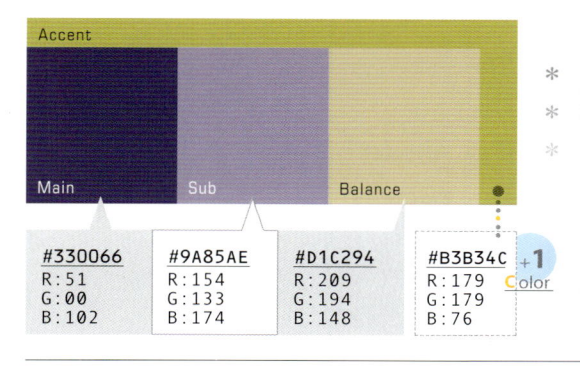

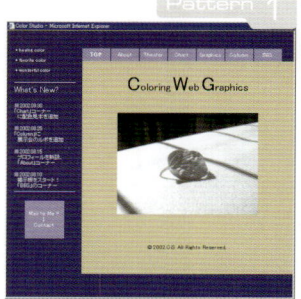

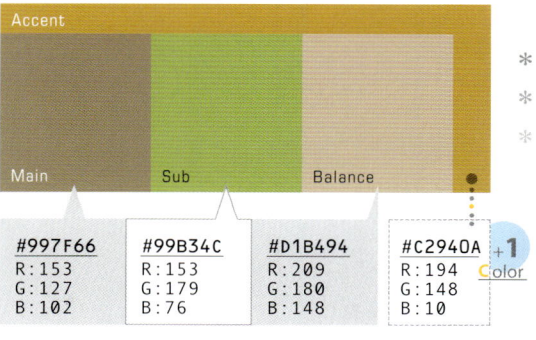

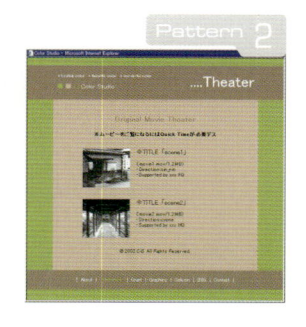

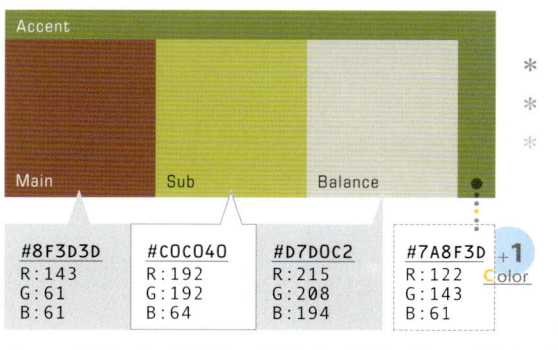

Main	Sub	Balance	+1 Color
#330066	#9A85AE	#D1C294	#B3B34C
R:51	R:154	R:209	R:179
G:00	G:133	G:194	G:179
B:102	B:174	B:148	B:76

Accent (2)

Main	Sub	Balance	+1 Color
#997F66	#99B34C	#D1B494	#C2940A
R:153	R:153	R:209	R:194
G:127	G:179	G:180	G:148
B:102	B:76	B:148	B:10

Accent (3)

Main	Sub	Balance	+1 Color
#8F3D3D	#C0C040	#D7D0C2	#7A8F3D
R:143	R:192	R:215	R:122
G:61	G:192	G:208	G:143
B:61	B:64	B:194	B:61

Color image　4　和風・伝統的な　Classic

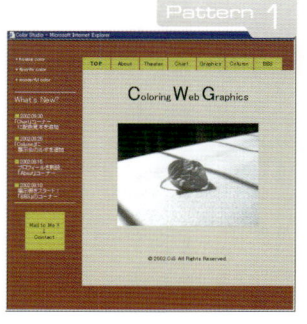

※チャートは、Web表示したものを印刷用にCMYK変換しているため、色味が変化しているものがあります。
　実際の色表示は、CD-ROM収録のデータを参照してください。

Web配色事典

Pattern 1 / Pattern 2

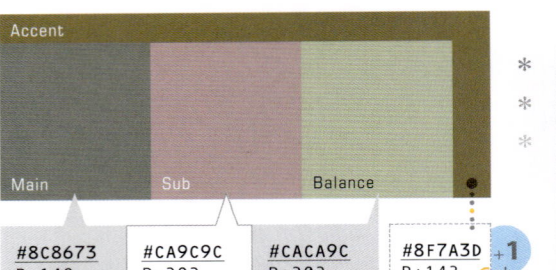

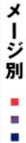

Accent
Main — #8C8673 R:140 G:134 B:115
Sub — #CA9C9C R:202 G:156 B:156
Balance — #CACA9C R:202 G:202 B:156
+1 Color — #8F7A3D R:143 G:122 B:61

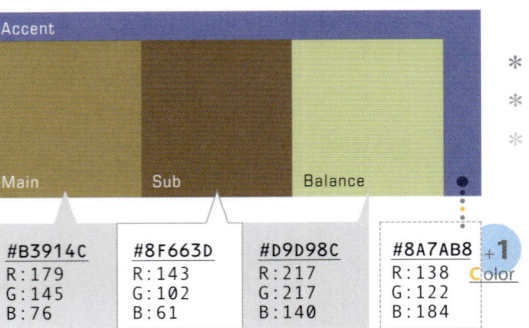

Accent
Main — #B3914C R:179 G:145 B:76
Sub — #8F663D R:143 G:102 B:61
Balance — #D9D98C R:217 G:217 B:140
+1 Color — #8A7AB8 R:138 G:122 B:184

Accent
Main — #828217 R:130 G:130 B:23
Sub — #C0A040 R:192 G:160 B:64
Balance — #DCDCBD R:220 G:220 B:189
+1 Color — #C27085 R:194 G:112 B:133

Color Chart イメージ別

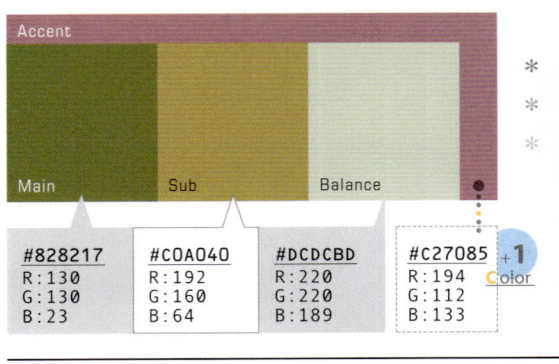

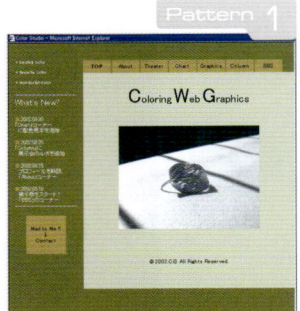

130 Web Coloring Book

Accent

Main	Sub	Balance	+1 Color
#65517A R:101 G:81 B:122	#B88A7A R:184 G:138 B:122	#CABD9C R:202 G:189 B:156	#677A51 R:103 G:122 B:81

Accent

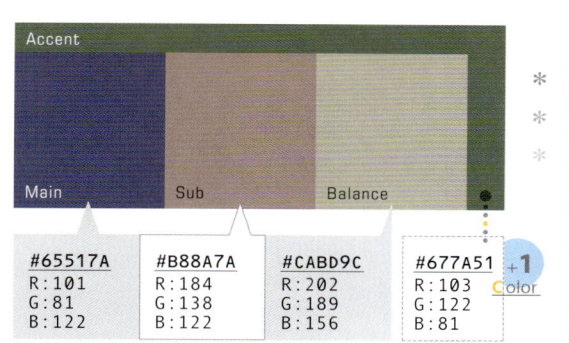

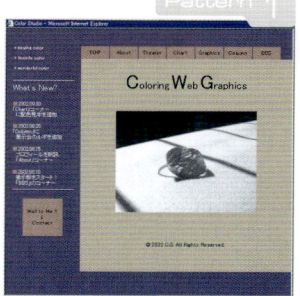

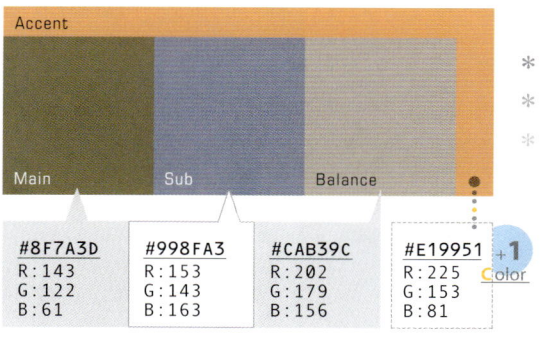

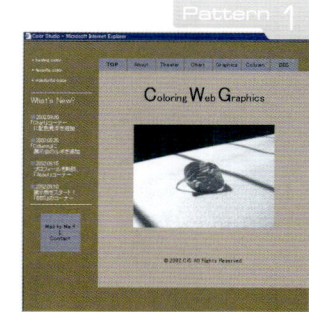

Main	Sub	Balance	+1 Color
#8F7A3D R:143 G:122 B:61	#998FA3 R:153 G:143 B:163	#CAB39C R:202 G:179 B:156	#E19951 R:225 G:153 B:81

和風・伝統的な / その他

Main	Sub	Balance
#C2C270 R:194 G:194 B:112	#3D3D5C R:61 G:61 B:92	#DCC5BD R:220 G:197 B:189
#857547 R:133 G:117 B:71	#D9AC26 R:217 G:172 B:38	#A8B87A R:168 G:184 B:122
#8F513D R:143 G:81 B:61	#CCA633 R:204 G:166 B:51	#D1D1C7 R:209 G:209 B:199
#A36628 R:163 G:102 B:40	#AEC270 R:174 G:194 B:112	#B8A87A R:184 G:168 B:122
#B3994C R:179 G:153 B:76	#B3ABBA R:179 G:171 B:186	#E1E1B8 R:225 G:225 B:184
#996680 R:153 G:102 B:128	#8F8F3D R:143 G:143 B:61	#C2C2A3 R:194 G:194 B:163
#7A3D8F R:122 G:61 B:143	#D7995C R:215 G:153 B:92	#C2B3A3 R:194 G:179 B:163
#D7995C R:215 G:153 B:92	#C2C270 R:194 G:194 B:112	#D1C7D1 R:209 G:199 B:209
#808C73 R:128 G:140 B:115	#CED8AF R:206 G:216 B:175	#CCAE99 R:204 G:174 B:153

※「その他」の配色については、CD-ROMの収録データで適用サンプルを見ることができます。

Web配色事典

color image 5
エスニック・異国風

▶ 適用サンプル「index.html」から[配色チャート]へ
▶ 色見本「palette→photoshop→03_image→05_ethnic.ACO」

Ethnic

彩度が高い暗清色（純色に黒を混ぜていく色）が配色の中心。茶・緑色系が、土や緑といった土着的な雰囲気に。明度の低い色を組み合わせると力強く、逆に、高明度色をアクセントにすることで刺激の強さを表現します。

見本サイト ❋ 「インド・タロットと守護神うらない」
http://www.so-net.ne.jp/india/

配色チャート

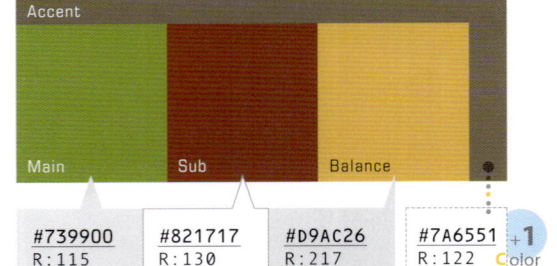

Accent / Main / Sub / Balance

#739900
R:115
G:153
B:00

#821717
R:130
G:23
B:23

#D9AC26
R:217
G:172
B:38

#7A6551
R:122
G:101
B:81

①高彩度の黄緑（#739900）をメインに、強いトーンの赤茶（#821717）を組み合わせた典型的な配色。背景も同トーンの橙（#D9AC26）でインパクトの強い配色です。
②全色強いトーンでバランスをとった色づかいです。

適用サンプル

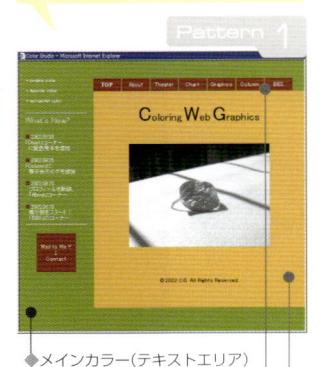

Pattern 1
◆ メインカラー（テキストエリア）
サブカラー（メニュー・ボタン）◆
バランスカラー（調整色）◆

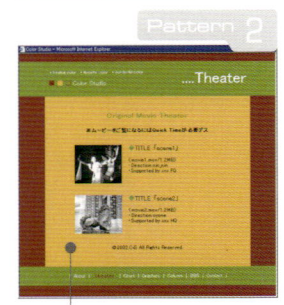

Pattern 2
同じ配色を別デザインに適用

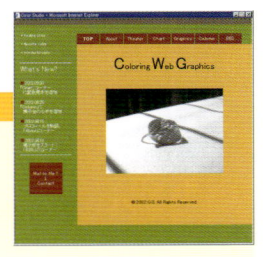

アクセントカラー（4色目）追加のポイント

強い調子の色味を多く使用するため、アクセントカラーは高明度色か、一転して重く濃い色の挟み込みが有効です。ここでは、濁りの強い茶（#7A6551）をアクセントカラーに使用し、対比の強さを緩和する役目もしています。

Accent
#7A6551
R:122
G:101
B:81

Accent			
Main	Sub	Balance	+1 Color
#B83D14	#B8B814	#D1D194	#FFFF19
R:184	R:184	R:209	R:255
G:61	G:184	G:209	G:255
B:20	B:20	B:148	B:25

Accent			
Main	Sub	Balance	+1 Color
#57450F	#C04060	#A3A328	#7F59A6
R:87	R:192	R:163	R:127
G:69	G:64	G:163	G:89
B:15	B:96	B:40	B:166

Accent			
Main	Sub	Balance	+1 Color
#61051C	#E67F19	#E1E185	#D75C99
R:97	R:230	R:225	R:215
G:05	G:127	G:225	G:92
B:28	B:25	B:133	B:153

Color image

5 エスニック・異国風

Ethnic

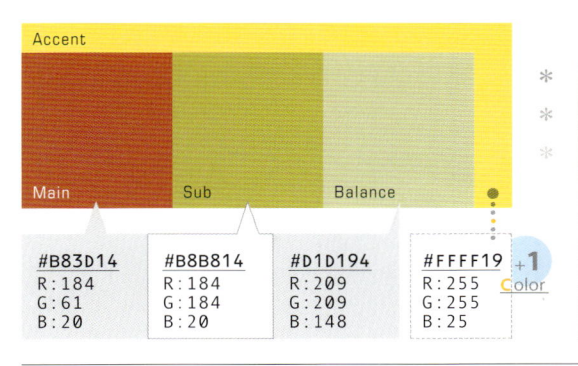

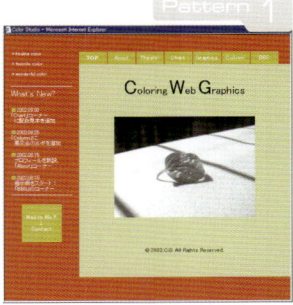

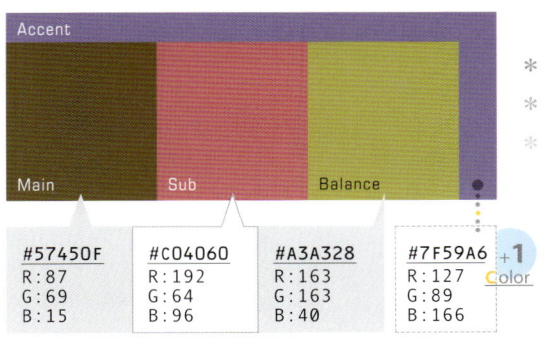

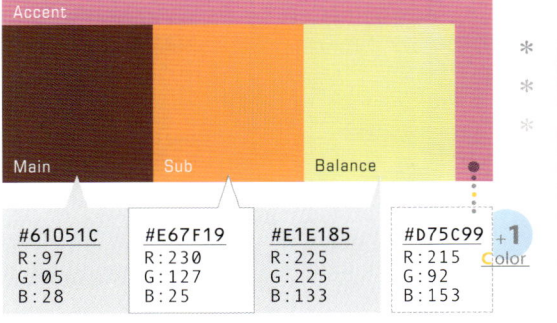

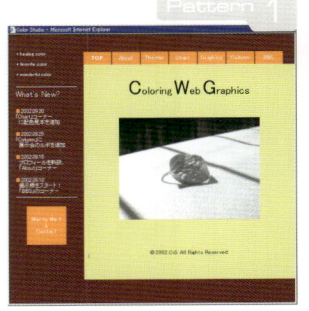

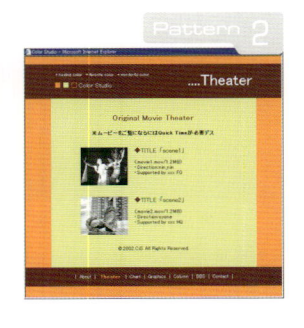

※チャートは、Web表示したものを印刷用にCMYK変換しているため、色味が変化しているものがあります。
　実際の色表示は、CD-ROM収録のデータを参照してください。

Web配色事典　133

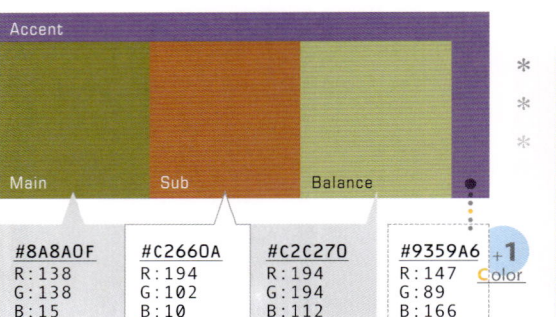

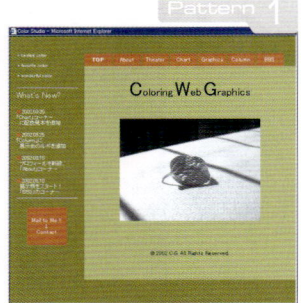

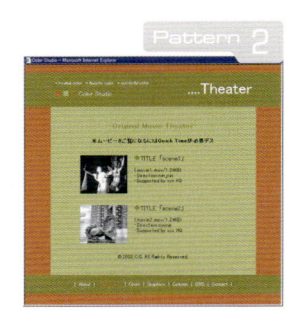

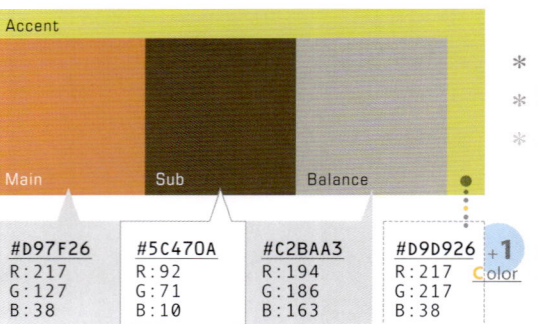

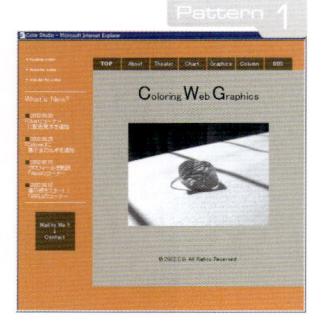

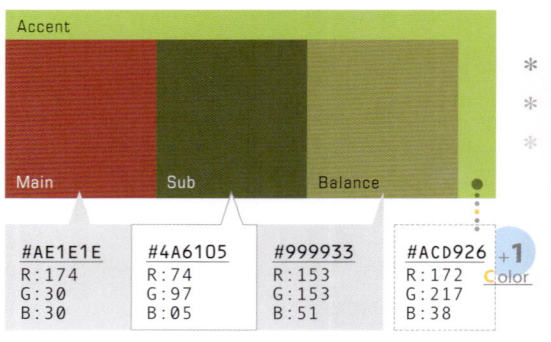

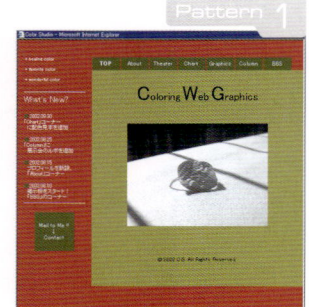

Color Chart
イメージ別

Accent / **Main** / **Sub** / **Balance**

#8A8A0F
R:138
G:138
B:15

#C2660A
R:194
G:102
B:10

#C2C270
R:194
G:194
B:112

#9359A6
R:147
G:89
B:166

+1 Color

Accent / **Main** / **Sub** / **Balance**

#D97F26
R:217
G:127
B:38

#5C470A
R:92
G:71
B:10

#C2BAA3
R:194
G:186
B:163

#D9D926
R:217
G:217
B:38

+1 Color

Accent / **Main** / **Sub** / **Balance**

#AE1E1E
R:174
G:30
B:30

#4A6105
R:74
G:97
B:05

#999933
R:153
G:153
B:51

#ACD926
R:172
G:217
B:38

+1 Color

---

134 Web Coloring Book

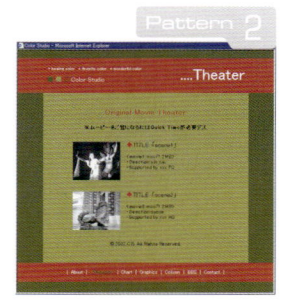

Pattern 1 / Pattern 2

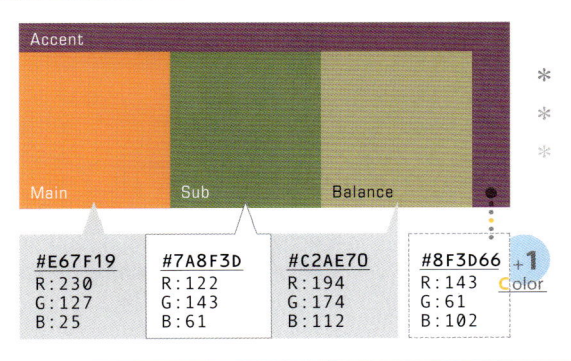

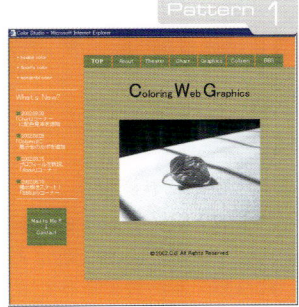

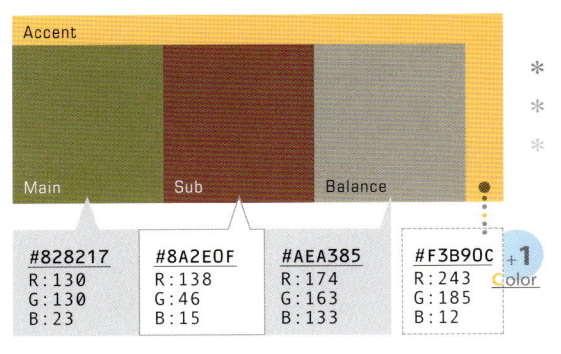

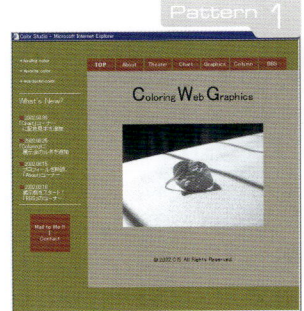

Accent | **Main** | **Sub** | **Balance**

#E67F19
R:230
G:127
B:25

#7A8F3D
R:122
G:143
B:61

#C2AE70
R:194
G:174
B:112

+1 Color
#8F3D66
R:143
G:61
B:102

#828217
R:130
G:130
B:23

#8A2E0F
R:138
G:46
B:15

#AEA385
R:174
G:163
B:133

+1 Color
#F3B90C
R:243
G:185
B:12

エスニック・異国風 その他

	Main	Sub	Balance
	#919107 R:145 G:145 B:07	#8A0F6B R:138 G:15 B:107	#CCA633 R:204 G:166 B:51
	#85A328 R:133 G:163 B:40	#91072A R:145 G:07 B:42	#C29970 R:194 G:153 B:112
	#678217 R:103 G:130 B:23	#8A2E0F R:138 G:46 B:15	#B3B34C R:179 G:179 B:76
	#4C6600 R:76 G:102 B:00	#916F07 R:145 G:111 B:07	#B8B87A R:184 G:184 B:122
	#996633 R:153 G:102 B:51	#C2C20A R:194 G:194 B:10	#A3AE85 R:163 G:174 B:133
	#CC6600 R:204 G:102 B:00	#8A8A0F R:138 G:138 B:15	#E1BD51 R:225 G:189 B:81
	#614A05 R:97 G:74 B:05	#B86614 R:184 G:102 B:20	#A0C040 R:160 G:192 B:64
	#821767 R:130 G:23 B:103	#E6B319 R:230 G:179 B:25	#A6CC33 R:166 G:204 B:51
	#AE1E66 R:174 G:30 B:102	#AEAE1E R:174 G:174 B:30	#B37F4C R:179 G:127 B:76

※「その他」の配色については、CD-ROMの収録データで適用サンプルを見ることができます。

Color image
5 エスニック・異国風
Ethnic

Web配色事典

color image 6

真面目な・堅実な

▶ 適用サンプル「index.html」から［配色チャート］へ
▶ 色見本「palette→photoshop→03_image→06_formal.ACO」

Formal

青色系が配色の中心で、青紫・黒などを組み合わせることによって、フォーマルな雰囲気になります。青に偏ると冷ややかな感じになりやすいので、グレイッシュな色を挟んだり青緑系を加えてバランス調整をします。

見本サイト ❋「みずほコーポレート銀行」
http://www.mizuhocbk.co.jp/

Color Chart イメージ別

配色チャート

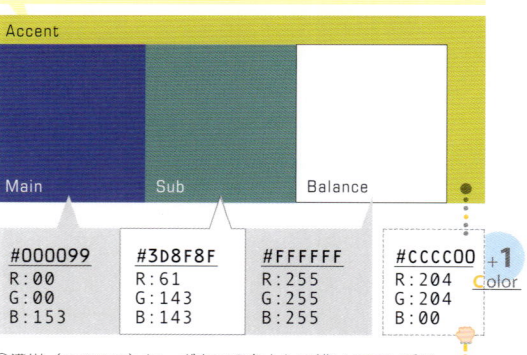

Accent / Main / Sub / Balance

#000099
R:00
G:00
B:153

#3D8F8F
R:61
G:143
B:143

#FFFFFF
R:255
G:255
B:255

#CCCC00 +1 Color
R:204
G:204
B:00

①濃紺（#000099）に、ボタンの色として濃いシアン系の色（#3D8F8F）を配色。背景色を白（#FFFFFF）でまとめた、スタンダードな配色です。
②キリッと引き締まった感が強まるデザインです。

適用サンプル

Pattern 1

▶ メインカラー（テキストエリア）
▶ サブカラー（メニュー・ボタン）
▶ バランスカラー（調整色）

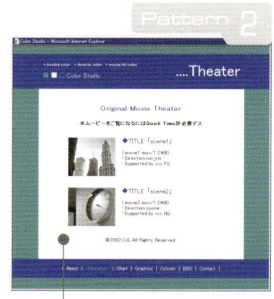

Pattern 2

◆ 同じ配色を別デザインに適用

アクセントカラー（4色目）追加のポイント

青系中心だと重くなりがちなため、アクセントカラーには対照的に見た目の明度が明るい黄色〜黄緑系などが効果的です。アクセントも鮮やかすぎると全体のバランスが崩れるので、やや渋めに。ここでは強いトーンの黄色（#CCCC00）を加えています。

Accent

#CCCC00
R:204
G:204
B:00

6 真面目な・堅実な / Formal

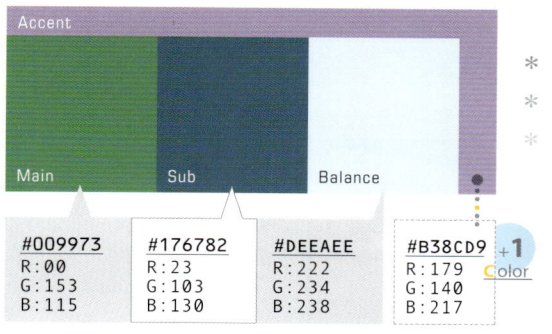

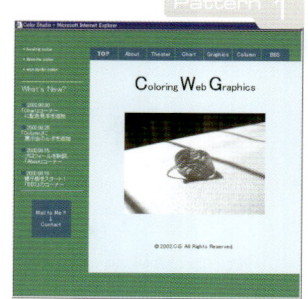

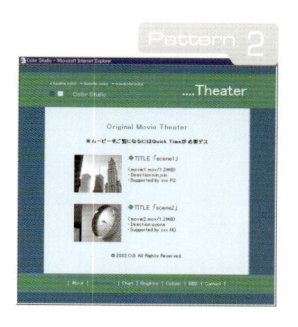

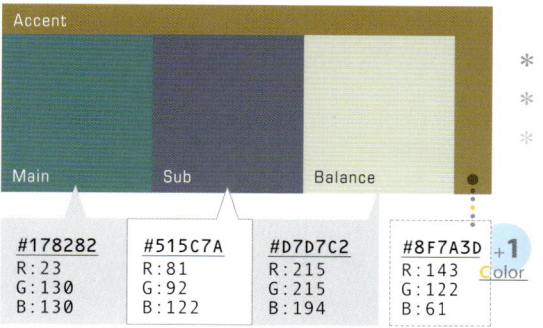

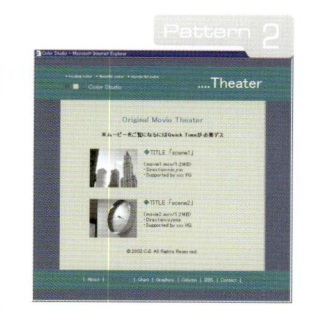

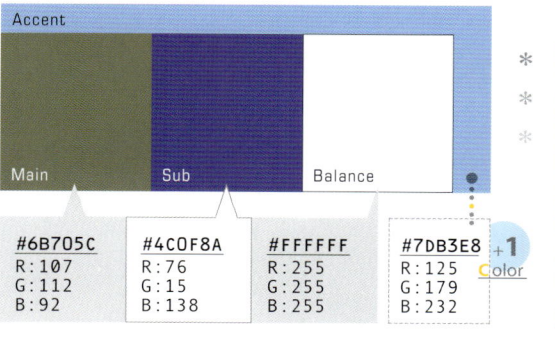

Accent

Main #009973 R:00 G:153 B:115
Sub #176782 R:23 G:103 B:130
Balance #DEEAEE R:222 G:234 B:238
+1 Color #B38CD9 R:179 G:140 B:217

Main #178282 R:23 G:130 B:130
Sub #515C7A R:81 G:92 B:122
Balance #D7D7C2 R:215 G:215 B:194
+1 Color #8F7A3D R:143 G:122 B:61

Main #6B705C R:107 G:112 B:92
Sub #4C0F8A R:76 G:15 B:138
Balance #FFFFFF R:255 G:255 B:255
+1 Color #7DB3E8 R:125 G:179 B:232

※チャートは、Web表示したものを印刷用にCMYK変換しているため、色味が変化しているものがあります。
　実際の色表示は、CD-ROM収録のデータを参照してください。

Web配色事典　137

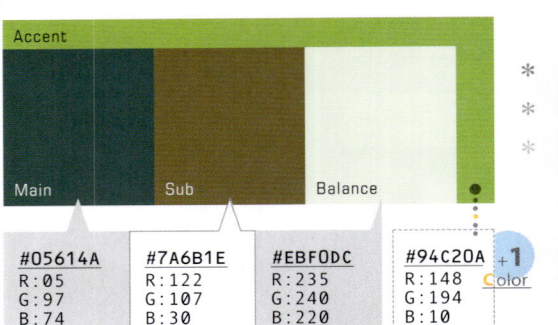

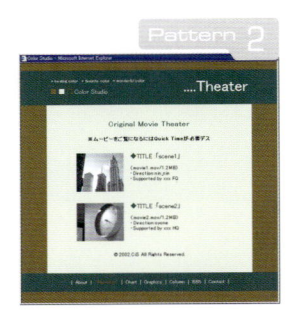

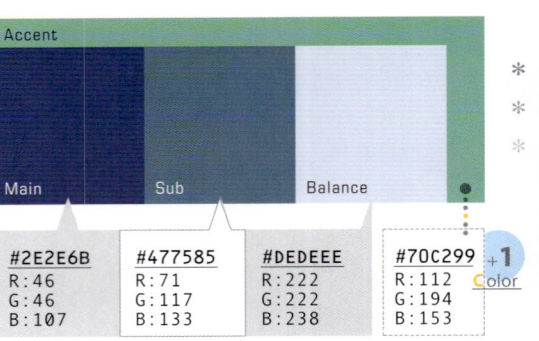

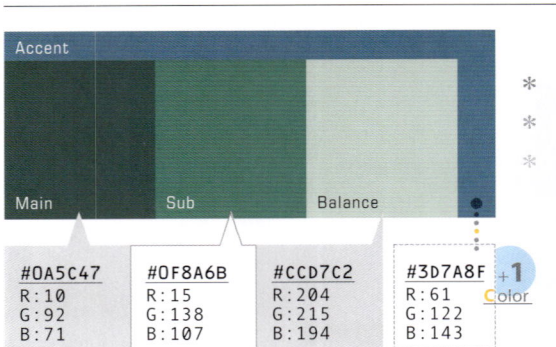

Color Chart / イメージ別

Accent 1

Main: **#05614A** R:05 G:97 B:74
Sub: **#7A6B1E** R:122 G:107 B:30
Balance: **#EBF0DC** R:235 G:240 B:220
+1 Color: **#94C20A** R:148 G:194 B:10

Pattern 1 / Pattern 2

Accent 2

Main: **#2E2E6B** R:46 G:46 B:107
Sub: **#477585** R:71 G:117 B:133
Balance: **#DEDEEE** R:222 G:222 B:238
+1 Color: **#70C299** R:112 G:194 B:153

Pattern 1 / Pattern 2

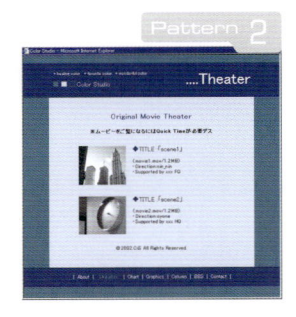

Accent 3

Main: **#0A5C47** R:10 G:92 B:71
Sub: **#0F8A6B** R:15 G:138 B:107
Balance: **#CCD7C2** R:204 G:215 B:194
+1 Color: **#3D7A8F** R:61 G:122 B:143

Pattern 1 / Pattern 2

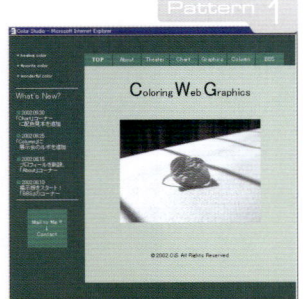

138 Web Coloring Book

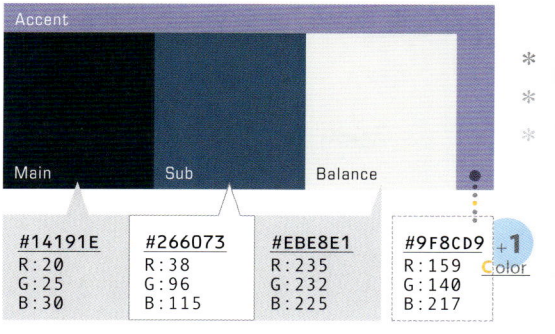

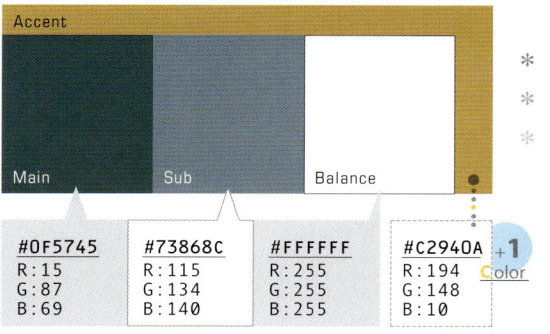

Accent

Main	Sub	Balance	+1 Color
#14191E R:20 G:25 B:30	#266073 R:38 G:96 B:115	#EBE8E1 R:235 G:232 B:225	#9F8CD9 R:159 G:140 B:217

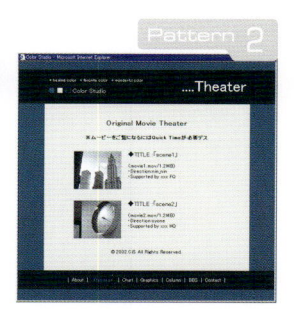

Accent

Main	Sub	Balance	+1 Color
#0F5745 R:15 G:87 B:69	#73868C R:115 G:134 B:140	#FFFFFF R:255 G:255 B:255	#C2940A R:194 G:148 B:10

真面目な・堅実な その他

Main	Sub	Balance	Main	Sub	Balance	Main	Sub	Balance
#176782 R:23 G:103 B:130	#330F57 R:51 G:15 B:87	#D7DEF5 R:215 G:222 B:245	#614A05 R:97 G:74 B:05	#668099 R:102 G:128 B:153	#ABBABA R:171 G:186 B:186	#311782 R:49 G:23 B:130	#517A70 R:81 G:122 B:112	#E1E8EB R:225 G:232 B:235
#1E7A4C R:30 G:122 B:76	#3D3D28 R:61 G:61 B:40	#CCD1C7 R:204 G:209 B:199	#47471E R:71 G:71 B:30	#51677A R:81 G:103 B:122	#D1D7C2 R:209 G:215 B:194	#517A7A R:81 G:122 B:122	#0A5C5C R:10 G:92 B:92	#FFFFFF R:255 G:255 B:255
#267373 R:38 G:115 B:115	#2E2E6B R:46 G:46 B:107	#D9EDF3 R:217 G:237 B:243	#176782 R:23 G:103 B:130	#11A1A1 R:17 G:161 B:161	#E3E8E5 R:227 G:232 B:229	#2E0F8A R:46 G:15 B:138	#51707A R:81 G:112 B:122	#C7D1D1 R:199 G:209 B:209

※「その他」の配色については、CD-ROMの収録データで適用サンプルを見ることができます。

Web配色事典

color image 7

くつろぎ・のどかな

▶ 適用サンプル「index.html」から［配色チャート］へ
▶ 色見本「palette→photoshop→03_image→07_natural.ACO」

Natural

明るめの清色かグレイッシュな色が配色の中心。刺激の強い純色は極力控えて、明度差も抑え気味にします。黄緑系・黄色を組み合わせると、のどかな雰囲気に。青系が加わると、エコロジーを感じさせる配色にもなります。

見本サイト ✱「はりま屋.com」
http://www.harima-ya.com/

配色チャート

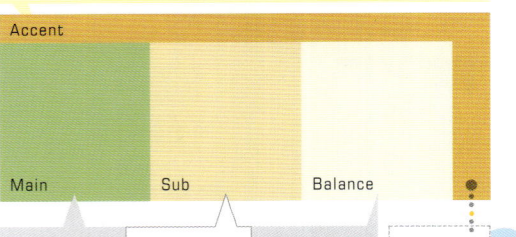

Accent / Main / Sub / Balance

#99C270	#EDD898	#F0F0DC	#D9AC26 +1 Color
R:153	R:237	R:240	R:217
G:194	G:216	G:240	G:172
B:112	B:152	B:220	B:38

①草色（#99C270）を中心に、サブカラーには高明度のオレンジ（#EDD898）を配色。背景に淡い緑（#F0F0DC）を組み合わせて落ち着きのある配色になっています。
②より「のどかな」感じが強まる配置。

適用サンプル

Pattern 1
メインカラー（テキストエリア）
サブカラー（メニュー・ボタン）
バランスカラー（調整色）

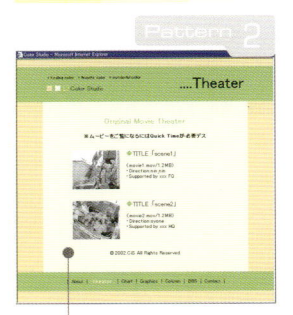

Pattern 2
同じ配色を別デザインに適用

アクセントカラー（4色目）追加のポイント

茶や緑のトーンの強い色など、自然界にある色をアクセントに使うのが雰囲気を壊さないポイント。奇抜な色味を使う場合は、彩度調整をしてなじませます。ここでは、黄土色（#D9AC26）をアクセントとして加えました。

Accent
#D9AC26
R:217
G:172
B:38

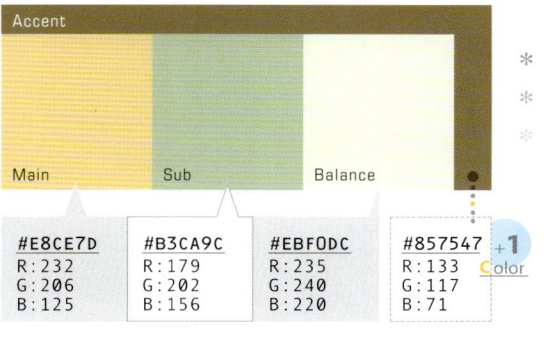

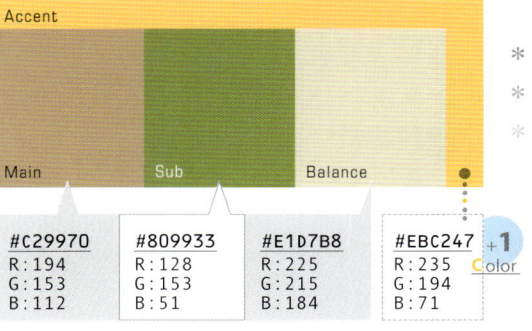

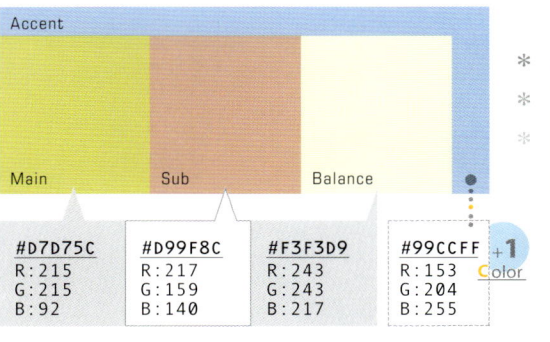

Accent

Main	Sub	Balance	+1 Color
#E8CE7D	#B3CA9C	#EBF0DC	#857547
R:232	R:179	R:235	R:133
G:206	G:202	G:240	G:117
B:125	B:156	B:220	B:71

Accent

Main	Sub	Balance	+1 Color
#C29970	#809933	#E1D7B8	#EBC247
R:194	R:128	R:225	R:235
G:153	G:153	G:215	G:194
B:112	B:51	B:184	B:71

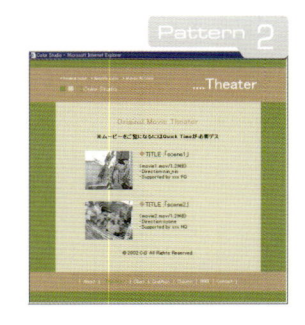

Accent

Main	Sub	Balance	+1 Color
#D7D75C	#D99F8C	#F3F3D9	#99CCFF
R:215	R:217	R:243	R:153
G:215	G:159	G:243	G:204
B:92	B:140	B:217	B:255

※チャートは、Web表示したものを印刷用にCMYK変換しているため、色味が変化しているものがあります。
実際の色表示は、CD-ROM収録のデータを参照してください。

Web配色事典　141

Color image　7　くつろぎ・のどかな　Natural

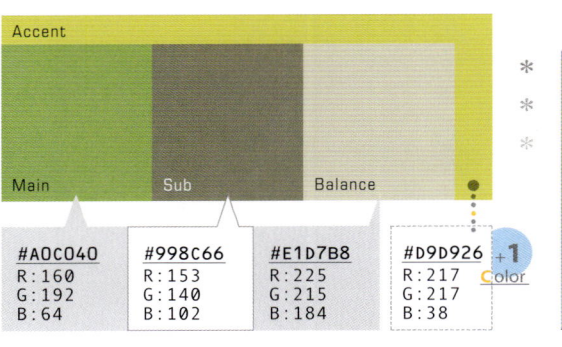

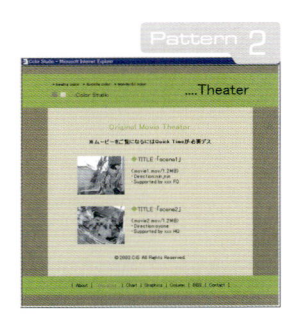

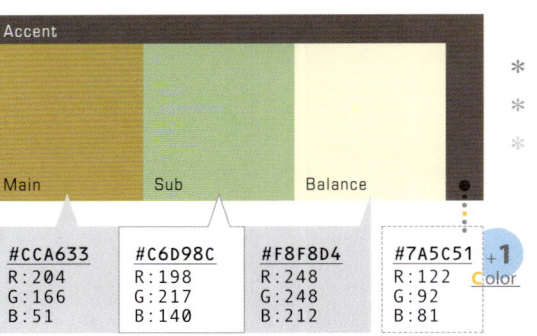

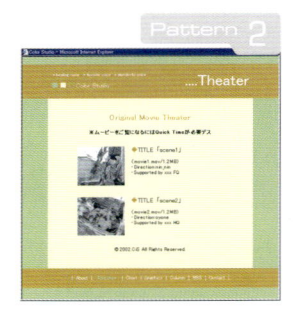

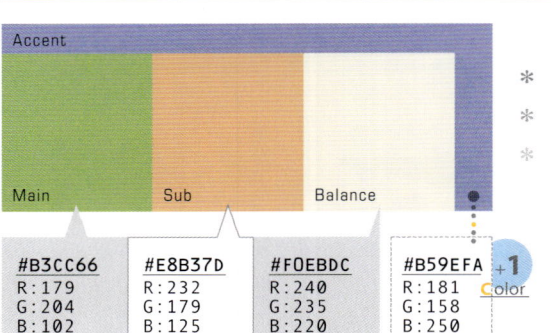

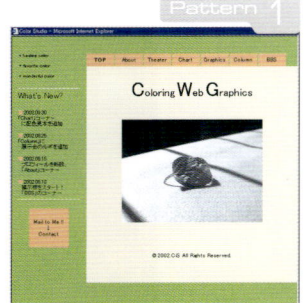

Accent

#A0C040
R:160
G:192
B:64

#998C66
R:153
G:140
B:102

#E1D7B8
R:225
G:215
B:184

#D9D926
R:217
G:217
B:38
+1 Color

Accent

#CCA633
R:204
G:166
B:51

#C6D98C
R:198
G:217
B:140

#F8F8D4
R:248
G:248
B:212

#7A5C51
R:122
G:92
B:81
+1 Color

Accent

#B3CC66
R:179
G:204
B:102

#E8B37D
R:232
G:179
B:125

#F0EBDC
R:240
G:235
B:220

#B59EFA
R:181
G:158
B:250
+1 Color

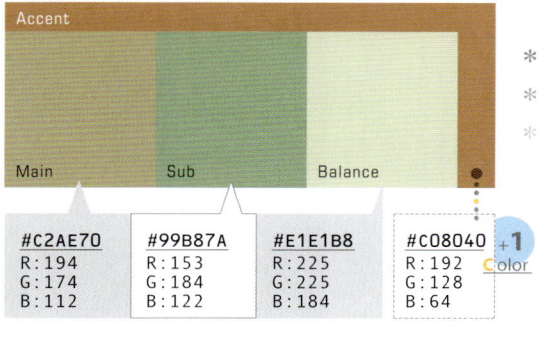

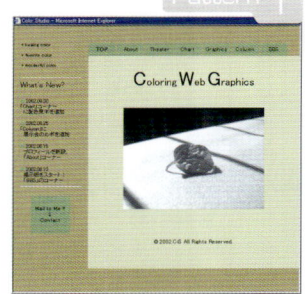

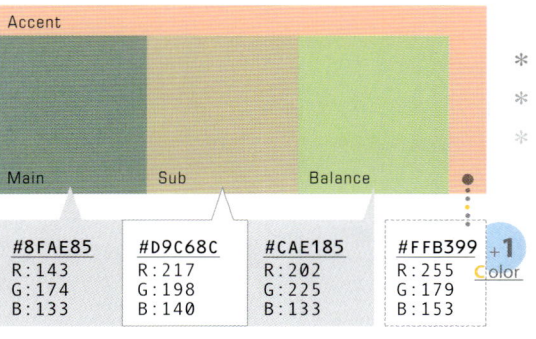

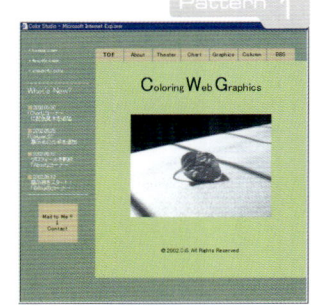

Accent

	Main	Sub	Balance	+1 Color
	#C2AE70 R:194 G:174 B:112	#99B87A R:153 G:184 B:122	#E1E1B8 R:225 G:225 B:184	#C08040 R:192 G:128 B:64

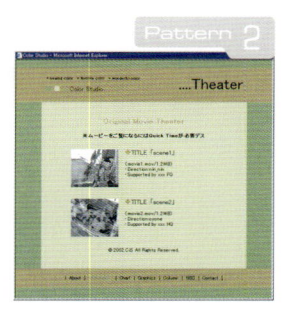

Accent

Main	Sub	Balance	+1 Color
#8FAE85 R:143 G:174 B:133	#D9C68C R:217 G:198 B:140	#CAE185 R:202 G:225 B:133	#FFB399 R:255 G:179 B:153

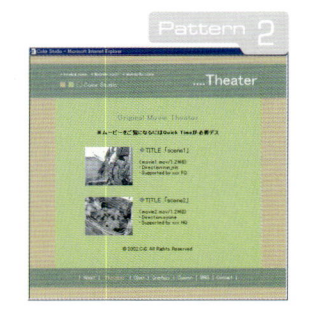

くつろぎ・のどかな ☀ その他

Main	Sub	Balance	Main	Sub	Balance	Main	Sub	Balance
#B8B87A R:184 G:184 B:122	#EBCCAE R:235 G:204 B:174	#F5F5D7 R:245 G:245 B:215	#D7D75C R:215 G:215 B:92	#99C270 R:153 G:194 B:112	#F4E7BE R:244 G:231 B:190	#D7B85C R:215 G:184 B:92	#B3D98C R:179 G:217 B:140	#DCDCBD R:220 G:220 B:189
#A6CC33 R:166 G:204 B:51	#AE9A85 R:174 G:154 B:133	#F0E1DC R:240 G:225 B:220	#B8997A R:184 G:153 B:122	#E1CA85 R:225 G:202 B:133	#AEC270 R:174 G:194 B:112	#AE9A85 R:174 G:154 B:133	#C0C040 R:192 G:192 B:64	#F0EBDC R:240 G:235 B:220
#D9B38C R:217 G:179 B:140	#D9D98C R:217 G:217 B:140	#EEEADE R:238 G:234 B:222	#80B34C R:128 G:179 B:76	#B3D194 R:179 G:209 B:148	#F5E6D7 R:245 G:230 B:215	#AEC270 R:174 G:194 B:112	#C29970 R:194 G:153 B:112	#D7D1C2 R:215 G:209 B:194

※「その他」の配色については、CD-ROMの収録データで適用サンプルを見ることができます。

color image 8

幽玄・神秘的な

▶ 適用サンプル「index.html」から［配色チャート］へ
▶ 色見本「palette→photoshop→03_image→08_mysterious.ACO」

Mysterious

青紫・紫系の高彩度色を使用します。全体が暗めのほうが幽玄さが増しますが、沈みすぎないようにするには、明度のやや高い色を組み合わせて調整します。挟み込む色としては、セピア系の色が効果的です。

見本サイト❈「闇の素材屋 0-zero-」
http://zero.loops.jp/

配色チャート

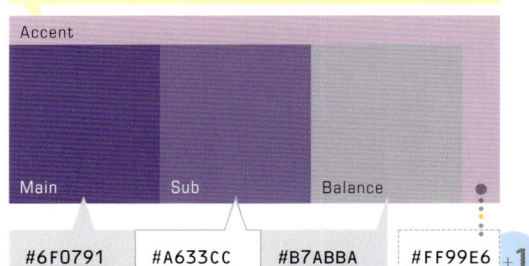

Accent

Main / Sub / Balance

#6F0791	#A633CC	#B7ABBA	#FF99E6 +1 Color
R:111	R:166	R:183	R:255
G:07	G:51	G:171	G:153
B:145	B:204	B:186	B:230

① 重厚な紫（#6F0791）をメインに、サブカラーにやや明るい紫（#A633CC）を組み合わせた配色。背景には彩度を落とした色（#B7ABBA）を使用した同系色配色です。
② 面積比が変わると、紫の印象がかなり変化します。

適用サンプル

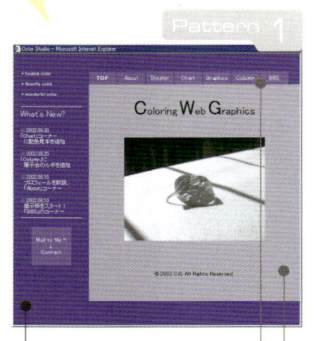

Pattern 1 / Pattern 2

◆ メインカラー（テキストエリア）
◆ サブカラー（メニュー・ボタン）
◆ バランスカラー（調整色） 
◆ 同じ配色を別デザインに適用

アクセントカラー（4色目）追加のポイント

紫系が配色の中心となるので、アクセントカラーの典型としてあげられるのは、補色にあたる黄色系です。または、パステル系など明度の高い色も有効です。ここでは、明るいピンク（#FF99E6）を加えて軽さをプラスしています。

Accent

#FF99E6
R:255
G:153
B:230

Pattern 1 / Pattern 2

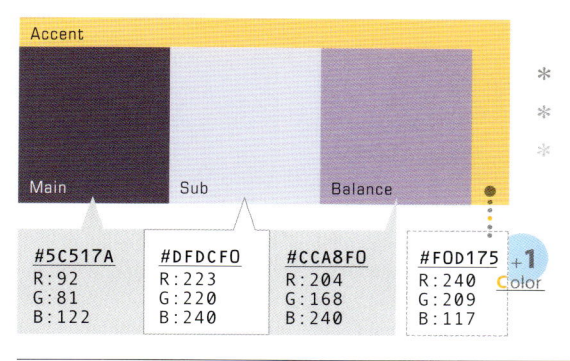

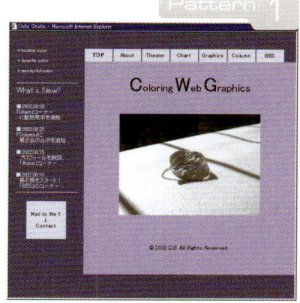

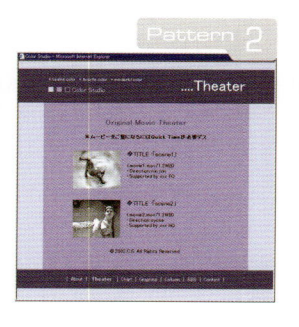

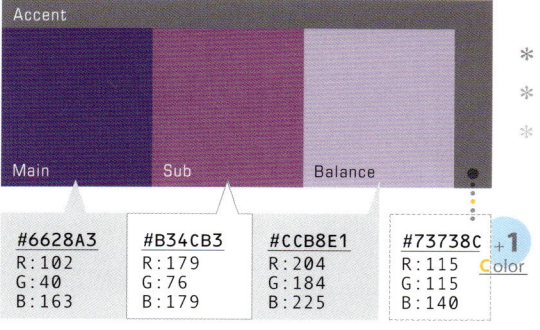

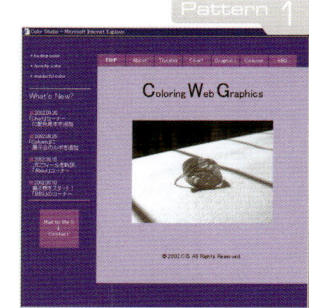

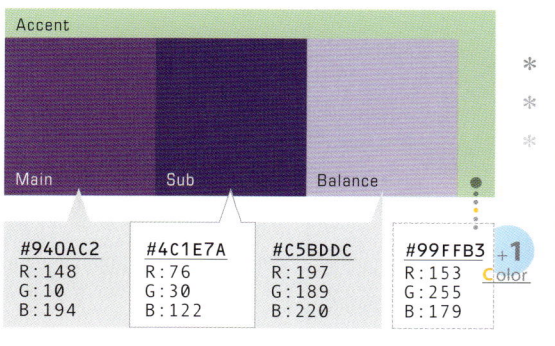

Accent

Main	Sub	Balance	+1 Color
#5C517A R:92 G:81 B:122	#DFDCF0 R:223 G:220 B:240	#CCA8F0 R:204 G:168 B:240	#F0D175 R:240 G:209 B:117

Accent

Main	Sub	Balance	+1 Color
#6628A3 R:102 G:40 B:163	#B34CB3 R:179 G:76 B:179	#CCB8E1 R:204 G:184 B:225	#73738C R:115 G:115 B:140

Accent

Main	Sub	Balance	+1 Color
#940AC2 R:148 G:10 B:194	#4C1E7A R:76 G:30 B:122	#C5BDDC R:197 G:189 B:220	#99FFB3 R:153 G:255 B:179

Color image　8　幽玄・神秘的な　Mysterious

※チャートは、Web表示したものを印刷用にCMYK変換しているため、色味が変化しているものがあります。
　実際の色表示は、CD-ROM収録のデータを参照してください。

Web配色事典　145

Color Chart
イメージ別

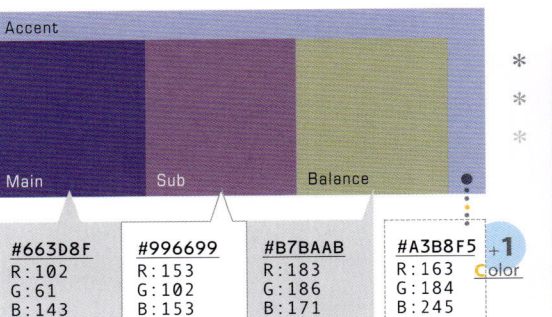

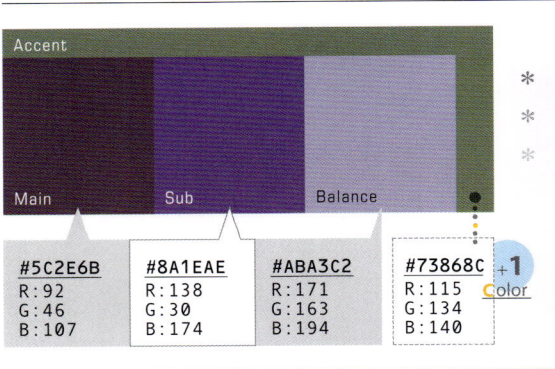

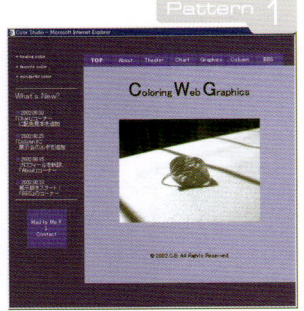

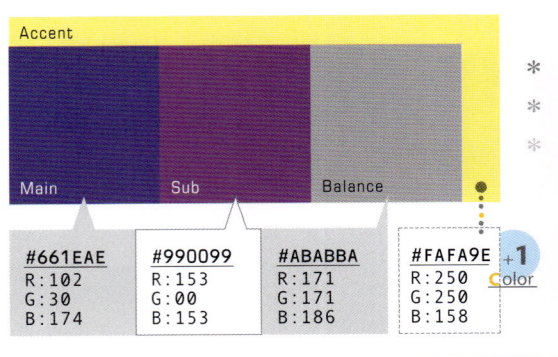

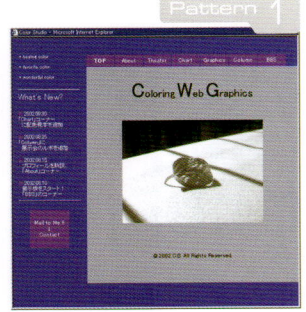

Accent

Main	Sub	Balance	+1 Color	
#663D8F	#996699	#B7BAAB	#A3B8F5	
R:102	R:153	R:183	R:163	
G:61	G:102	G:186	G:184	
B:143	B:153	B:171	B:245	

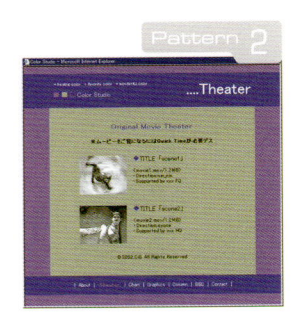

Accent

Main	Sub	Balance	+1 Color	
#5C2E6B	#8A1EAE	#ABA3C2	#73868C	
R:92	R:138	R:171	R:115	
G:46	G:30	G:163	G:134	
B:107	B:174	B:194	B:140	

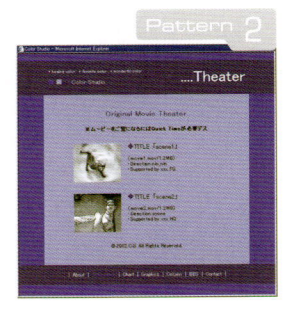

Accent

Main	Sub	Balance	+1 Color	
#661EAE	#990099	#ABABBA	#FAFA9E	
R:102	R:153	R:171	R:250	
G:30	G:00	G:171	G:250	
B:174	B:153	B:186	B:158	

146　Web Coloring Book

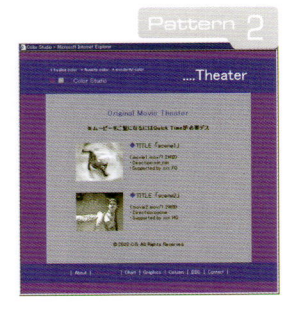

Pattern 1 / Pattern 2

Accent | Main | Sub | Balance | +1 Color

- Main: #602673 R:96 G:38 B:115
- Sub: #660AC2 R:102 G:10 B:194
- Balance: #D7B8E1 R:215 G:184 B:225
- +1 Color: #FF99B3 R:255 G:153 B:179

- Main: #8C6699 R:140 G:102 B:153
- Sub: #3D14B8 R:61 G:20 B:184
- Balance: #AFABBA R:175 G:171 B:186
- +1 Color: #513D8F R:81 G:61 B:143

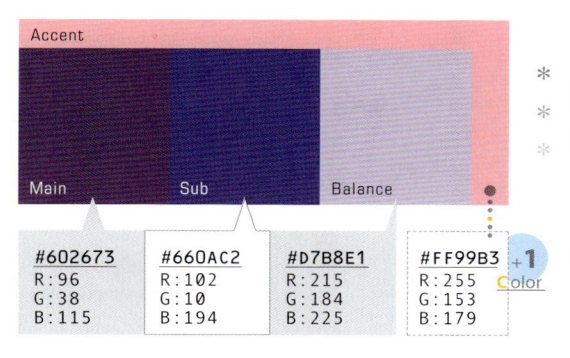

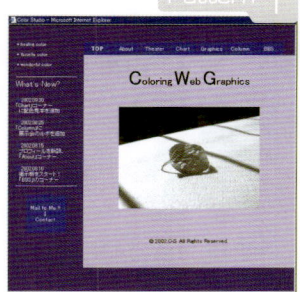

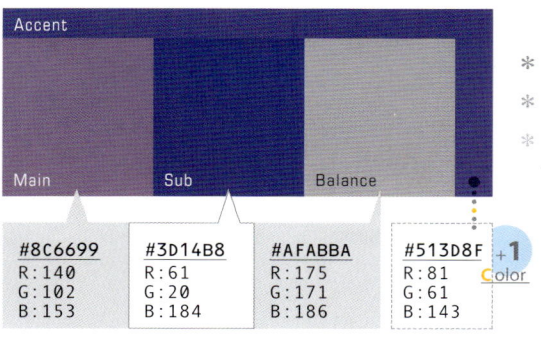

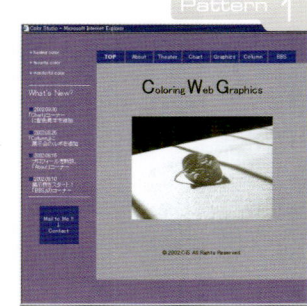

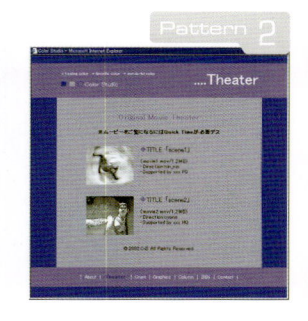

幽玄・神秘的な / Mysterious / その他

	Main	Sub	Balance
	#730099 R:115 G:00 B:153	#8C738C R:140 G:115 B:140	#D7D7C2 R:215 G:215 B:194
	#910791 R:145 G:07 B:145	#666699 R:102 G:102 B:153	#C2B8E1 R:194 G:184 B:225
	#631E7A R:99 G:30 B:122	#7F4CB3 R:127 G:76 B:179	#CCAEEB R:204 G:174 B:235
	#4C2673 R:76 G:38 B:115	#7A1E7A R:122 G:30 B:122	#A79CCA R:167 G:156 B:202
	#664CB3 R:102 G:76 B:179	#4C0066 R:76 G:00 B:102	#ABAFBA R:171 G:175 B:186
	#9359A6 R:147 G:89 B:166	#663D8F R:102 G:61 B:143	#948FA3 R:148 G:143 B:163
	#8040C0 R:128 G:64 B:192	#671782 R:103 G:23 B:130	#A3A3C2 R:163 G:163 B:194
	#994CB3 R:153 G:76 B:179	#615C70 R:97 G:92 B:112	#CCBDDC R:204 G:189 B:220
	#6B2E6B R:107 G:46 B:107	#7A3D8F R:122 G:61 B:143	#D4BDDC R:212 G:189 B:220

※「その他」の配色については、CD-ROMの収録データで適用サンプルを見ることができます。

color image 9

元気な・活動的な

▶ 適用サンプル 「index.html」から［配色チャート］へ
▶ 色見本 「palette→photoshop→03_image→09_sporty.ACO」

Sporty

赤と緑、黄などの純色の組み合わせが配色の中心。暖色系中心だとエネルギッシュな感じ、橙・緑など反対色の配色で、元気で躍動感のある雰囲気になります。アクセントとして青や青紫などを加えると、はっきりした印象に。

見本サイト ☀ 「ラフティング サミットアドベンチャーズ」
http://www.summit-adventures.com/

配色チャート

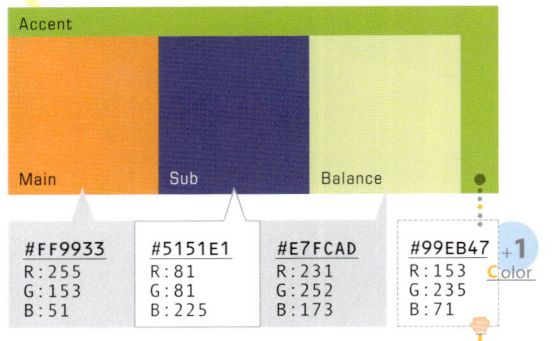

Accent / Main / Sub / Balance

#FF9933	#5151E1	#E7FCAD	#99EB47
R:255	R:81	R:231	R:153
G:153	G:81	G:252	G:235
B:51	B:225	B:173	B:71

+1 Color

①鮮やかで強い調子のオレンジ（#FF9933）をメインに、強い青（#5151E1）を配色。背景には一転して明るい黄緑（#E7FCAD）組み合わせてまとめました。
②青の使用比率が増えて、よりスポーティな印象に。

適用サンプル

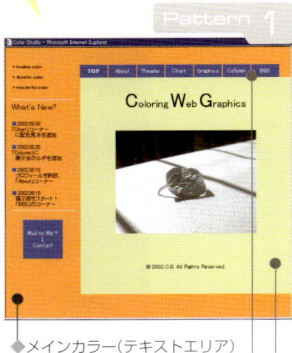

Pattern 1
◆メインカラー（テキストエリア）
サブカラー（メニュー・ボタン）◆
バランスカラー（調整色）◆

Pattern 2
◆同じ配色を別デザインに適用

アクセントカラー（4色目）追加のポイント

基本的には、いろいろな色味をアクセントとして使えます。色味やトーンの対比が大きい配色が多いため、使用色のひとつを明彩度を変えて使用すると、ちぐはぐな印象を避けられます。ここでは、背景色と同系色の明るめの黄緑（#99EB47）を加えています。

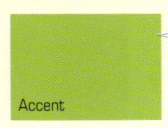

Accent

#99EB47
R:153
G:235
B:71

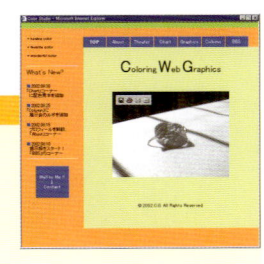

Color Chart ☀ イメージ別

Accent

#4799EB R:71 G:153 B:235	#F56B3D R:245 G:107 B:61	#F0F075 R:240 G:240 B:117	#661EAE R:102 G:30 B:174

Main / Sub / Balance / +1 Color

Accent

#1EAEAE R:30 G:174 B:174	#FF8C19 R:255 G:140 B:25	#F3FFCC R:243 G:255 B:204	#FF99CC R:255 G:153 B:204

Main / Sub / Balance / +1 Color

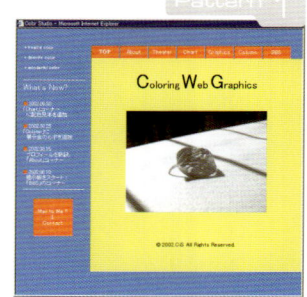

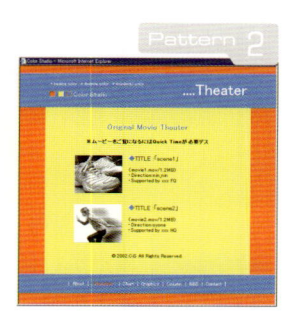

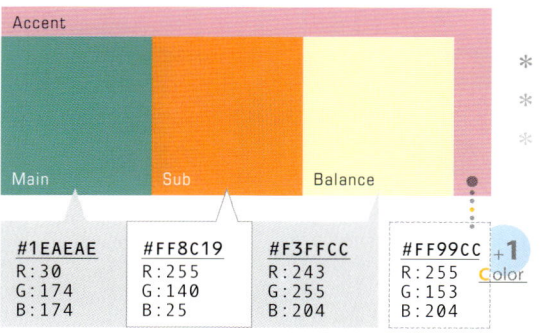

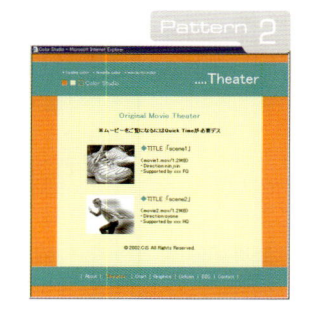

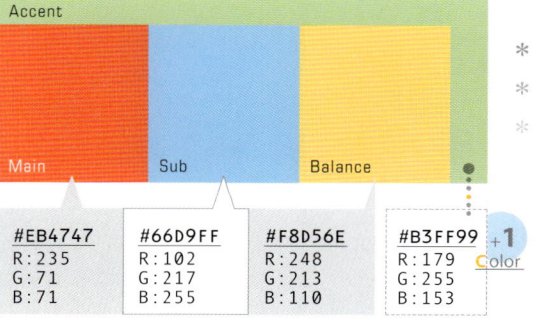

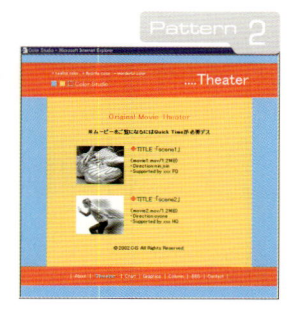

Accent

#EB4747 R:235 G:71 B:71	#66D9FF R:102 G:217 B:255	#F8D56E R:248 G:213 B:110	#B3FF99 R:179 G:255 B:153

Main / Sub / Balance / +1 Color

※チャートは、Web表示したものを印刷用にCMYK変換しているため、色味が変化しているものがあります。
　実際の色表示は、CD-ROM収録のデータを参照してください。

Color image

9 元気な・活動的な

Sporty

Web配色事典

Color Chart — イメージ別

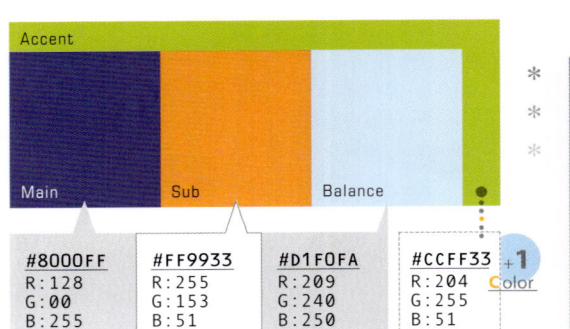

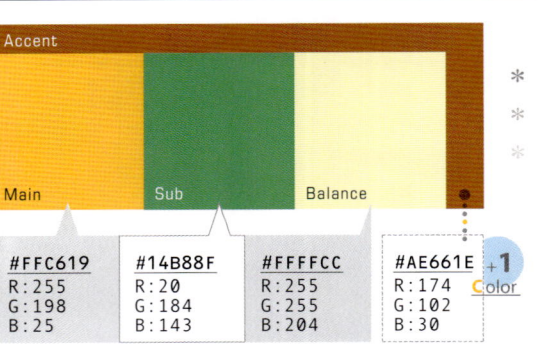

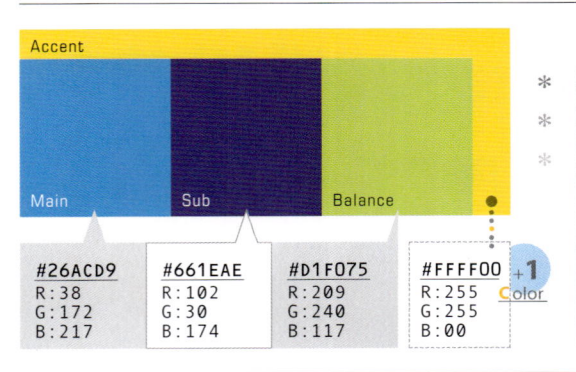

Pattern 1 / Pattern 2

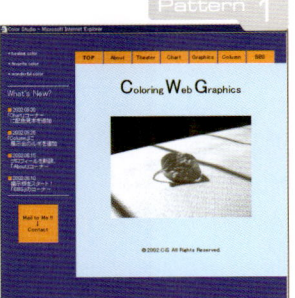

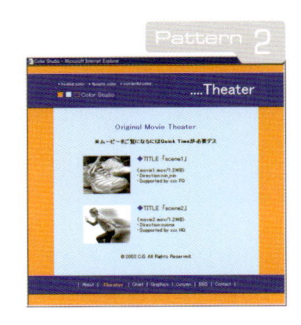

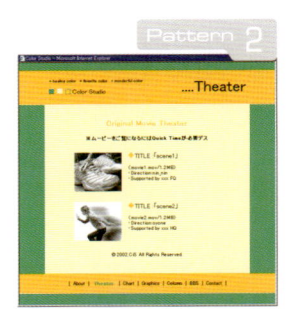

Accent

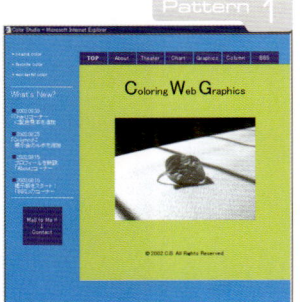

Main	Sub	Balance	+1 Color
#8000FF R:128 G:00 B:255	#FF9933 R:255 G:153 B:51	#D1F0FA R:209 G:240 B:250	#CCFF33 R:204 G:255 B:51

Main	Sub	Balance	+1 Color
#FFC619 R:255 G:198 B:25	#14B88F R:20 G:184 B:143	#FFFFCC R:255 G:255 B:204	#AE661E R:174 G:102 B:30

Main	Sub	Balance	+1 Color
#26ACD9 R:38 G:172 B:217	#661EAE R:102 G:30 B:174	#D1F075 R:209 G:240 B:117	#FFFF00 R:255 G:255 B:00

150 Web Coloring Book

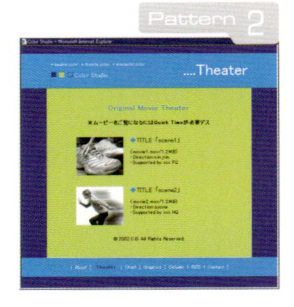

Pattern 1 / Pattern 2

Accent
- Main: #00CC99 / R:00 G:204 B:153
- Sub: #F86E6E / R:248 G:110 B:110
- Balance: #F8F86E / R:248 G:248 B:110
- +1 Color: #8F14B8 / R:143 G:20 B:184

Accent
- Main: #CC33FF / R:204 G:51 B:255
- Sub: #26D97F / R:38 G:217 B:127
- Balance: #FFD966 / R:255 G:217 B:102
- +1 Color: #421EAE / R:66 G:30 B:174

元気な・活動的な

Color image 9 元気な・活動的な ☀ Sporty

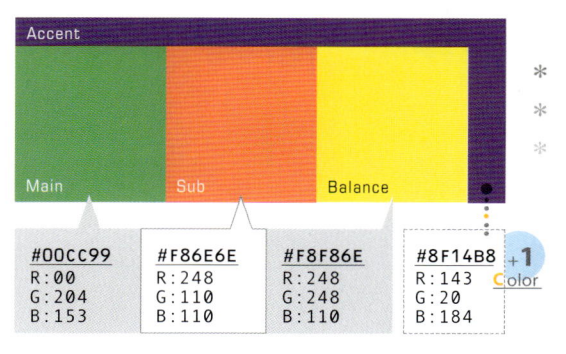

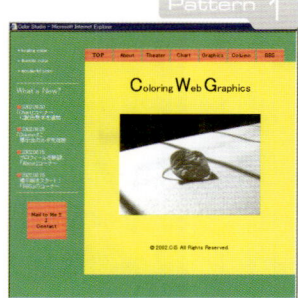

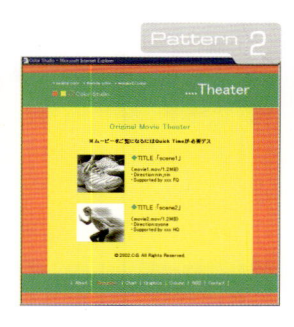

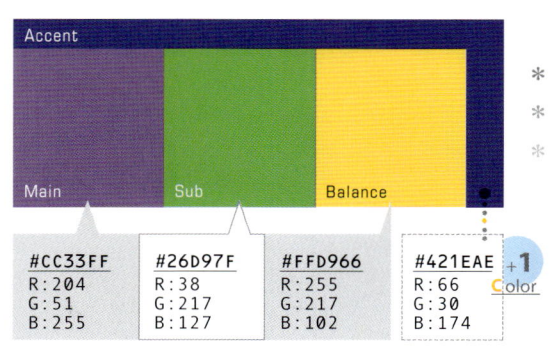

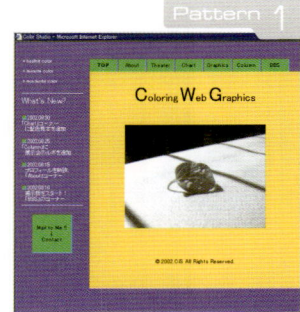

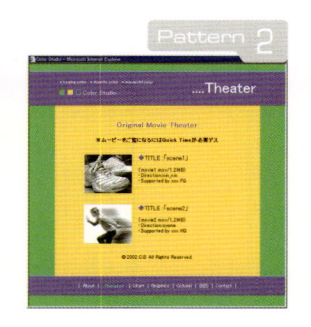

その他

	Main	Sub	Balance
	#7047EB R:112 G:71 B:235	#6ED5F8 R:110 G:213 B:248	#FFFF66 R:255 G:255 B:102
	#14B866 R:20 G:184 B:102	#E6FF66 R:230 G:255 B:102	#CCBEF4 R:204 G:190 B:244
	#4770EB R:71 G:112 B:235	#FF66B3 R:255 G:102 B:179	#FDFDCF R:253 G:253 B:207
	#B90CF3 R:185 G:12 B:243	#A8DEF0 R:168 G:222 B:240	#F0F0A8 R:240 G:240 B:168
	#FFC000 R:255 G:192 B:00	#7F19E6 R:127 G:25 B:230	#E6FF99 R:230 G:255 B:153
	#9951E1 R:153 G:81 B:225	#B3E619 R:179 G:230 B:25	#FFFF66 R:255 G:255 B:102
	#194CE6 R:25 G:76 B:230	#26D9AC R:38 G:217 B:172	#F0F075 R:240 G:240 B:117
	#1EAE66 R:30 G:174 B:102	#9947EB R:153 G:71 B:235	#F8F86E R:248 G:248 B:110
	#80E619 R:128 G:230 B:25	#9933FF R:153 G:51 B:255	#F0D175 R:240 G:209 B:117

※「その他」の配色については、CD-ROMの収録データで適用サンプルを見ることができます。

Web配色事典

color image 10

かわいい・可憐な

▶ 適用サンプル「index.html」から [配色チャート] へ
▶ 色見本「palette→photoshop→03_image→10_pretty.ACO」

Pretty

明るい清色が配色の中心で、淡いほど幼い雰囲気が出ます。水色などの寒色系も合わせると初々しい感じに。子供っぽさを少なくするには、明るいグレイッシュな色を組み合わせたり、高彩度色をアクセントにします。

見本サイト ※「Baby Gift Shop Fellows」
http://www.fellows.to/

配色チャート

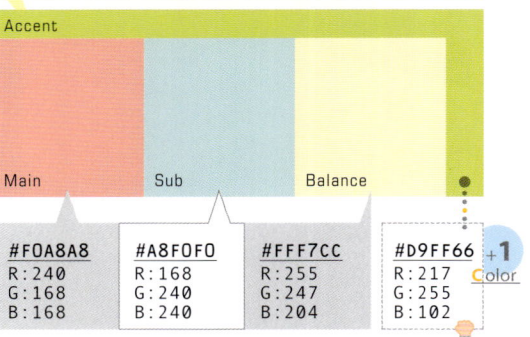

Accent / Main / Sub / Balance

#F0A8A8
R:240
G:168
B:168

#A8F0F0
R:168
G:240
B:240

#FFF7CC
R:255
G:247
B:204

#D9FF66
R:217
G:255
B:102

+1 Color

①淡いピンク（#F0A8A8）を中心に、ボタンは水色（#A8F0F0）、背景にさらに淡い黄色（#FFF7CC）を組み合わせたやさしい配色です。
②水色の配分が増えて、初々しさが増した感じに。

適用サンプル

Pattern 1 — メインカラー(テキストエリア) / サブカラー(メニュー・ボタン) / バランスカラー(調整色)

Pattern 2 — 同じ配色を別デザインに適用

アクセントカラー（4色目）追加のポイント

淡い色を中心としたこのイメージでは、重すぎる色・濁りのきつい色は御法度です。アクセントカラーも使用色同様に明るい色で、彩度を高くすることで強くした色味が効果的です。ここでは鮮やかな黄色（#D9FF66）をポイントとして加えました。

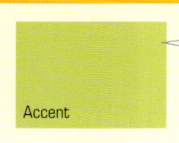

#D9FF66
R:217
G:255
B:102

Accent

Accent

Main | Sub | Balance

#F8B36E
R:248
G:179
B:110

#D9CCFF
R:217
G:204
B:255

#F8F8D4
R:248
G:248
B:212

#7DE8CE
R:125
G:232
B:206

+1 Color

Accent

Main | Sub | Balance

#FFCC99
R:255
G:204
B:153

#BECCF4
R:190
G:204
B:244

#E6FFCC
R:230
G:255
B:204

#F5A3E1
R:245
G:163
B:225

+1 Color

Accent

Main | Sub | Balance

#CC9EFA
R:204
G:158
B:250

#FFD966
R:255
G:217
B:102

#E3FA9E
R:227
G:250
B:158

#85E1E1
R:133
G:225
B:225

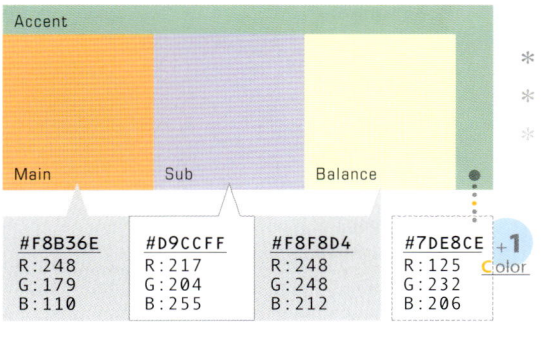

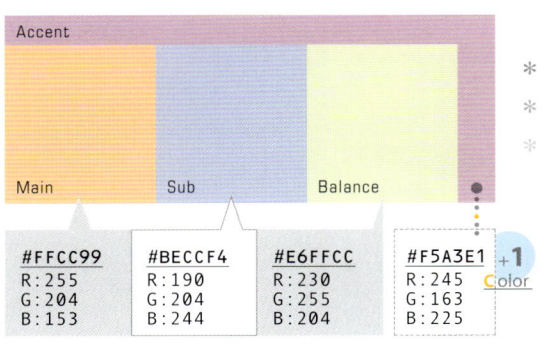

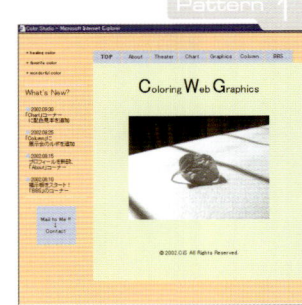

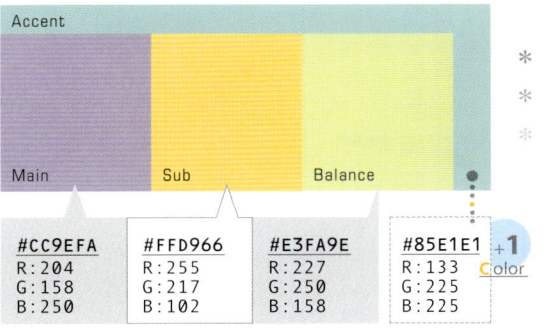

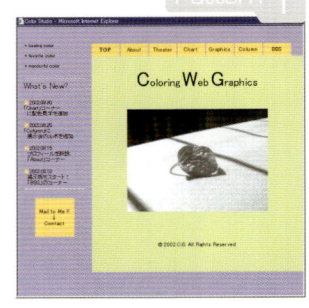

+1 Color

※チャートは、Web表示したものを印刷用にCMYK変換しているため、色味が変化しているものがあります。
実際の色表示は、CD-ROM収録のデータを参照してください。

Color image

10

かわいい・可憐な

Pretty

Web配色事典 153

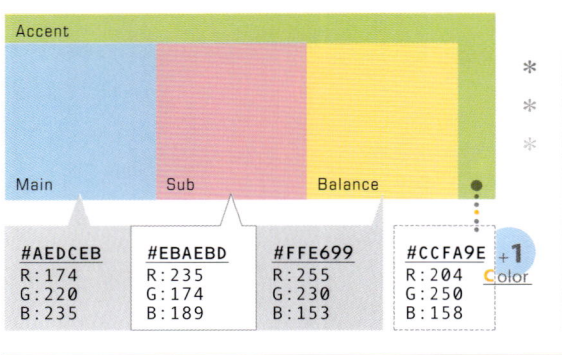

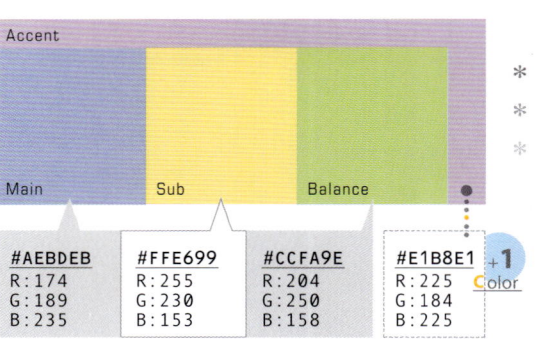

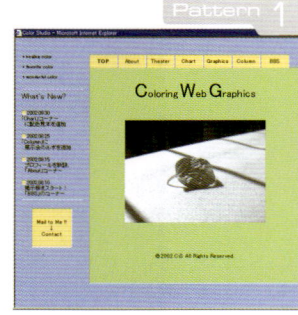

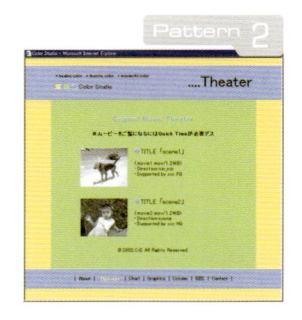

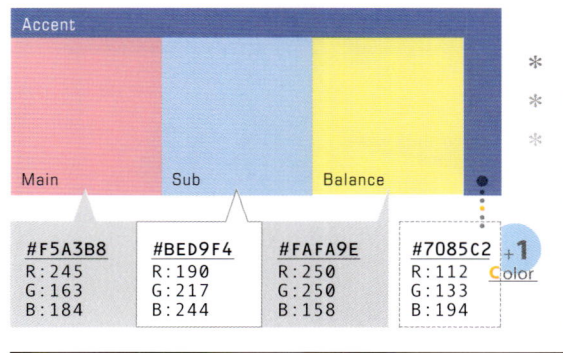

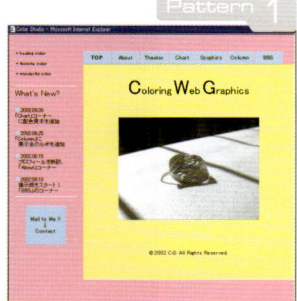

Accent

Main	Sub	Balance	+1 Color
#AEDCEB R:174 G:220 B:235	#EBAEBD R:235 G:174 B:189	#FFE699 R:255 G:230 B:153	#CCFA9E R:204 G:250 B:158

Accent

Main	Sub	Balance	+1 Color
#AEBDEB R:174 G:189 B:235	#FFE699 R:255 G:230 B:153	#CCFA9E R:204 G:250 B:158	#E1B8E1 R:225 G:184 B:225

Accent

Main	Sub	Balance	+1 Color
#F5A3B8 R:245 G:163 B:184	#BED9F4 R:190 G:217 B:244	#FAFA9E R:250 G:250 B:158	#7085C2 R:112 G:133 B:194

154 Web Coloring Book

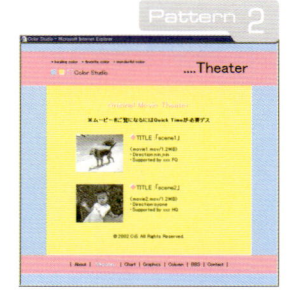

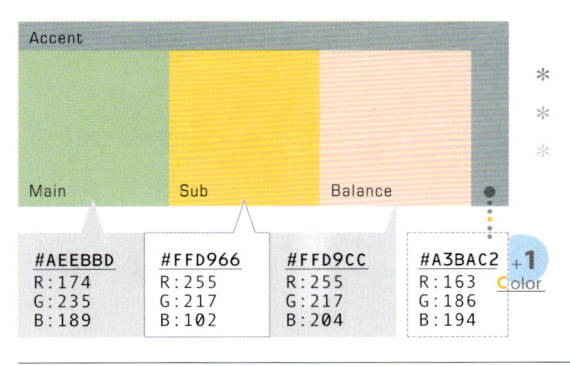

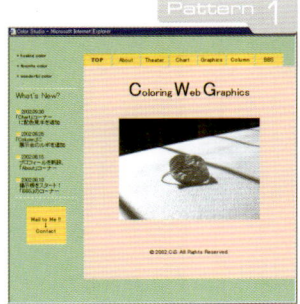

Accent / Main / Sub / Balance

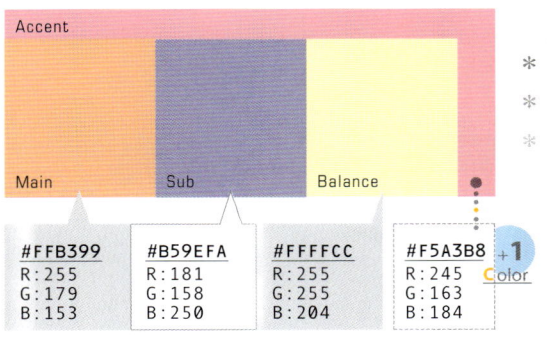

Pattern 1 / Pattern 2

#AEEBBD
R:174
G:235
B:189

#FFD966
R:255
G:217
B:102

#FFD9CC
R:255
G:217
B:204

#A3BAC2
R:163
G:186
B:194
+1 Color

#FFB399
R:255
G:179
B:153

#B59EFA
R:181
G:158
B:250

#FFFFCC
R:255
G:255
B:204

#F5A3B8
R:245
G:163
B:184
+1 Color

Pretty / かわいい・可憐な・その他

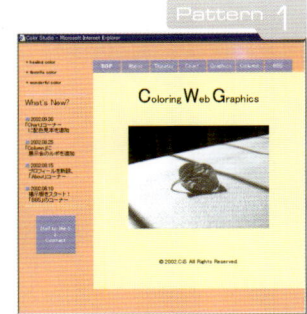

Main	Sub	Balance	Main	Sub	Balance	Main	Sub	Balance
#E6FF99 R:230 G:255 B:153	#66AACC R:102 G:170 B:204	#F8D4EF R:248 G:212 B:239	#BDAEEB R:189 G:174 B:235	#FAB59E R:250 G:181 B:158	#FFE6CC R:255 G:230 B:204	#AECCEB R:174 G:204 B:235	#F0BAA8 R:240 G:186 B:168	#FFFF99 R:255 G:255 B:153
#FF9999 R:255 G:153 B:153	#CEE87D R:206 G:232 B:125	#FAF0D1 R:250 G:240 B:209	#A8F0DE R:168 G:240 B:222	#F0A8BA R:240 G:168 B:186	#FAE39E R:250 G:227 B:158	#F4BECC R:244 G:190 B:204	#BAA8F0 R:186 G:168 B:240	#F8F8D4 R:248 G:248 B:212
#F0DC75 R:240 G:220 B:117	#AEC2EB R:174 G:194 B:235	#F3D9DF R:243 G:217 B:223	#F0B375 R:240 G:179 B:117	#B59EFA R:181 G:158 B:250	#F8D4DD R:248 G:212 B:221	#E5C2F0 R:229 G:194 B:240	#F8D56E R:248 G:213 B:110	#FAE6D1 R:250 G:230 B:209

※「その他」の配色については、CD-ROMの収録データで適用サンプルを見ることができます。

Web配色事典

color image 11

都会的な・洗練された

▶ 適用サンプル「index.html」から［配色チャート］へ
▶ 色見本「palette→photoshop→03_image→11_urban.ACO」

Urban

青・青紫・青緑系をメインに使った配色です。暖色系は、明るい黄色などがアクセントとして有効。青色系だけで重くならないように注意しましょう。白や明るいグレーと組み合わせると、シャープさが増します。

見本サイト ※「arena」
http://www.descente.co.jp/arena-jp/

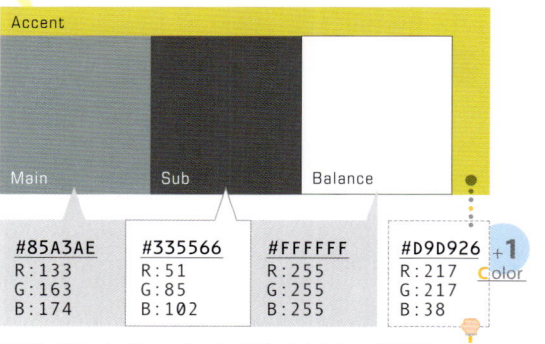

Color Chart ※ イメージ別

配色チャート

Accent

Main | Sub | Balance

#85A3AE
R:133
G:163
B:174

#335566
R:51
G:85
B:102

#FFFFFF
R:255
G:255
B:255

#D9D926
R:217
G:217
B:38
+1 Color

①青みがかったグレー（#85A3AE）を中心に、明度の低いシアン（#335566）を配色。背景には白（#FFFFFF）を使用し、色味をおさえた組み合わせです。
②サブカラーが周辺を囲み、引き締まった印象に。

適用サンプル

Pattern 1

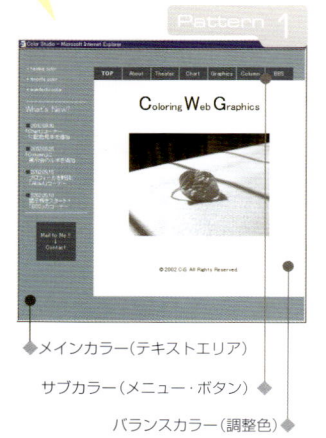

▶ メインカラー（テキストエリア）
▶ サブカラー（メニュー・ボタン）
▶ バランスカラー（調整色）

Pattern 2

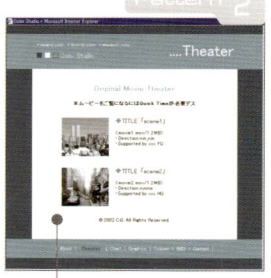

同じ配色を別デザインに適用

アクセントカラー（4色目）追加のポイント

青・シアン・紫と無彩色といった色味の少ない配色が中心なので、アクセントカラーは小面積で輝度の高いものを加えるのが効果的です。ここでは、トーンの強い黄緑色（#D9D926）を加えてポイントにしています。

#D9D926
R:217
G:217
B:38

Accent

Web Coloring Book

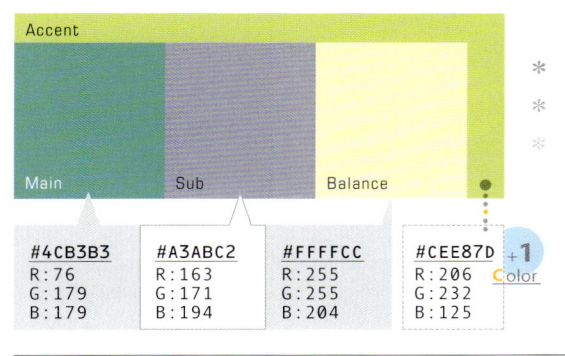

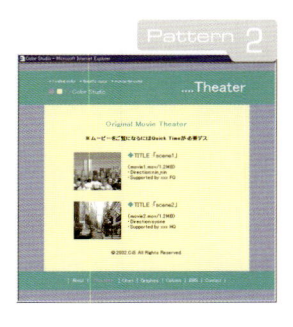

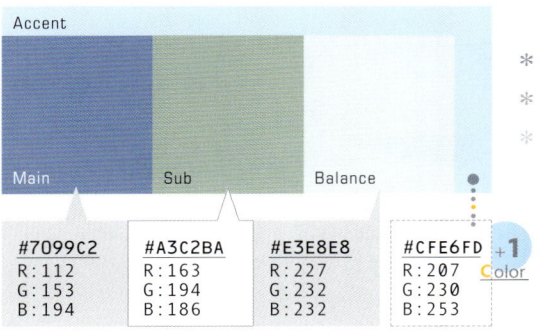

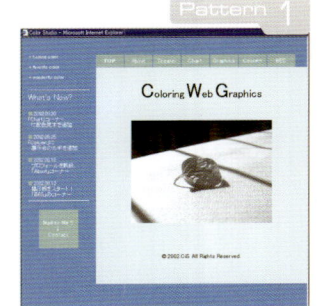

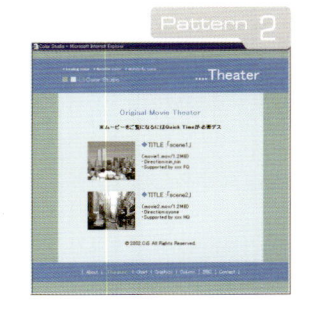

Accent / Main / Sub / Balance

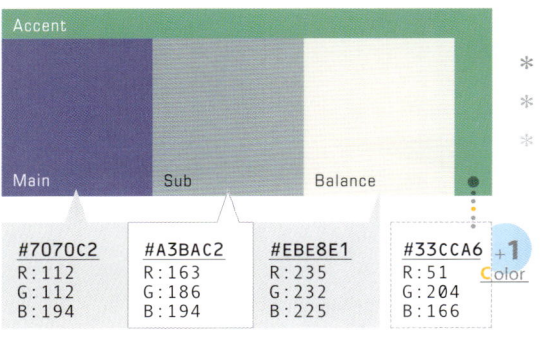

#4CB3B3
R:76
G:179
B:179

#A3ABC2
R:163
G:171
B:194

#FFFFCC
R:255
G:255
B:204

#CEE87D +1 Color
R:206
G:232
B:125

Pattern 1 / Pattern 2

#7099C2
R:112
G:153
B:194

#A3C2BA
R:163
G:194
B:186

#E3E8E8
R:227
G:232
B:232

#CFE6FD +1 Color
R:207
G:230
B:253

#7070C2
R:112
G:112
B:194

#A3BAC2
R:163
G:186
B:194

#EBE8E1
R:235
G:232
B:225

#33CCA6 +1 Color
R:51
G:204
B:166

11 都会的な・洗練された Urban

※チャートは、Web表示したものを印刷用にCMYK変換しているため、色味が変化しているものがあります。
　実際の色表示は、CD-ROM収録のデータを参照してください。

Web配色事典

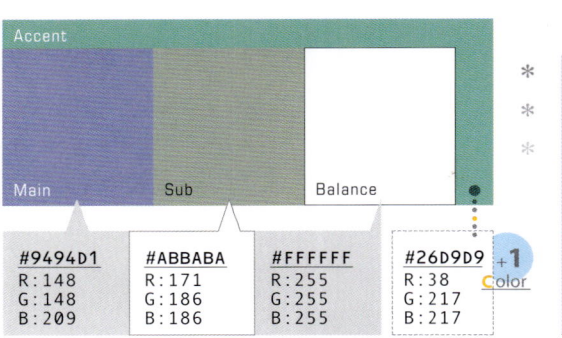

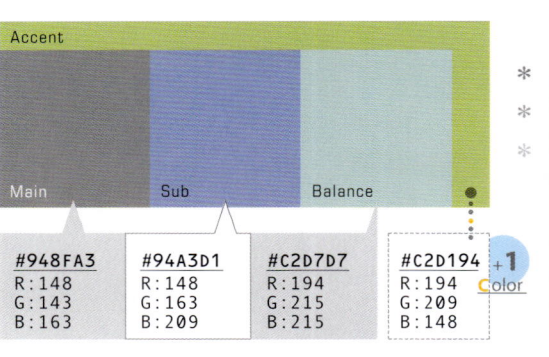

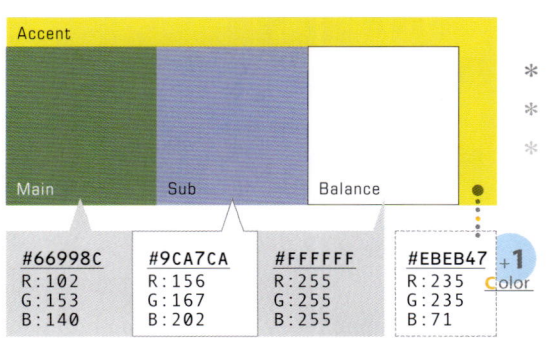

Accent

	Main	Sub	Balance	+1 Color
	#9494D1	#ABBABA	#FFFFFF	#26D9D9
	R:148	R:171	R:255	R:38
	G:148	G:186	G:255	G:217
	B:209	B:186	B:255	B:217

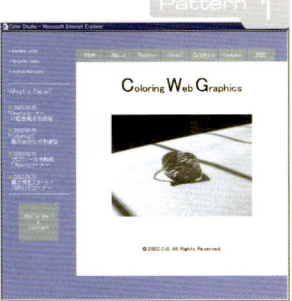

Accent

	Main	Sub	Balance	+1 Color
	#948FA3	#94A3D1	#C2D7D7	#C2D194
	R:148	R:148	R:194	R:194
	G:143	G:163	G:215	G:209
	B:163	B:209	B:215	B:148

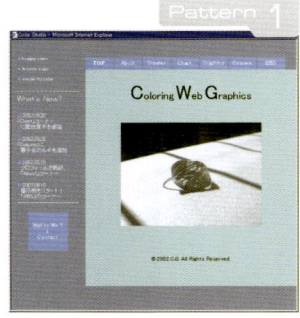

Accent

	Main	Sub	Balance	+1 Color
	#66998C	#9CA7D1	#FFFFFF	#EBEB47
	R:102	R:156	R:255	R:235
	G:153	G:167	G:255	G:235
	B:140	B:202	B:255	B:71

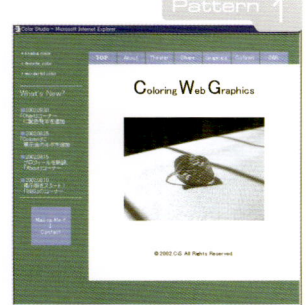

Color Chart イメージ別

Web Coloring Book

Accent (Pattern 1)

Main	Sub	Balance	+1 Color
#73798C	#94B3D1	#FFF3CC	#DEA8F0
R:115	R:148	R:255	R:222
G:121	G:179	G:243	G:168
B:140	B:209	B:204	B:240

Accent (Pattern 2)

Main	Sub	Balance	+1 Color
#7A7AB8	#9CCABE	#DEEAEE	#CACA9C
R:122	R:156	R:222	R:202
G:122	G:202	G:234	G:202
B:184	B:190	B:238	B:156

都会的な・洗練された その他

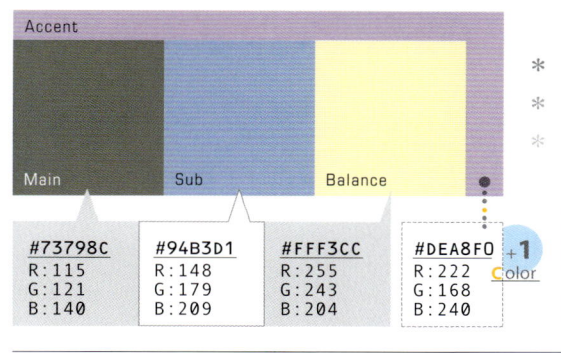

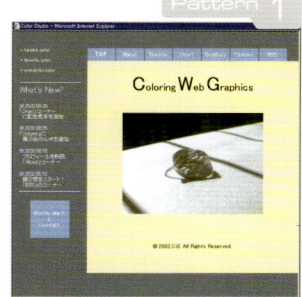

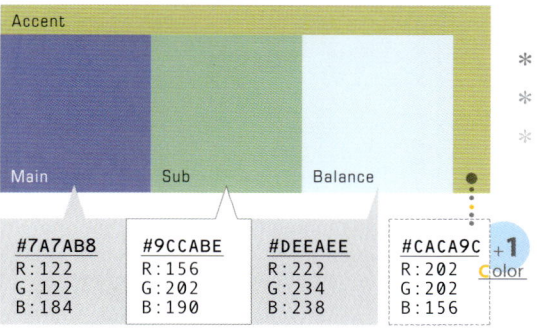

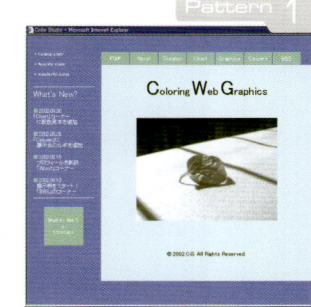

Main	Sub	Balance
#738C86 R:115 G:140 B:134	#94A4D1 R:148 G:164 B:209	#C2D7D1 R:194 G:215 B:209
#858FAE R:133 G:143 B:174	#F0EDDC R:240 G:237 B:220	#BDCCDC R:189 G:204 B:220
#70C2AE R:112 G:194 B:174	#73738C R:115 G:115 B:140	#FFFFFF R:255 G:255 B:255

Main	Sub	Balance
#9A85AE R:154 G:133 B:174	#9CCACA R:156 G:202 B:202	#DEDEEE R:222 G:222 B:238
#6699CC R:102 G:153 B:204	#F0EBDC R:240 G:235 B:220	#9CCACA R:156 G:202 B:202
#59A693 R:89 G:166 B:147	#9CB3CA R:156 G:179 B:202	#C2D7CC R:194 G:215 B:204

Main	Sub	Balance
#668099 R:102 G:128 B:153	#ABA3C2 R:171 G:163 B:194	#FFFFFF R:255 G:255 B:255
#7085C2 R:112 G:133 B:194	#8CD9B3 R:140 G:217 B:179	#F4F4BE R:244 G:244 B:190
#70AEC2 R:112 G:174 B:194	#73808C R:115 G:128 B:140	#FFFFFF R:255 G:255 B:255

※「その他」の配色については、CD-ROMの収録データで適用サンプルを見ることができます。

Web配色事典

Column

配色のヒント

写真やイラストと配色の関係

ページの主役を中心に配色します

　本書では、Webサイトの配色に対するアプローチ方法（P.6）を、色系統・トーン・イメージの3つで提案していますが、色のもつ役割は、ページで何を見せたいのか、どう表現したいのかに応じて変わってきます。実際には個々のWebページ内で、その構成内容に応じて調整が必要になります。一般的には、サイト全体の基準配色（メイン・サブ・バランスなど）を決め、個々のページでは内容の中の主役を中心に調整を行います。

　たとえば、写真やイラストといった要素が主役となるケース。イラストや写真などの「絵」の要素がページの中心となる場合は、背景色をはじめとする周囲の要素は、引き立て役になる必要があります。この手法としてよく用いられるのが、明度の対比、彩度の対比、色相の対比など「対比」関係を利用して主役を引き立たせるものです。

　たとえば、鮮やかな緑の写真を中心に据える場合には、背景色に同じく彩度の高い色を組み合わせると、主役の鮮やかさが相殺されてしまいます。そこで、背景色の彩度を低くしてみると、相対的に中心の写真の鮮やかさが増す結果となります。これが彩度の対比を利用した配色です。明度、色相についても同じことがいえ、対比関係を使うことで主役をより際だたせることができるわけです。

　もちろん、対比ではなく類似の要素を重ねることでさらに強調するケースもあります。写真とちがって人工的に着色をするイラストでは、たとえば、ビビットなトーンを使ったイラストに対して、その使用色の中の一色をページの背景色として組み合わせて、Webページ全体のイメージをトータルで演出する場合もあります。

　逆にこうした「絵」の要素がページのアクセントとして使用される場合には、他の要素を優先的に配色します。それらとバランスをとりながらアクセントである「絵」に色を足していく手法などがとられます。

　「配色」成功の鍵は、こうした他要素との組み合わせにもあります。

背景色に鮮やかな緑（#33FF00）を指定した例。中央の写真の鮮やかさが目立たなくなっています

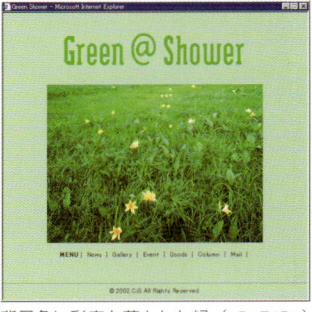

背景色に彩度を落とした緑（#B7E6B3）を指定した例。相対的に写真の緑の鮮やかさが増しています

Appendix

- ●Webのフルカラー配色 ……………………………………… P.162
  - ○フルカラー表示 ……………………………………… P.162
  - ○色彩調和論の活用 …………………………………… P.164
  - ○Webデザインで使う 配色のルール ……………… P.166
  - ○フルカラー配色の注意点 …………………………… P.169
- ●JIS（日本工業規格）の慣用色名一覧 ……………………… P.170

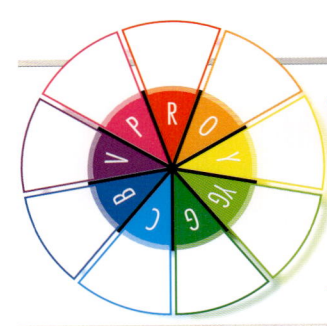

Webのフルカラー配色

約1677万色のフルカラー。これをトーン別に分類、そして「色彩調和論」を応用することによって、きれいなWeb配色をより効率よく行います。

フルカラー表示

フルカラー配色のメリットと色選択の目安を考えます。

トーンは、「明度」と「彩度」の組み合わせで「色の調子」を表す指標です

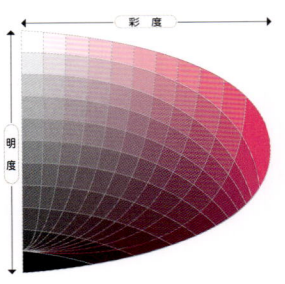

左はマゼンタのトーンを示した例です。色相が変わっても、同じ位置（区切り）にある同士は「トーンが同じ」色ということになります。

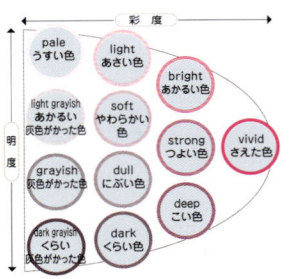

左は、PCCSのトーン区分。色のトーンを分類して「印象」別にいい表したものです。

☀ フルカラーで表現可能な色

Webデザインの配色に、「Webセーフカラー」を使うことは、作成者の間で基本とされてきたルールです。一方で、やはり「セーフカラーだけでは似たような配色が多くてもの足りない」という側面もあります。より豊富な表現力を求めて、フルカラーによる配色の需要が高まってきました。

この場合のフルカラーとは、モニタで表現可能な最大色数である約1677万色（24ビット）を指します。モニタ上でのカラー描画は、ドット（ピクセル）ごとに色が割り当てられた描画データのかたまりによって表現されるもの。フルカラー環境では、このドットに割り当てられる数値は、RGB各色256段階の組み合わせで、256×256×256＝1,677万7,216種類です。Webデザインの基本色であるWebセーフカラーの216色に比較すると、フルカラーの表現力の大きさがわかります。一方で、これだけ選択肢が膨大だと、そこから何を選択すればよいか目安に困るのも事実。このひとつの目安として考えられるのが、トーン（色の調子）による配色です。Webセーフカラーは、RGB各色256段階をそれぞれ6段階に制限したもので、これにより表現可能な色のイメージもまた制限されていました。フルカラー配色のメリットは、セーフカラーでは表現し得なかった色の調子を表現できることだともいえます。

☀ トーンによる表現

トーンとは、色の明度と彩度（P.163下図）の組み合わせで表す色調

（色の調子）のことで、色を体系化した表色系（P.164）のひとつであるPCCS（Practical Color Co-ordinate System）では、P.162左図に示す12のトーンを規定しています。このトーンごとに、明るい・渋い……といったさまざまな「色のイメージ」がつくられています。Webセーフカラーの場合、vividやdeepなどのはっきりした色味が比較的多く、light、paleといった中低彩度・高明度色、darkといった中彩度・低明度色など、微妙な色合いは含まれません（右図）。そこで、本書ではさまざまな色調を表現できることをメリットと考えて、フルカラーを区分するひとつの軸をトーンに設けて、配色を考えています。

また、PCCSの色彩調和論は、そもそも色相とトーンとの組み合わせによって、配色のルール（P.165）を示しています。本書の「トーン別」配色（P.61～）では、同トーン配色をベースに色相の配色ルールを組み合わせて配色しています。また、このルールは、「色系統別」（P.19～）配色においても使用しています。PCCSの調和論及びトーン区分をWebデザインに応用する方法については、P.164にまとめました。

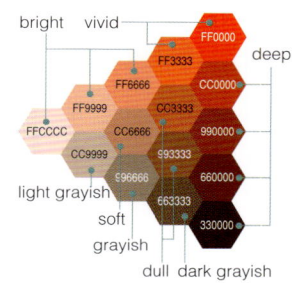

左はWebセーフカラーで表示できるトーン。セーフカラーでは、表現が難しいトーンもあります。

※Webセーフカラーは、0～255の256段階のうち、0・51・102・153・204・255の6段階の数値のみを組み合わせた216色。Explorer、Netscapeが色表示に使用するカラーパレットの共通色で、8bit（256色表示）以上の環境下でカラーシフト（色の置き換え）が生じない色です。

色を表す基本3属性

色相（Hue）

「色相」は色の種類を示したもの。上図のように、基準となる色を選んで、円状に配列したものを「色相環」といいます。基準にする色の種類・数は、表色系（P.165）ごとに異なります。

明度（Brightness）

「明度」は色の明るさを示す度合い。明度が高いほど、色は明るく軽い感じになり、明度が低いほど、暗く重い感じになります。

彩度（Saturation）

「彩度」は色の鮮やかさを示す度合い。彩度が高いほど、色の純度が高く鮮やかになります。彩度が低いほど、色の中のグレー成分が増え、濁った色に見えます。

色彩調和論の活用

「相性のよい配色→調和する色彩」の理論（ルール）をWebデザインの配色に利用します。

☀ 配色の根拠

　Webデザインにおける配色（色と色との組み合わせ）を考える場合に、「何となくいい」と感覚で選択するのもひとつの手ですが、より合理的に色選択をする方法として、本書では色彩調和論を活用することを提案しています。

　「色彩調和論」とは、調和する色彩、つまり相性のよい配色のルールを示したもので、何種類かの調和論があります。一般にいわれる、「似かよった色や反対色は合わせやすい」というルールも、この色彩調和論から派生したものだといえるでしょう。Webデザインにおける配色でも折角あるこの調和論を活用しようというのが本書の考え方です。

　色彩調和論は、「表色系」といわれる色を示すための体系と大きく関係しています。表色系には左表に示すような種類がありますが、ほとんどが独自の数値を使って示す「色の3属性」（P.163）で色を表現しています。調和論は、こうした特定の「表色系」をもとにして考案されたり、「表色系」の一環として示されたりしています。

　本書が基準としたのは、PCCSという表色系の示す調和論です。これは、財団法人日本色彩研究所が開発した表色系で、配色を考えるのに適した体系といわれています。

☀ 表色系・調和論のWebへの応用

　PCCSの色体系で指標となるのは、PCCS色相環、PCCS明度、FCCS彩度の3つ。これに加えて明度と彩度からなるPCCSトーン（P.14）が規定されています。PCCSの色彩調和論では、この色相環およびトーンが、P.166から紹介する配色のルールを示す指標となっています。

　この調和論をWeb配色に応用するには、指標とする色相環をRGB対応にする必要があります。パソコンを前提としたWeb表示では色表示の基本はRGBですが、PCCSなどの色体系はそういった限られたモードを基準に考えられたものではありません。そのため、モニタのカラー出力にあてはめた色相環を作成し、これを基準にします。それがP.165の色相環で、フルカラー表現の中で純色にあたる24色を色相環上に配列

☀ 世界の表色系

＊マンセルシステム
　アメリカで開発。色を数値で示す単位系として優れています。JISで採用

＊オスワルトシステム
　ドイツで考案。配色調和を考えるのに適しています

＊NCS（Natural Color System）
　スウェーデンで開発。色の見え方を心理現象として表現しています

＊DIN（Deutsche Industre Norm）
　オスワルトシステムをもとにドイツで考案。ドイツの工業規格となっています
　※DINは本来はドイツの工業規格そのものを指す名称

＊PCCS（Practical Color Co-ordinate System）
　日本で開発。配色調和を考えるのに適しています。正式な日本名は「日本色研配色体系」です

「表色系」は、「色」を表現するための体系です。色の表現方法は、赤・青・黄……といった名前や、数値によって特定の色を示すものなど、いくつかあります。この基準となる単位や方式を体系として示したものが、「表色系」です。

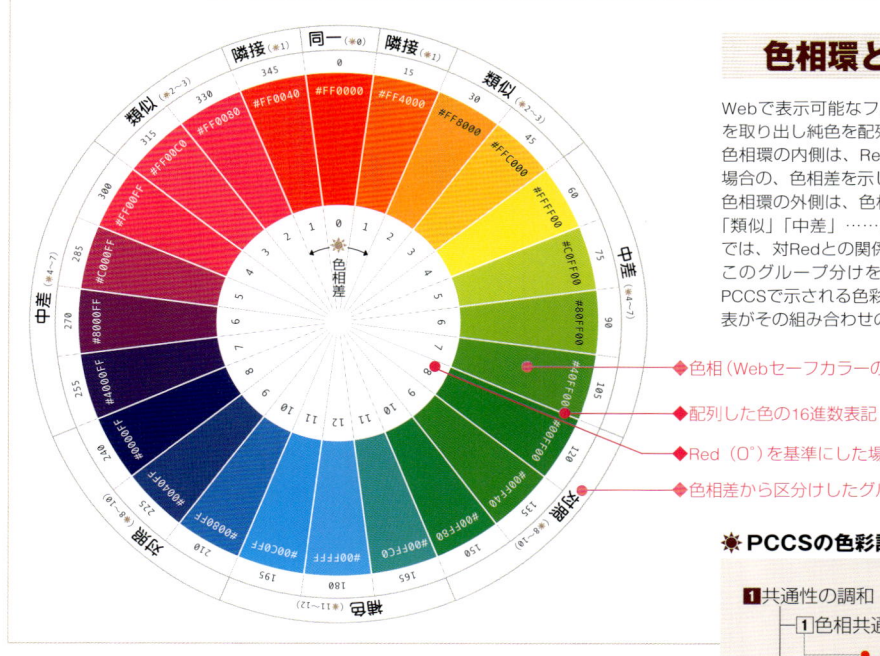

色相環と配色のルール

Webで表示可能なフルカラーのなかから、24の色相を取り出し純色を配列した色相環です。
色相環の内側は、Red（色相角度0）を基準色とした場合の、色相差を示した数字。
色相環の外側は、色相をその色相差に応じて「隣接」「類似」「中差」……とグループ分けしたもの。ここでは、対Redとの関係を示しています。
このグループ分けをもとにした色の組み合わせが、PCCSで示される色彩調和（配色のルール）です。下表がその組み合わせの一覧です。

◆ 色相（Webセーフカラーの純色）の配列（Ⓐ）
◆ 配列した色の16進数表記
◆ Red（0°）を基準にした場合の、色相差
◆ 色相差から区分けしたグループ（Ⓑ）

☀ PCCSの色彩調和論（配色のルール）

1 共通性の調和
- 1 色相共通の調和
  - 同一色相の調和（P.166 ①）
  - 隣接色相の調和（P.167 ②）
  - 類似色相の調和（P.167 ③）
- 2 トーン共通の調和（P.167 ④）
  - 同一トーンの調和
  - 類似トーンの調和

2 対比の調和
- 3 色相対照の調和
  - 中差色相の調和（P.167 ⑤）
  - 対照色相の調和（P.168 ⑥）
  - 補色色相の調和（P.168 ⑦）
- 4 トーン対照の調和（P.168 ⑧）
  - 対照トーンの調和

（Ⓐ）、それにPCCS色相環の色相差で分類するグループ名（Ⓑ）をあてはめています。そして右図が、配色のルールとなるPCCSの調和論です。本書ではこのルールをWebで表現可能なフルカラーに適用して配色を行っています。個々のルールについては、P.166〜168で解説します。

また、PCCSのトーン区分もWebデザインに応用する（つまりRGBの数値で表現する）ため、それぞれのトーンの範囲を数値化しました。それが巻頭P.18の図です。彩度・明度を高・中・低に分けるラインを目安にして、それぞれの範囲を%で示しています。本来は、色相の違いによって、各トーンの配置位置は異なります。たとえば青と黄では、純色（vivid）を比べてみても、明らかに黄のほうが明度が高いものになります。ここでは、できるだけシンプルなルールで数値化するために、どの色相においても同じ数値で各トーンを区分しています。これらの数値は配色を考えるうえでの目安として使ってください。

Webデザインで使う配色(ハイショク)のルール

色彩調和論から得た配色のルールは、基準色に対して合わせる色を選ぶのに便利です。

☀ 配色のアプローチ

PCCSの色彩調和論には、P.165表のように「共通性」「対比」の両方があり、色相環で見たときに、基準色（メインカラー）に対して「悪い相性＝不調和」となる色相がないことが特徴のひとつだといえます。

色（配色）のイメージは、適用する対象やその使い方によって変化します。単純に色の組み合わせだけで「よい」・「悪い」を区別するのは困難です。合わせにくい色もトーンを調整するとうまく調和するなど、使い方次第の面があるからです。本書ではこうした考えに基づいて、「不調和」を定義しないPCCSの調和論を配色のルールとして利用しています。

さて、Web配色を考えるときのアプローチ方法は、大きく2つあります。ひとつは、イメージ（雰囲気）先行型で、それを達成できる組み合わせをまとめて選ぶ方法。もう一方は、基準とする色（メインカラー）を決めて、それに合わせる色を考えていく方法です。ここで紹介するPCCSの色彩調和論（配色のルール）は、メインカラーに合わせるという、後者のアプローチの場合に役立ちます。「色系統別」配色（P.19〜）は、その典型例です。以下、個々のルールに関して紹介していきます。

■共通性の調和

同一色相の調和：同じ色相で明度・彩度などを変えた色との組み合わせ

隣接色相の調和：隣り合う色相同士の組み合わせ

※図の色相環は簡易表示です。本文中の色相差とは一致しません

1 共通性の調和（似通った色の組み合わせ）

「共通性の調和」は色の要素を合わせることで調和させる方法です。これには、色相（色味）の近いものを合わせる「1色相共通の調和」とトーン（色の調子）を合わせる「2トーン共通の調和」があります。

1 色相共通の調和

① 同一色相の調和
● 色相環（P.165）での色相差：0（角度差±7.5°）

色相がまったく同じで、明度・彩度、トーンなどほかの要素を変化させた色との組み合わせ。たとえば、メインカラーが青でサブカラーが薄い青。最もわかりやすく、失敗のない配色です。

②隣接色相の調和
- 色相環（P.165）での色相差：1（角度差±7.5〜22.5°）
  色相環の隣り同士にある色との組み合わせ。たとえば、メインカラーが赤でサブカラーが赤橙。これも合わせやすい配色である一方で、変化に乏しくなる傾向があります。

③類似色相の調和
- 色相環（P.165）での色相差：2〜3（角度差±22.5〜52.5°）
  色相環を色系統で分類した場合に、ほぼ隣りの色系統に属する色同士の組み合わせ。たとえば、メインカラーがイエローでサブカラーが緑。似かよった雰囲気をがある一方で、異なる色系統なので、変化をつけることも可能です。

類似色相の調和：似かよった色同士の組み合わせ

2 トーン共通の調和

④トーン共通の調和（同一トーン・類似トーン）
　トーン（「明るい」、「柔らかな」、「強い」……などの色の調子）が同じ、または似たもの同士の組み合わせ。色の印象をそろえることができるため、おさまりのよい配色にすることが可能です。いろいろな色相を組み合わせる場合などに有効です。本書の「トーン別」配色（P.61〜）は、このトーン共通の調和を基本とし、これにアクセントカラーを加えた組み合わせになっています。

トーン共通の調和：色調（トーン）を揃えた組み合わせ

2 対比の調和（対抗する色の組み合わせ）

　「対比の調和」は色の要素を対比しながら調和させる方法です。これには、色相（色味）を対比させる「③色相対照の調和」とトーン（色の調子）を対比させる「④トーン対照の調和」があります。

■対比の調和

③色相対照の調和

⑤中差色相の調和
- 色相環（P.165）での色相差：4〜7（角度差±52.5〜112.5°）
  色相環で見たときに、ほぼ直角（90度）に位置する色同士の組み合

中差色相の調和：色相環でほぼ直角に位置する色同士の組み合わせ

Web配色事典　167

わせ。たとえば、メインカラーが緑で、サブカラーがオレンジ。
　この関係は、調和論によっては、相性がよくない「不調和」だとするものもあります。効果的に使用するには、やや難易度が高くなります。

⑥ 対照色相の調和
● 色相環（P.165）での色相差：8〜10（角度差±112.5〜157.5°）
　色相環で見たときに、ほぼ正三角形の2点に位置する色同士の組み合わせ。たとえば、メインカラーが黄色で、サブカラーがシアン。互いに対照関係にある3つの組み合わせで使用するケースでは、独特の雰囲気になります。中差色相の調和同様に、やや難しい配色です。

対照色相の調和：色相環で正三角形の2点に位置する色同士の組み合わせ

⑦ 補色色相の調和
● 色相環（P.165）での色相差：11〜12（角度差±157.5〜180°）
　色相環で見たときに、ほぼ反対側に位置する色同士の組み合わせ。たとえば、メインが青で、サブが黄色。「補色」とは、本来色相環の真向かい（180度）にあり、かけあわせると無彩色になる色のこと。一般的にも反対色として知られるように、色相差の大きさに反して合わせやすいとされる配色です。色の対比が強く変化に富んだ配色となる一方で、原色同士などの場合では、色と色の間ににじみ（光）が発生したように見える「ハレーション」を起こして見づらくなることもあります。

補色色相の調和：色相環で反対側に位置する色同士の組み合わせ

4 トーン対照の調和（以下の1つ）

⑧ 対照トーンの調和
　トーンが異なる、またはかけ離れたもの同士の組み合わせ。トーンは色の印象を左右する指標のため、むやみに変化をつけると調和しない可能性も。色相が同一か近いもので、変化をつける場合に有効です。

　色系統ごとにメインカラーを設定し、上記のルールを使ってこれに合わせる色を選択したのが、本書の「色系統別」配色チャート（P.19〜）で紹介している配色です。色相（色味）の組み合わせだけでなく、明度、彩度、トーンなどのほかの指標を調整して、調和を試みています。また、同トーン配色をベースとした「トーン別」配色（P.61〜）においても、メイン・サブカラーの関係をこのルールによって示しました。

トーン対照の調和：色調（トーン）の異なる色同士の組み合わせ

フルカラー配色の注意点

色表示に関係する要素はいろいろ。
色再現の難しさの認識が必要です。

☀ 色再現の難しさ

　フルカラー配色では、1,677万7,216色という豊富な表現力をもつ半面、リスクもかかえています。フルカラーのなかで多様な色を使うほど、微妙な表現をしようとするほど、作成者が意図する色の再現性は低くなるということです。

　モニタでフルカラー（1,670万色）表示をするには、ビデオカードの搭載メモリ（VRAM）容量や画面の表示解像度などの条件が揃う必要があります。ハードウェアの進化とともに見る側の環境はかなり充実してきましたが、Webを表示する環境のなかには、依然として256色（8ビット）表示、65536色（16ビット）表示環境が混在しているのが現実です。当然、この環境下ではカラーシフト（色の置き換え）が発生する率が高くなります。

　また、フルカラー表示が可能な環境であっても、モニタの性能によっては色の差異を表現する力がないケースもあります。つまり、数値的には別の色の#FF0000と#FF1500（ともに赤色系）がほとんど同じに見えるようなことがあり得ます。

　さらに、色表示に関してはモニタやOSに対するさまざまな設定があり、これが異なれば厳密な色再現は難しくなってしまいます。たとえば、画面の明度・コントラストを設定するガンマ値や異なるデバイス間の色の見え方を是正するカラープロファイルの設定、「白色の色味ぐあい」を指定するモニタの色温度の設定など。これらすべての条件がそろうことはほとんど不可能です。こうした条件の違いによって差異が発生するような微妙な色合いを、意図通りに再現するのはとても困難です。

　だから、フルカラー配色を避けるべきだということではありません。Webの制作者はこうしたことも踏まえて、色表示に違いが生じるのは当然だということを前提に、微妙な差異がサイトの大きな意味を左右しないように配慮しておく必要があるということです。

　また、同トーン内配色は、色覚障害者にとって差異を感じづらい例も含まれます。色だけで判断が必要となる内容を避け、特に背景色＋文字の組み合わせでは明確なトーン差をつけるように気を付けたいものです。

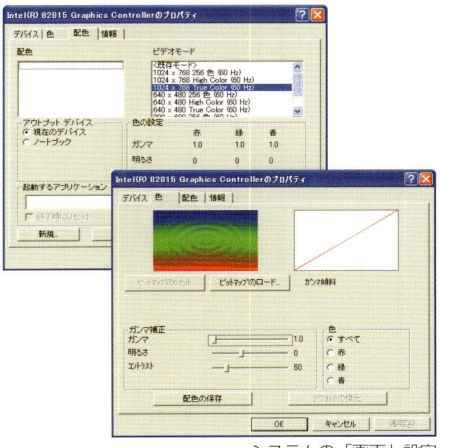

システムの「画面」設定

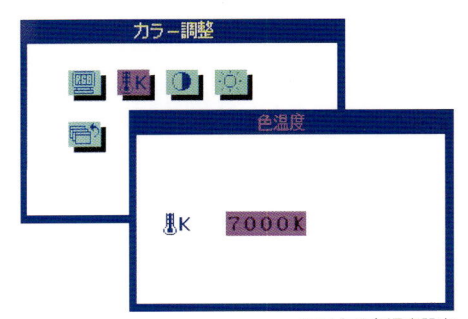

モニタの色温度設定

JISの慣用色名一覧
カンヨウシキメイイチラン

桃色、山吹色、若草色……JISで規定された慣用色名をWeb表示するための数値一覧です。

「index.html」から［appendix］へ

慣用色名	読み方	RGB値(16進数)
鴇色	ときいろ	#FA9CB8
躑躅色	つつじいろ	#CF4078
桜色	さくらいろ	#FBDADE
薔薇色	ばらいろ	#D53E62
韓紅	からくれない	#E64B6B
珊瑚色	さんごいろ	#FF7F8F
紅梅色	こうばいいろ	#DF828A
桃色	ももいろ	#E38089
紅色	べにいろ	#BE003F
紅赤	べにあか	#B81A3E
臙脂	えんじ	#AD3140
蘇芳	すおう	#94474B
茜色	あかねいろ	#9E2236
赤	あか	#BE0032
朱色	しゅいろ	#EF454A
紅樺色	べにかばいろ	#9E413F
紅緋	べにひ	#EF4644
鉛丹色	えんたんいろ	#D1483E
紅海老茶	べにえびちゃ	#6D3A33
鳶色	とびいろ	#7A453D
小豆色	あずきいろ	#905D54
弁柄色	べんがらいろ	#863E33
海老茶	えびちゃ	#693C34
金赤	きんあか	#EA4E31
赤茶	あかちゃ	#AD4E39
赤錆色	あかさびいろ	#8D3927
黄丹	おうに	#EB6940
赤橙	あかだいだい	#E65226
柿色	かきいろ	#DB5C35
肉桂色	にっけいいろ	#B5725C
樺色	かばいろ	#B64826
煉瓦色	れんがいろ	#914C35

慣用色名	読み方	RGB値(16進数)
錆色	さびいろ	#624035
桧皮色	ひわだいろ	#865C4B
栗色	くりいろ	#704B38
黄赤	きあか	#D86011
代赭	たいしゃ	#B26235
駱駝色	らくだいろ	#B0764F
黄茶	きちゃ	#B1632A
肌色	はだいろ	#F1BB93
橙色	だいだいいろ	#EF810F
灰茶	はいちゃ	#816551
茶色	ちゃいろ	#6D4C33
焦茶	こげちゃ	#564539
柑子色	こうじいろ	#FAA55C
杏色	あんずいろ	#D89F6D
蜜柑色	みかんいろ	#EB8400
褐色	かっしょく	#6B3E08
土色	つちいろ	#9F6C31
小麦色	こむぎいろ	#D4A168
琥珀色	こはくいろ	#AA7A40
金茶	きんちゃ	#B47700
卵色	たまごいろ	#F4BD6B
山吹色	やまぶきいろ	#F8A900
黄土色	おうどいろ	#B8883B
朽葉色	くちばいろ	#847461
向日葵色	ひまわりいろ	#FFBB00
鬱金色	うこんいろ	#EDAE00
砂色	すないろ	#C5B69E
芥子色	からしいろ	#C8A65D
黄色	きいろ	#E3C700
蒲公英色	たんぽぽいろ	#E3C700
鶯茶	うぐいすちゃ	#6A5F37
中黄	ちゅうき	#EDD60E

※Web表示したものを印刷用にCMYK変換しているため、色味がかなり変化しているものもあります。

「JISの慣用色名」とは、慣用的な呼び方で表した色の名前で、JIS（日本工業規格）がJIS Z 8102「物体色の色名」で規定しているものです。JISに表記されているのは、マンセル表色系のH（色相）V（明度）C（彩度）の値で、ここに掲載したRGB（16進数）の値は、右の「色出し名人」を使用してHVC→RGB変換された数値です。名前そのものでHTML内指定できる、いわゆる「colorname」ではありませんので、HTMLではRGB（16進数）の数値を使って指定してください。

「色出し名人」 Millennium II for Windows
URL：http://www.colordream.net/
XYZ表色系、マンセル表色系、L*a*b*表色系、RGBの値を目に見える色に（モニタ）表示する変換ツール（シェアウェア）。RGB（10進数／16進数）への数値化ができ、登録データのExcelへの出力も可能。機能を限定したフリーウェアもあります。

色名	読み	HEX	色名	読み	HEX
● 刈安色	かりやすいろ	#EAD56B	● 納戸色	なんどいろ	#00687C
● 黄檗色	きはだいろ	#D6C949	● 甕覗き	かめのぞき	#7EB1C1
● 海松色	みるいろ	#716B4A	● 水色	みずいろ	#9DCCE0
● 鶸色	ひわいろ	#C2BD3D	● 藍鼠	あいねず	#576D79
● 鶯色	うぐいすいろ	#706C3E	● 空色	そらいろ	#89BDDE
● 抹茶色	まっちゃいろ	#C0BA7F	● 青	あお	#006AB6
● 黄緑	きみどり	#BBC000	● 藍色	あいいろ	#2B4B65
● 苔色	こけいろ	#7C7A37	● 濃藍	こいあい	#223546
● 若草色	わかくさいろ	#AAB300	● 勿忘草色	わすれなぐさいろ	#89ACD7
● 萌黄	もえぎ	#97A61E	● 露草色	つゆくさいろ	#007BC3
● 草色	くさいろ	#737C3E	● 縹色	はなだいろ	#2B618F
● 若葉色	わかばいろ	#A9C087	● 紺青	こんじょう	#3A4861
● 松葉色	まつばいろ	#687E52	● 瑠璃色	るりいろ	#00519A
● 白緑	びゃくろく	#BADBC7	● 瑠璃紺	るりこん	#27477A
● 緑	みどり	#00B66E	● 紺色	こんいろ	#343D55
● 常磐色	ときわいろ	#007B50	● 杜若色	かきつばたいろ	#435AA0
● 緑青色	ろくしょういろ	#4D8169	● 勝色	かちいろ	#3A3C4F
● 千歳緑	ちとせみどり	#3C6754	● 群青色	ぐんじょういろ	#384D98
● 深緑	ふかみどり	#005638	● 鉄紺	てつこん	#292934
● 萌葱色	もえぎいろ	#00533E	● 藤納戸	ふじなんど	#69639A
● 若竹色	わかたけいろ	#00A37E	● 桔梗色	ききょういろ	#4347A2
● 青磁色	せいじいろ	#6DA895	● 紺藍	こんあい	#353573
● 青竹色	あおたけいろ	#6AA89D	● 藤色	ふじいろ	#A294C8
● 鉄色	てついろ	#24433E	● 藤紫	ふじむらさき	#9883C9
● 青緑	あおみどり	#008E94	● 青紫	あおむらさき	#7445AA
● 錆浅葱	さびあさぎ	#608A8E	● 菫色	すみれいろ	#714C99
● 水浅葱	みずあさぎ	#6D969C	● 鳩羽色	はとばいろ	#665971
● 新橋色	しんばしいろ	#53A8B7	● 菖蒲色	しょうぶいろ	#744B98
● 浅葱色	あさぎいろ	#00859B	● 江戸紫	えどむらさき	#614876
● 白群	びゃくぐん	#73B3C1	● 紫	むらさき	#A757A8

※慣用色名に含まれる「金」「銀」は、表示不可能なため省略しています。

慣用色名	対応英語	RGB値(16進数)
古代紫	こだいむらさき	#765276
茄子紺	なすこん	#473946
紫紺	しこん	#422C41
菖蒲色	あやめいろ	#C573B2
牡丹色	ぼたんいろ	#C94093
赤紫	あかむらさき	#DA508F
白	しろ	#F0F0F0
胡粉色	ごふんいろ	#EBE7E1
生成り色	きなりいろ	#EAE0D5
象牙色	ぞうげいろ	#DED2BF
銀鼠	ぎんねず	#9C9C9C
茶鼠	ちゃねずみ	#998D86
鼠色	ねずみいろ	#838383
利休鼠	りきゅうねずみ	#6E7972
鉛色	なまりいろ	#72777D
灰色	はいいろ	#767676
煤竹色	すすたけいろ	#5D5245
黒茶	くろちゃ	#3E312B
墨	すみ	#343434
黒	くろ	#2A2A2A
鉄黒	てつぐろ	#2A2A2A

慣用色名	対応英語	RGB値(16進数)
ローズピンク	rose pink	#EE8EA0
コチニールレッド	cochineal red	#AE2B52
ルビーレッド	ruby red	#B90B50
ワインレッド	wine red	#80273F
バーガンディー	burgundy	#442E31
オールドローズ	old rose	#C67A85
ローズ	rose	#DB3561
ストロベリー	strawberry	#BB004B
コーラルレッド	coral red	#FF7F8F
ピンク	pink	#EA9198
ボルドー	bordeaux	#533638
ベビーピンク	baby pink	#FEC6C5
ポピーレッド	poppy red	#DF334E
シグナルレッド	signal red	#CE2143

慣用色名	対応英語	RGB値(16進数)
カーマイン	carmine	#BE0039
レッド	red	#DF3447
トマトレッド	tomato red	#DF3447
マルーン	maroon	#662B2C
バーミリオン	vermilion	#EF454A
スカーレット	scarlet	#DE3838
テラコッタ	terracotta	#A95045
サーモンピンク	salmon pink	#FF9E8C
シェルピンク	shell pink	#F9C9B9
ネールピンク	nail pink	#EFBAA8
チャイニーズレッド	Chinese red	#FD5A2A
キャロットオレンジ	carrot orange	#C55431
バーントシェンナ	burnt sienna	#A2553C
チョコレート	chocolate	#503830
カーキー	khaki	#A36851
ブロンド	blond	#F6A57D
ココアブラウン	cocoa brown	#704B38
ピーチ	peach	#E8BDA5
ローシェンナ	raw sienna	#B1632A
オレンジ	orange	#EF810F
ブラウン	brown	#6D4C33
アプリコット	apricot	#D89F6D
タン	tan	#9E6C3F
マンダリンオレンジ	mandarin orange	#F09629
コルク	cork	#9F7C5C
エクルベイジュ	ecru beige	#F5CDA6
ゴールデンイエロー	golden yellow	#E89A3C
マリーゴールド	marigold	#FFA400
バフ	buff	#C09567
アンバー	amber	#AA7A40
ブロンズ	bronze	#7A592F
ベージュ	beige	#BCA78D
イエローオーカー	yellow ocher	#B8883B
バーントアンバー	burnt umber	#57462D
セピア	sepia	#483C2C
ネープルスイエロー	Naples yellow	#EEC063

色名	英名	HEX
レグホーン	leghorn	#DFC291
ローアンバー	raw umber	#765B1B
クロムイエロー	chrome yellow	#F6BF00
イエロー	yellow	#F4D500
クリームイエロー	cream yellow	#E4D3A2
ジョンブリアン	jaune brillant	#F4D500
カナリヤ	canary yellow	#EDD634
オリーブドラブ	olive drab	#655F47
オリーブ	olive	#5C5424
レモンイエロー	lemon yellow	#D9CA00
オリーブグリーン	olive green	#575531
シャトルーズグリーン	chartreuse green	#C0D136
リーフグリーン	leaf green	#89983B
グラスグリーン	grass green	#737C3E
シーグリーン	sea green	#97B64D
アイビーグリーン	ivy green	#4C6733
アップルグリーン	apple green	#A2D29E
ミントグリーン	mint green	#58CE91
グリーン	green	#009A57
コバルトグリーン	cobalt green	#09C289
エメラルドグリーン	emerald green	#00A474
マラカイトグリーン	malachite green	#007E4E
ボトルグリーン	bottle green	#204537
フォレストグリーン	forest green	#2A7762
ビリジアン	viridian	#006D56
ビリヤードグリーン	billiard green	#00483A
ピーコックグリーン	peacock green	#007D7F
ナイルブルー	Nile blue	#3D8E95
ピーコックブルー	peacock blue	#006E7B
ターコイズブルー	turquoise blue	#009DBF
マリンブルー	marine blue	#00526B
ホリゾンブルー	horizon blue	#87AFC6
シアン	cyan	#009CD1
スカイブルー	sky blue	#89BDDE
セルリアンブルー	cerulean blue	#0073A2
ベビーブルー	baby blue	#A3BACD

色名	英名	HEX
サックスブルー	sax blue	#5A7993
ブルー	blue	#006FAB
コバルトブルー	cobalt blue	#0062A0
アイアンブルー	iron blue	#3A4861
プルシャンブルー	Prussian blue	#3A4861
ミッドナイトブルー	midnight blue	#252A35
ヒヤシンス	hyacinth	#6E82AD
ネービーブルー	navy blue	#343D55
ウルトラマリンブルー	ultramarine blue	#384D98
オリエンタルブルー	oriental blue	#304285
ウイスタリア	wistaria	#7967C3
パンジー	pansy	#433171
ヘリオトロープ	heliotrope	#8865B2
バイオレット	violet	#714C99
ラベンダー	lavender	#9A8A9F
モーブ	mauve	#855896
ライラック	lilac	#C29DC8
オーキッド	orchid	#C69CC5
パープル	purple	#A757A8
マゼンタ	magenta	#D13A84
チェリーピンク	cherry pink	#D35889
ローズレッド	rose red	#CA4775
ホワイト	white	#F0F0F0
スノーホワイト	snow white	#F0F0F0
アイボリー	ivory	#DED2BF
スカイグレイ	sky grey	#B3B8BB
パールグレイ	pearl grey	#AAAAAA
シルバーグレイ	silver grey	#9C9C9C
アッシュグレイ	ash grey	#8F8F8F
ローズグレイ	rose grey	#8C8080
グレイ	grey	#767676
スチールグレイ	steel grey	#6D696F
スレートグレイ	slate grey	#515356
チャコールグレイ	charcoal grey	#4B474D
ランプブラック	lamp black	#212121
ブラック	black	#212121

INDEX

✼ 英数字

bright	066
Brightness	163
casual	124
classic	128
clear	116
dark	094
dark grayish	110
deep	078
DIN（Deutsche Industre Norm）	164
dull	090
elegant	120
ethnic	132
formal	136
grayish	106
Hue	163
JISの慣用色名	170
light	082
light grayish	102
mysterious	144
natural	140
NCS（Natural Color System）	164
pale	098
PCCS（Practical Color Co-ordinate System）	163、164
PCCS彩度	164
PCCS色相環	164
PCCS明度	164
pretty	152
Saturation	163
soft	086
sporty	148
strong	074
urban	156
vivid	070
Webセーフカラー	006、162

✼ ア行

相性のよい配色	164
青色系	048、136
赤（茶）系	128
赤色系	024
明るいトーン	066
アクセス済みリンクカラー	114
浅いトーン	082
鮮やかなトーン	070
暗清色	132
異国風	132
色系統別カラー一覧	020
色再現の難しさ	169
色の3属性	163
薄いトーン	098
海	048
エスニック	094、132
おしゃれ	102
オスワルトシステム	164
重いトーン	110
オレンジ系	028
女らしい	120

✼ カ行

快活	028
活動的な	148
カラーダイヤル	016
カラープロファイルの設定	169
可憐な	152
かわいい	056、152
寒色系	040、044、048、114
ガンマ値	169
黄色系	032
危険	024
基準色	166
基準配色	160
黄緑系	036、128
共通性の調和	166
草	040
くすんだトーン	090
くつろぎ	140
暗いトーン	094
クラシカル	106
クラシック	102
グレイッシュ	082、140
元気な	148
堅実な	136
濃いトーン	078
高彩度	066、078、124、144
高明度	066、086、098、102
紅葉	028

✼ サ行

彩度	163
彩度差	060
彩度の対比	160
桜	056
さわやか	044、116
シアン系	044
色彩調和	165
色彩調和論	163、164
色相	163
色相共通の調和	166
色相差	060、165、166、167、168
色相対照の調和	167
色相環	016、165
色相の対比	160

シック	090
視認性	060
芝生	040
重厚	110
重厚感	094
純色	070、165
情熱	024
上品	106、120
初夏	116
女性的	056
神秘的	052、144
新緑	036
すみれ	052
清潔	116
静寂	048
清色	124、140、152
洗練された	156
空	048

★タ行

対照色相の調和	168
対照トーンの調和	168
対照の調和	167
対比	060、160
太陽	024
たのしい	124
暖色系	024、028、032、056、114、148
チャート	012、014、016
注意	032
中彩度	086、090、094
中差色相の調和	167
中性的	052
中明度	086、090、102、106
調和する色彩	164
冷たい	044、048
強いトーン	074
低彩度	098、102、106、110
低明度	078、094、106、110
テキストリンクカラー	114
伝統的な	128
同一色相の調和	166
同一トーン	167
トーン共通の調和	167
トーン区分	018
トーンによる表現	162
トーン範囲の数値化	018
トーン別カラー一覧	062
トーン別代表色	012、014
トーン別色相環	016
都会的な	156

★ナ行

ナチュラル	090
似通った色の組み合わせ	166
にぎやかな	124
濁ったトーン	106
日本色彩研究所	164
のどかな	140

★ハ行

背景色	060、114
配色のアプローチ	005、166
配色の根拠	164
配色のルール	165、166
パステルカラー	082
春	056
ハレーション	168
ピーマン	040
ヒマワリ	032
表示解像度	169
表色系	164
ピンク系	056
フェミニン	120
フォーマル	136
ぶどう	052
フルカラー	169
フルカラーで表示可能な色	162
フルカラー配色	169
フルカラー表示	162
平和	040
補色	168
補色色相の調和	168
炎	024

★マ行

真面目な	136
マンセルシステム	164
緑色系	040
紫色系	052、128
明度	163
明度・彩度配分	018
明度差	060
明度の対比	160
明朗	032
桃	056

★ヤ行

柔らかなトーン	086
幽玄	144
誘目性	114
夕焼け	028

★ラ行

リンクテキストカラー	114
隣接色相の調和	167
類似色相の調和	167
類似トーン	167
レタス	036
レモン	032

★ワ行

若葉	036
和風	090、128

- ●編集・執筆
    - （株）シーズ（www.cis-z.co.jp/）
- ●担当
    - 佐藤民子（技術評論社）
- ●編集協力
    - 福元美保／小幡未央
- ●カバーデザイン
    - デザイン集合［ゼブラ］＋坂井哲也
- ●本文デザイン
    - （株）シーズ（鈴木 た·か·は·る）
- ●本文イラスト
    - （株）シーズ（鈴木 た·か·は·る）
- ●DTP・フィルム出力
    - （株）シーズ

［お願い］
■本書についての電話によるお問い合わせはご遠慮ください。質問等がございましたら、はがきまたは封書で弊社までお送りくださるようお願いいたします。

Web配色事典〜フルカラー編

平成14年8月1日　初版　第一刷発行

著　者　（株）シーズ
発行者　片岡　巌
発行所　株式会社技術評論社
　　　　東京都品川区上大崎3-1-1
　　　　電話　　03-5745-7800（販売促進部）
　　　　　　　　03-5745-7830（書籍編集部）
印刷／製本　図書印刷株式会社

定価はカバーに表示してあります

本書の一部または全部を著作権法の定める範囲を越え、無断で複写、複製、転載、テープ化、ファイルに落とすことを禁じます。

©2002 C.I.S.

造本には細心の注意を払っておりますが、万一、乱丁（ページの乱れ）や落丁（ページの抜け）がございましたら、小社販売促進部までお送りください。送料小社負担にてお取り替えいたします。

ISBN4-7741-1523-1　C3055

Printed in Japan